推荐系统

核心技术、算法与开发实战

张百珂◎编著

中国铁道出版社有限公司
CHINA RAILWAY PUBLISHING HOUSE CO., LTD.
北 京

内 容 简 介

本书循序渐进地讲解了使用Python语言开发推荐系统的核心知识，并通过具体实例的实现过程演练了各个知识点的使用方法和使用流程。全书共12章，包括推荐系统基础知识、基于内容的推荐、协同过滤推荐、混合推荐、基于标签的推荐、基于知识图谱的推荐、基于隐语义模型的推荐、基于神经网络的推荐模型、序列建模和注意力机制、强化推荐学习、实时电影推荐系统开发和服装推荐系统开发。本书内容简洁而不失技术深度，数据资料翔实齐全，并且易于阅读。

本书适合已经了解了Python语言基础语法，想进一步学习推荐系统技术的读者学习，还可作为大专院校相关专业的师生用书和培训学校的参考教材。

图书在版编目（CIP）数据

推荐系统：核心技术、算法与开发实战 / 张百珂编著 .—北京：中国铁道出版社有限公司，2024.5

ISBN 978-7-113-31114-8

Ⅰ.①推…　Ⅱ.①张…　Ⅲ.①计算机算法　Ⅳ.① TP301.6

中国国家版本馆CIP数据核字（2024）第058131号

书　　名： 推荐系统——核心技术、算法与开发实战

TUIJIAN XITONG：HEXIN JISHU SUANFA YU KAIFA SHIZHAN

作　　者： 张百珂

责任编辑： 于先军　　**编辑部电话：**（010）51873026　　**电子邮箱：** 46768089@qq.com

封面设计： 宿　萌

责任校对： 刘　畅

责任印制： 赵星辰

出版发行： 中国铁道出版社有限公司（100054，北京市西城区右安门西街8号）

网　　址： http://www.tdpress.com

印　　刷： 河北京平诚乾印刷有限公司

版　　次： 2024年5月第1版　2024年5月第1次印刷

开　　本： 787 mm × 1 092 mm　1/16　**印张：** 16.75　**字数：** 483千

书　　号： ISBN 978-7-113-31114-8

定　　价： 79.80元

版权所有　侵权必究

凡购买铁道版图书，如有印制质量问题，请与本社读者服务部联系调换。电话：（010）51873174

打击盗版举报电话：（010）63549461

配套资源下载网址：
http://www.m.crphdm.com/2024/0325/14702.shtml

前　言

随着信息时代的发展，我们面临的选择越来越多，从日常的工作和学习到购物和旅行，每一个领域都有了更多的选项。在这个信息爆炸的时代，推荐系统成了我们日常生活中不可或缺的一部分，为我们提供了个性化、智能化的指导和建议。本书从推荐系统的基础知识入手，逐步引导读者走进推荐系统的世界。我们将深入探讨基于内容、协同过滤、混合推荐、基于标签和知识图谱的推荐方法，以及利用强化学习、神经网络和序列建模等技术不断拓展推荐系统的边界。无论你是刚刚入门，还是已经有一定经验的从业者，本书都将为你提供有价值的信息和见解。

写作本书的初衷是为了帮助那些对推荐系统感兴趣的读者，从整个系统的角度深入了解这一领域。推荐系统不仅仅是技术，更是与我们的日常生活息息相关的智能伙伴。在这个充满机遇和挑战的领域，让我们一同踏上探索推荐系统的旅程，探讨智能化未来的可能性。

书中涵盖了推荐系统的多个关键主题，从基础概念到高级技术，从理论讲解到实际案例，为读者提供了全面且实用的内容。本书介绍的主要内容如下：

（1）基础知识介绍：从推荐系统的基本概念和应用领域入手，探讨了推荐系统与人工智能的关系，以及推荐系统面临的挑战。

（2）推荐系统算法：介绍了推荐系统常用的算法，包括基于内容的推荐、协同过滤、混合推荐、基于标签的推荐等。每种算法都有详细的理论解释和代码示例。

（3）技术方法深入探讨：深入讨论了推荐系统中的关键技术方法，如基于神经网络的推荐模型、强化学习、序列建模和注意力机制等。读者将了解这些技术的原理和应用。

（4）多领域实际案例：通过电影推荐系统、服装推荐系统等实际案例，展示了推荐系统在不同领域的应用。读者可以从中学习如何将理论知识应用到推荐系统实际项目中。

（5）开发实践指导：提供了丰富的代码示例，教读者如何从数据处理、特征工程到模型训练和应用实践，一步步构建推荐系统。

本书具有以下特点：

（1）全面涵盖多个领域：本书深入介绍了推荐系统领域的多个关键方面，涵盖了基础知识、基于内容的推荐、协同过滤、混合推荐、基于标签的推荐、基于知识图谱的推荐、强化学习等多个主题。无论你是初学者还是经验丰富的从业者，都可从中受益。

（2）理论与实践结合：本书不仅介绍了推荐系统的理论基础，还提供了丰富的实际应用案例。每个知识点都伴随着详细的理论讲解和实际代码示例，帮助读者深入理解并实际应用所学知识。

（3）深入的技术讨论：本书不仅介绍了推荐系统的基础知识，还深入讨论了各种推荐算法的原理、方法和优缺点。读者可以从中深入了解不同算法背后的思想和适用场景。

（4）实用的开发指导：本书不仅讲解理论层面，还提供了实际的开发指导。通过一步步的代码示例，读者可以学习如何构建推荐系统，从数据处理到模型训练，再到最终的应用实践。

（5）新兴技术涵盖：本书涵盖了一些前沿技术领域，如基于神经网络的推荐模型、基于强化学习的推荐等。这些内容将帮助读者跟上推荐系统领域的最新发展动态。

（6）开放思维：本书不仅介绍了现有的技术和方法，还鼓励读者思考更多可能性。通过讨论推荐系统面临的挑战和未来的发展方向，读者可以启发创新思维，为推荐系统领域的未来贡献自己的想法。

本书适合已经了解了 Python 语言基础语法，想进一步学习推荐系统技术的读者学习，还可作为大专院校相关专业的师生用书和培训学校的教材。本书将为读者提供深入了解推荐系统技术和实践的机会，使其能够更好地应用和创新推荐系统领域的知识。通过对本书的学习，读者将能够构建高效、智能的推荐系统，为用户提供更好的体验和价值。

张百珂

2024 年 3 月

目 录

第 1 章 推荐系统基础知识

第 2 章 基于内容的推荐

第 6 章 基于知识图谱的推荐

第 7 章 基于隐语义模型的推荐

第 8 章 基于神经网络的推荐模型

第 9 章 序列建模和注意力机制

第 10 章 强化推荐学习

第 11 章 实时电影推荐系统开发

第 12 章 服装推荐系统开发

第 1 章　推荐系统基础知识

推荐系统是近年来兴起的一项技术，能够给用户有针对性地推荐相关信息，例如用户感兴趣的商品、新闻和服务等信息。本章简要介绍推荐系统的基础知识。

1.1　推荐系统简介

推荐系统是一种信息过滤技术，旨在根据用户的偏好和兴趣，提供个性化的推荐内容。推荐系统通过分析用户的历史行为、偏好、兴趣以及与其他用户的相似性等数据，来预测用户可能喜欢的物品或信息，并将这些推荐内容展示给用户。推荐系统被广泛应用于电子商务、社交媒体、音乐和视频流媒体、新闻和文章推荐等领域，可以帮助用户发现新的产品、服务或内容，提高用户满意度和忠诚度，促进销售和交易的增长。

1.1.1　推荐系统的应用领域

推荐系统的应用领域非常广泛，以下是一些主要的应用领域：

- 电子商务：推荐系统在电子商务平台中被广泛应用，帮助用户发现和购买感兴趣的产品。通过分析用户的购买历史、浏览行为和评价等信息，推荐系统可以向用户推荐个性化的商品，提升用户购物体验并促进销售额的增长。
- 社交媒体：社交媒体平台利用推荐系统来推荐用户可能感兴趣的朋友、关注的主题或页面，以及推荐相关的帖子、新闻和内容。这有助于用户发现新的社交联系、获取感兴趣的内容，并增强用户对平台的参与度和黏性。
- 音乐和视频流媒体：音乐和视频流媒体平台利用推荐系统为用户推荐适合其喜好的音乐、歌曲、电影和电视剧集。推荐系统会根据用户的听歌或观看历史、喜欢的艺术家或演员等信息，提供个性化的推荐内容，提升用户的娱乐体验。
- 新闻和文章推荐：在线新闻和文章平台利用推荐系统向用户推荐相关或个性化的新闻和文章内容。根据用户的浏览历史、阅读兴趣和偏好，推荐系统可以过滤和排序大量的新闻和文章，为用户呈现最相关和有价值的内容。

除了上述应用领域，推荐系统还在旅游、餐饮、在线学习、广告推荐等多个行业中得到应用。随着数据量的增长和机器学习技术的进步，推荐系统在提供个性化用户体验、提高用户满意度和促进商业增长方面发挥着越来越重要的作用。

1.1.2　推荐系统的重要性

在现代信息时代，推荐系统的重要性如下：

- 个性化体验：推荐系统能够根据用户的兴趣和偏好提供个性化的推荐内容，使用户能够更快地找到感兴趣的信息或产品，提高用户的满意度和体验。
- 信息过滤和发现：在大量的信息和内容中，推荐系统可以过滤和筛选出最相关和有价值的信息，帮助用户发现新的产品、服务或内容，节省用户的时间和精力。
- 提高销售和转化率：在电子商务领域，推荐系统可以推动销售增长，提高转化率。通过向用户展示他们可能感兴趣的产品，推荐系统可以增加用户购买的可能性，促进交易和销售额的增长。
- 用户参与度和忠诚度：个性化的推荐内容可以提高用户对平台或应用的参与度和忠诚度。通过为用户提供符合其兴趣和需求的推荐，推荐系统可以增加用户的使用频率和黏性，提高用户的忠诚度。

1.2 推荐系统和人工智能

推荐系统是人工智能（artificial intelligence，AI）的重要应用领域之一，推荐系统利用 AI 技术和算法，根据用户的兴趣、行为和偏好，提供个性化的推荐内容。在学习推荐系统的核心知识之前，需要先了解人工智能中的几个相关概念。

1.2.1 机器学习

机器学习（machine learning，ML）是一门多领域交叉学科，涉及概率论、统计学、逼近论、凸分析、算法复杂度理论等多门学科。机器学习专门研究计算机怎样模拟或实现人类的学习行为，以获取新的知识或技能，重新组织已有的知识结构使之不断改善自身的性能。

机器学习是一类算法的总称，这些算法企图从大量历史数据中挖掘出其中隐含的规律，并用于预测或者分类，更具体地说，机器学习可以看作是寻找一个函数，输入是样本数据，输出是期望的结果，只是这个函数过于复杂，以至于不太方便形式化表达。需要注意的是，机器学习的目标是使学到的函数很好地适用于“新样本”，而不仅仅是在训练样本上表现很好。学到的函数适用于新样本的能力，称为泛化能力。

机器学习有一个显著的特点，也是机器学习基本的做法，就是使用一个算法从大量的数据中解析并得到有用的信息，并从中学习，然后对之后真实世界中会发生的事情进行预测或判断。机器学习需要海量的数据来进行训练，并从这些数据中得到有用的信息，然后反馈到真实世界的用户中。

我们可以用一个简单的例子来说明机器学习，假设在天猫或京东购物的时候，天猫和京东会向我们推送商品信息，这些推荐的商品往往是我们自己很感兴趣的东西，这个过程是通过机器学习完成的。其实这些推送商品是京东和天猫根据我们以前的购物订单和经常浏览的商品记录而得出的结论，可以从中得出商城中的哪些商品是我们感兴趣且会有大概率购买的，然后将这些商品定向推送给我们。

1.2.2 深度学习

前面介绍的机器学习是一种实现人工智能的方法，深度学习是一种实现机器学习的技术。深度学习本来并不是一种独立的学习方法，其本身也会用到有监督和无监督的学习方法来训练深度神经网络。但由于近几年该领域发展迅猛，一些特有的学习手段相继被提出（如残差网络），因此越来越多的人将其单独看作一种学习的方法。

假设我们需要识别某个照片是狗还是猫，如果是传统机器学习的方法，会首先定义一些特征，如有没有胡须，耳朵、鼻子、嘴巴的模样等等。总之，我们首先要确定相应的“面部特征”作为我们的机器学习的特征，以此来对我们的对象进行分类识别。深度学习的方法则更进一步，它自动地找出这个分类问题所需要的重要特征，而传统机器学习则需要人工地给出特征。那么，深度学习是如何做到这一点的呢？继续以识别猫狗的例子进行说明，按照以下步骤：

（1）确定出有哪些边和角跟识别出猫狗关系最大。

（2）根据上一步找出的很多小元素（边、角等）构建层级网络，找出它们之间的各种组合。

（3）在构建层级网络之后，就可以确定哪些组合可以识别出猫和狗。

提示：机器学习是实现人工智能的方法，深度学习是机器学习算法中的一种方法，是一种实现机器学习的技术和学习方法。

1.2.3 推荐系统与人工智能的关系

以下是总结的推荐系统与人工智能的关系：

- 数据分析和挖掘：推荐系统需要处理大量的用户行为数据和物品信息，包括用户的浏览历史、购买记录、评分等。人工智能技术可以应用于数据分析和挖掘，从中提取有用的模式和特征，用于推荐系统的建模和预测。

- 机器学习算法：推荐系统使用机器学习算法来构建推荐模型，根据用户的历史行为和反馈，预测他们可能喜欢的物品。人工智能中的各种机器学习算法，如协同过滤、矩阵分解、深度学习等，可以应用于推荐系统，提高推荐的准确性和个性化程度。
- 自然语言处理：推荐系统有时需要处理文本数据，如用户评论、商品描述等。自然语言处理技术可以用于理解和分析这些文本数据，从中提取关键信息和情感倾向，为推荐系统提供更准确的信息。
- 强化学习：强化学习是人工智能中的一个重要分支，可以应用于推荐系统中。通过使用强化学习算法，推荐系统可以根据用户的反馈和系统的奖励信号，不断优化推荐策略，以获得更好的用户体验和业务效果。
- 混合智能系统：推荐系统通常利用多个智能技术和算法的组合，构建混合智能系统。这些技术包括机器学习、自然语言处理、知识图谱等，通过协同工作来提供个性化的推荐服务。

1.3　推荐系统算法概览

推荐系统算法包括多种不同的方法和技术，下面列出了一些常见的推荐系统算法：

- 基于内容过滤（content-based filtering）的推荐算法：该算法根据物品的特征和属性，根据用户过去喜欢的物品推荐给其相似的物品。它通过比较用户对物品的历史偏好和物品之间的相似性来进行推荐。
- 协同过滤（collaborative filtering）推荐算法：该算法利用用户的历史行为数据，比如购买记录、评分、点击行为等，计算用户之间的相似性，并基于与相似用户的行为和偏好进行推荐。协同过滤可以分为基于用户的协同过滤和基于物品的协同过滤两种方法。
- 矩阵分解（matrix factorization）算法：这类算法将用户和物品之间的关系表示为一个矩阵，并通过分解该矩阵来捕捉用户和物品的潜在特征。矩阵分解算法能够发现隐藏在用户行为数据中的模式和特征，从而进行个性化推荐。
- 混合推荐系统（hybrid recommender systems）算法：这类算法将多个推荐算法和策略进行组合，以提高推荐的准确性和多样性。例如，将基于内容的推荐和协同过滤推荐进行融合，以综合利用它们的优点。
- 基于深度学习的推荐系统（deep learning-based recommender systems）算法：这类算法使用深度神经网络模型，如多层感知机（MLP）、卷积神经网络（CNN）、循环神经网络（RNN）等，对用户行为数据进行建模和预测，以实现更精确和高级别的推荐。
- 基于图的推荐系统（graph-based recommender systems）算法：这类算法将用户和物品之间的关系建模为图结构，并利用图的传播和节点之间的相互作用来进行推荐。图结构能够捕捉用户和物品之间的复杂关系，提供更全面和准确的推荐服务。

上面列出的算法仅是推荐系统中的一部分，另外还有许多其他的推荐算法和技术，如序列推荐、实时推荐、增强学习等。在实际应用中，需要根据具体场景和需求选择合适的算法或结合多个算法来实现更好的推荐效果。

1.4　推荐系统面临的挑战

随着人工智能技术的发展，现在推荐系统得到了飞速的发展和普及，已经被用于各个领域。尽管如此，推荐系统的发展之路依然面临挑战。

1.4.1　用户隐私和数据安全问题

推荐系统面临的用户隐私和数据安全问题是一个重要挑战，特别是在处理用户个人数据和敏感信息的情况下。以下是与用户隐私和数据安全相关的一些挑战：

- 数据收集和存储：推荐系统需要收集和存储大量的用户数据，包括浏览历史、购买记录、评分等。确保这些数据的安全性和隐私保护是一个重要问题，要防止数据泄露或未经授权的访问。
- 数据处理和共享：推荐系统可能需要与其他系统或合作伙伴共享数据，以提供更准确的推荐。在共享数据时，需要采取相应的安全措施，确保数据的机密性和完整性。
- 匿名化和脱敏：为了保护用户隐私，推荐系统通常会采取匿名化和脱敏等技术手段，对用户数据进行处理。但是，对数据进行匿名化并不总是能够完全保护用户隐私，因此需要谨慎处理和评估匿名化方法的安全性。
- 隐私政策和用户信任：推荐系统应该明确公布其隐私政策，告知用户数据的收集和使用方式，以建立用户对系统的信任。同时，推荐系统需要遵守相关的隐私法规和政策，确保用户数据的合法使用。
- 差分隐私保护：差分隐私是一种隐私保护的技术框架，可以在保持数据分析有效性的同时，保护用户个人隐私。推荐系统可以采用差分隐私技术来对用户数据进行噪声添加或数据扰动，降低敏感信息的泄露风险。
- 用户控制和选择权：推荐系统应该尊重用户的选择权和控制权，允许用户选择是否共享个人数据，以及对推荐结果进行反馈和调整。用户应该能够方便地访问和管理他们的个人数据，并有权选择是否参与个性化推荐。
- 安全性和防护措施：推荐系统需要具备强大的安全性措施，包括数据加密、访问控制、身份验证等，以防止未经授权的访问和恶意攻击。

推荐系统开发者和运营者需要重视用户隐私和数据安全问题，采取适当的技术和策略来保护用户数据，并取得用户对系统的信任。同时，监管机构和相关法规也在不断发展和完善，要求推荐系统遵守隐私保护的法律和规定。

1.4.2 推荐算法的偏见和歧视

推荐系统面临推荐算法的偏见和歧视是一个重要挑战，这可能导致不公平的推荐结果和对某些用户或物品的歧视。以下是与推荐算法偏见和歧视相关的一些挑战：

- 数据偏见：推荐系统使用历史用户行为数据进行学习和预测，但这些数据可能存在偏见。例如，数据可能反映了社会偏见、群体倾向或先入为主的偏见，导致推荐算法对特定群体或类型的物品有倾向性。
- 冷启动偏见：推荐系统在面对新用户或新物品时，缺乏足够的数据来进行个性化推荐。这可能导致推荐算法依赖于一般性的偏见，如热门物品或常见偏好，而忽略了个体差异和多样性。
- 反馈偏见：推荐系统中的用户反馈（如评分或点击）也可能受到偏见的影响。例如，用户可能更倾向于给予特定类型的物品高评分，或者点击某些类型的推荐更频繁。这样的反馈偏见可能影响到推荐算法的学习和个性化效果。
- 算法偏见：推荐算法本身可能存在内在的偏见。例如，某些推荐算法可能更倾向于推荐热门物品，而忽略了长尾中的个性化偏好。或者算法可能根据用户的某些属性（如性别、年龄等）进行推荐，从而产生不公平的结果。
- 歧视问题：推荐系统可能会对特定群体或类型的用户或物品产生歧视性的推荐结果。这可能是由于数据偏见、算法偏见或者不完善的特征表示等原因导致的。歧视问题可能损害用户体验，降低推荐系统的可接受性和可信度。

解决推荐算法的偏见和歧视问题是一个复杂的任务，需要综合考虑数据采集、算法设计、特征表示和评估等方面。其中常用的解决方案包括：

- 多样性和公平性指标：引入多样性和公平性指标来评估推荐算法的效果，确保推荐结果具有多样性，并避免对特定群体的歧视。

- 数据预处理和平衡：对训练数据进行预处理，去除或平衡其中的偏见，以减少数据偏见对算法的影响。
- 算法调优和改进：针对特定的偏见和歧视问题，对推荐算法进行调优和改进，如引入倾向性修正、反偏差技术等。
- 用户参与和控制：允许用户参与推荐过程，并给予用户更多的选择权和控制权，以减少对他们的偏见和歧视。
- 多方合作和审查：推荐系统的开发者、研究者、监管机构和用户社群之间的合作和审查，共同努力解决偏见和歧视问题。

通过采取上述措施，可以逐步减少推荐系统中的偏见和歧视，提供更公平、多样化和包容性的推荐体验。

1.4.3　推荐系统的社会影响和道德考量

推荐系统面临推荐算法的社会影响和道德考量是一个重要的挑战。由于推荐系统直接或间接地影响用户的决策和行为，因此需要考虑以下几个方面的社会影响和道德考量：

- 过滤气泡和信息孤岛：推荐系统可能会使用户陷入信息过滤气泡和信息孤岛的问题。通过根据用户的偏好和历史行为推荐相似内容，推荐系统可能限制了用户接触多样化的观点和信息，加剧了信息的片面性和局限性。
- 深化偏见和刻板印象：如果推荐系统过度强调用户的个人偏好，可能会加深用户的偏见和刻板印象。这可能导致信息的选择性接收，加剧社会分歧和对立。
- 隐私和个人权益：推荐系统需要处理用户的个人数据和隐私信息。因此，保护用户的隐私权益，遵守相关法规和道德准则是至关重要的。推荐系统应该确保用户数据的安全性和隐私保护，并明确告知用户数据的收集和使用方式。
- 广告和商业利益：很多推荐系统是在商业环境中运行的，广告成了推荐系统的一部分。在推荐广告时，需要平衡商业利益和用户体验，避免过度侵入用户隐私或干扰用户的自主选择。
- 公平和歧视：推荐系统需要遵循公平原则，避免对特定群体的歧视。推荐结果应该基于公正、平等和多样化的原则，不应该对用户或物品进行歧视性的推荐。
- 用户权益和选择：推荐系统应该尊重用户的权益和选择。用户应该有权选择是否接受个性化推荐，以及对推荐结果进行反馈和调整。推荐系统应该提供透明的机制，让用户了解推荐的原因和依据。

在开发和运营推荐系统时，需要综合权衡这些社会影响和道德考量。开发者和运营者应该积极关注用户权益、隐私保护和社会公益，确保推荐系统的运行符合道德和社会责任的要求。此外，监管机构和相关的法规也起到了监督和指导的作用，推动推荐系统的合理使用和道德规范。

第 2 章　基于内容的推荐

基于内容的推荐是指基于物品（如文章、音乐、电影等）的内容特征和用户的偏好，为用户提供个性化的推荐。这种推荐方法主要依靠对物品的内容进行分析和比较，以确定物品之间的相似性和用户的兴趣匹配度。本章详细讲解基于内容推荐的知识。

2.1　文本特征提取

文本特征提取是将文本数据转换为可供机器学习算法或其他自然语言处理任务使用的特征表示的过程。文本特征提取的目标是将文本中的信息转化为数值或向量形式，以便计算机可以理解和处理。

2.1.1　词袋模型

词袋模型（bag-of-words）是一种常用的文本特征表示方法，用于将文本转换为数值形式，以便于机器学习算法的处理。它基于假设，认为文本中的词语顺序并不重要，只关注词语的出现频率。词袋模型的基本思想是将文本视为一个袋子（或集合）并忽略其词语之间的顺序。在构建词袋模型时，首先需要进行以下三个步骤：

（1）分词（tokenization）：将文本划分为词语（或有意义的单元）。通常使用空格或标点符号来分隔。

（2）构建词表（vocabulary）：将文本中的所有词语收集起来构建一个词表，其中每个词语都对应一个唯一的索引。

（3）计算词频（term frequency）：对于每个文本样本，统计每个词语在该样本中出现的频率。可以用一个向量表示每个样本的词频，其中向量的维度与词表的大小相同。

通过上述步骤，可以将每个文本样本转换为一个向量，其中向量的每个维度表示对应词语的出现频率或其他相关特征。这样就可以将文本数据转换为数值形式，供机器学习算法使用。

注意：词袋模型的优点是简单易用，它适用于大规模文本数据，并能够捕捉到词语的出现频率信息。然而，词袋模型忽略了词语之间的顺序和上下文信息，可能丢失了一部分语义和语境的含义。

在 Python 程序中，有多种工具和库可用于实现词袋模型，具体说明如下：

1.scikit-learn

在 scikit-learn 中提供了用于实现文本特征提取的类 CountVectorizer 和 TfidfVectorizer。例如，下面的实例演示了使用 scikit-learn 实现词袋模型，并基于相似度计算进行推荐。读者可以根据自己的具体数据集和应用场景，自定义和扩展这个例子，构建更复杂和个性化的推荐系统。

源码路径：daima\2\skci.py

```
from sklearn.feature_extraction.text import CountVectorizer
from sklearn.metrics.pairwise import cosine_similarity

# 电影数据集
movies = [
    'The Shawshank Redemption',
    'The Godfather',
    'The Dark Knight',
    'Pulp Fiction',
    'Fight Club'
]

# 电影简介数据集
synopsis = [
```

```
        'Two imprisoned men bond over a number of years, finding solace and eventual
redemption through acts of common decency.',
        'The aging patriarch of an organized crime dynasty transfers control of his
clandestine empire to his reluctant son.',
        'When the menace known as the Joker wreaks havoc and chaos on the people of Gotham,
Batman must accept one of the greatest psychological
and physical tests of his ability to fight injustice.',
        'The lives of two mob hitmen, a boxer, a gangster and his wife, and a pair of
diner bandits intertwine in four tales of violence and
redemption.',
        'An insomniac office worker and a devil-may-care soapmaker form an underground
fight club that evolves into something much, much more.'
    ]

    # 构建词袋模型
    vectorizer = CountVectorizer()
    X = vectorizer.fit_transform(synopsis)

    # 计算文本之间的相似度
    similarity_matrix = cosine_similarity(X)

    # 选择一个电影，获取相似推荐
    movie_index = 0  # 选择第一部电影作为例子
    similar_movies = similarity_matrix[movie_index].argsort()[::-1][1:]

    print(f"根据电影 '{movies[movie_index]}' 推荐的相似电影: ")
    for movie in similar_movies:
        print(movies[movie])
```

在上述代码中，首先定义了一个包含电影标题和简介的数据集，然后使用 scikit-learn 类 CountVectorizer 来构建词袋模型，将文本数据转换为词频向量表示。接下来，使用 cosine_similarity 计算文本之间的余弦相似度，得到一个相似度矩阵。最后，选择一个电影，根据其在相似度矩阵中的索引，获取相似度最高的电影推荐。执行后会输出：

```
根据电影 'The Shawshank Redemption' 推荐的相似电影:
Pulp Fiction
The Dark Knight
The Godfather
Fight Club
```

2.NLTK

在库 NLTK 中提供了用于实现文本分词和特征提取的函数和工具，例如下面是一个使用 NLTK 实现词袋模型的基础例子，假设现在有一个电影评论数据集，我们希望根据评论内容来进行情感分类。

源码路径：daima\2\nldk.py

```
# 下载电影评论数据集
nltk.download('movie_reviews')

# 加载电影评论数据集
reviews = [(list(movie_reviews.words(fileid)), category)
           for category in movie_reviews.categories()
           for fileid in movie_reviews.fileids(category)]

# 构建词袋模型
all_words = [word.lower() for review in reviews for word in review[0]]
all_words_freq = FreqDist(all_words)
word_features = list(all_words_freq)[:2000]

# 定义特征提取函数
def extract_features(document):
    document_words = set(document)
    features = {}
```

```
    for word in word_features:
        features[word] = (word in document_words)
    return features

# 构建特征集
featuresets = [(extract_features(review), category) for (review, category) in reviews]

# 划分训练集和测试集
train_set = featuresets[:1500]
test_set = featuresets[1500:]

# 使用朴素贝叶斯分类器进行分类
classifier = nltk.NaiveBayesClassifier.train(train_set)

# 测试分类器的准确率
accuracy = nltk.classify.accuracy(classifier, test_set)
print("分类器准确率:", accuracy)

# 使用SVM分类器进行分类
svm_classifier = SklearnClassifier(SVC())
svm_classifier.train(train_set)

# 测试SVM分类器的准确率
svm_accuracy = nltk.classify.accuracy(svm_classifier, test_set)
print("SVM分类器准确率:", svm_accuracy)
```

在上述代码中，首先下载了NLTK的电影评论数据集，加载评论数据并进行词袋模型的构建。通过计算词频，选择出现频率最高的2 000个词语作为特征。接下来，定义了一个特征提取函数，将每个评论文本转换为特征向量表示。然后，构建了特征集，并将其划分为训练集和测试集。最后，使用朴素贝叶斯分类器和SVM分类器进行情感分类，并计算分类器的准确率。执行后会输出：

```
[nltk_data] Downloading package movie_reviews to
[nltk_data]     C:\Users\apple\AppData\Roaming\nltk_data...
[nltk_data]   Unzipping corpora\movie_reviews.zip.
分类器准确率: 0.78
SVM分类器准确率: 0.616
```

3.Gensim

Gensim是一个用于主题建模和文本相似度计算的库，也可以用于词袋模型的构建。例如，下面的实例演示了使用Gensim实现词袋模型的过程，假设有一个新闻文章数据集，我们希望根据文章内容推荐相似的新闻。

源码路径：daima\2\recommendation.py

```
from gensim import models, similarities
from gensim.corpora import Dictionary

# 新闻文章数据集
documents = [
    "The economy is going strong with positive growth.",
    "Unemployment rates are decreasing, indicating a robust job market.",
    "Stock market is experiencing a bull run, with high trading volumes.",
    "Inflation remains low, providing stability to the economy."
]

# 分词和建立词袋模型
texts = [[word for word in document.lower().split()] for document in documents]
dictionary = Dictionary(texts)
corpus = [dictionary.doc2bow(text) for text in texts]

# 训练TF-IDF模型
tfidf = models.TfidfModel(corpus)
corpus_tfidf = tfidf[corpus]
```

```
    # 构建相似度索引
    index = similarities.MatrixSimilarity(corpus_tfidf)

    # 选择一个文章，获取相似推荐
    article_index = 0  # 选择第一篇文章作为例子
    similarities = index[corpus_tfidf[article_index]]

    # 按相似度降序排列并打印推荐文章
    sorted_indexes = sorted(range(len(similarities)), key=lambda i: similarities[i],
reverse=True)
    print(f"根据文章 '{documents[article_index]}' 推荐的相似文章: ")
    for i in sorted_indexes[1:]:
        print(documents[i])
```

在上述代码中，首先定义了一个包含新闻文章的数据集。然后，使用 Gensim 库对文章进行分词，并构建词袋模型。接下来，训练 TF-IDF 模型来计算每个词语的重要性。使用 TF-IDF 模型转换文档向量，构建语料库。然后，构建相似度索引，将语料库中的每个文档转换为特征向量表示。然后选择一个文章作为例子，计算它与其他文章的相似度。根据相似度降序排列，打印推荐的相似文章。执行后会输出：

```
根据文章 'The economy is going strong with positive growth.' 推荐的相似文章:
Stock market is experiencing a bull run, with high trading volumes.
Inflation remains low, providing stability to the economy.
Unemployment rates are decreasing, indicating a robust job market.
```

2.1.2　n-gram 模型

在推荐系统中，n-gram 模型是一种基础的文本建模技术，用于捕捉词序列的局部信息。它是一种基于概率的统计模型，用于预测给定文本序列中下一个词或字符的可能性。n-gram 模型中的 n 表示模型考虑的词语或字符的数量。例如，一个 2-gram 模型（也称为 bigram 模型）考虑每个词的上下文中的前一个词，而一个 3-gram 模型（也称为 trigram 模型）则考虑前两个词。n-gram 模型的基本假设是，当前词的出现仅依赖于前面的 n-1 个词。通过观察大量文本数据，n-gram 模型可以学习到不同词语之间的频率和概率分布，从而对下一个词的出现进行预测。

在 Python 程序中，可以使用库 NLTK 来实现 n-gram 模型。NLTK 提供了一些工具和函数，用于构建 n-gram 模型并进行文本生成和预测。例如，下面的实例演示了使用库 NLTK 实现 n-gram 模型的过程。

源码路径：daima\2\ngram.py

```
    import nltk
    nltk.download('punkt')
    from nltk import ngrams

    # 商品列表
    products = [
        "Apple iPhone 12",
        "Samsung Galaxy S21",
        "Google Pixel 5",
        "Apple iPad Pro",
        "Samsung Galaxy Tab S7",
        "Microsoft Surface Pro 7"
    ]

    # 构建 n-gram 模型
    n = 2  # n-gram 模型中考虑的词语数量
    product_tokens = [product.lower().split() for product in products]
    product_ngrams = [list(ngrams(tokens, n)) for tokens in product_tokens]

    # 用户输入查询
```

```
query = "Apple iPhone"

# 根据查询匹配推荐商品
query_tokens = query.lower().split()
query_ngrams = list(ngrams(query_tokens, n))

recommended_products = []
for i in range(len(products)):
    count = 0
    for query_ngram in query_ngrams:
        if query_ngram in product_ngrams[i]:
            count += 1
    if count == len(query_ngrams):
        recommended_products.append(products[i])

print("Recommended Products:")
for product in recommended_products:
    print(product)
```

对上述代码的具体说明如下：

（1）导入 NLTK 库，并从中导入了 ngrams() 函数。

（2）定义商品列表：创建了一个包含不同商品名称的列表。

（3）构建 n-gram 模型：将商品名称分成单词，并使用 ngrams() 函数生成 n-gram 序列。这里，我们指定 n 的值为 2，表示使用二元组（bigram）作为 n-gram 模型。

（4）用户查询输入：定义了一个查询字符串，例如 "Apple iPhone"。

（5）根据查询匹配推荐商品：将查询字符串分成单词，并生成相应的 n-gram 序列。然后，遍历商品列表，并对每个商品的 n-gram 序列进行匹配。如果查询的所有 n-gram 都在商品的 n-gram 序列中出现，则认为该商品与查询相关，并将其添加到推荐列表中。

（6）输出推荐商品：最后打印出推荐的相关商品列表。

执行后会输出：

```
Recommended Products:
Apple iPhone 12
```

2.1.3 特征哈希

特征哈希（feature hashing）是一种常用的特征处理技术。在推荐系统中，特征哈希可以用于处理大规模的稀疏特征数据，减少内存消耗并加快计算速度。特征哈希的基本原理如下：

- 特征表示：在推荐系统中，通常使用特征来表示用户和物品，例如用户的年龄、性别、浏览历史，物品的类别、标签等。这些特征可以形成一个高维的特征向量。
- 特征哈希函数：特征哈希使用哈希函数将高维特征向量映射到固定长度的哈希表中。哈希函数将特征的取值范围映射到一个固定大小的哈希表索引。通常，哈希函数的输出是一个整数，表示特征在哈希表中的位置。
- 哈希表存储：哈希表可以使用数组或其他数据结构来表示。每个特征都对应哈希表中的一个位置，可以将特征的取值作为索引，将特征的计数或权重作为值存储在哈希表中。
- 特征编码：对于每个样本，通过特征哈希函数将特征向量映射到哈希表中，并根据哈希表的索引位置将特征编码为一个固定长度的特征向量。这个特征向量可以作为输入用于训练推荐系统的模型。

特征哈希的主要优点是简单高效，它可以减少内存消耗，因为哈希表的大小是固定的，不受原始特征向量维度的影响。此外，特征哈希还能加快计算速度，因为哈希函数的计算比完整的特征向量计算更快。

在 Python 程序中，可以使用类 sklearn.feature_extraction.FeatureHasher 和模块 hashlib 实现特

征哈希处理，并将哈希后的特征用于推荐系统的特征工程和模型训练。假设现在有一个电影推荐系统，其中每个电影有电影名称、电影类型、导演、演员等特征。我们可以使用特征哈希来处理这些特征，并将它们转换为固定长度的特征向量。例如，下面是一个使用特征哈希处理上述电影特征的例子。

源码路径：daima\2\teha.py

```
from sklearn.feature_extraction import FeatureHasher

# 电影数据集
movies = [
    {"movie_id": 1, "title": "Movie A", "genre": "Action", "director": "Director X", "actors": ["Actor A", "Actor B"]},
    {"movie_id": 2, "title": "Movie B", "genre": "Comedy", "director": "Director Y", "actors": ["Actor B", "Actor C"]},
    {"movie_id": 3, "title": "Movie C", "genre": "Drama", "director": "Director Z", "actors": ["Actor A", "Actor C"]}
]

# 将列表类型的特征转换为字符串
for movie in movies:
    movie["actors"] = ", ".join(movie["actors"])

# 特征哈希处理
hasher = FeatureHasher(n_features=5, input_type="dict")
hashed_features = hasher.transform({movie["movie_id"]: movie for movie in movies}.values())

# 打印哈希后的特征向量
for i, movie in enumerate(movies):
    print(f"Movie ID: {movie['movie_id']}")
    print(f"Title: {movie['title']}")
    print(f"Hashed Features: {hashed_features[i].toarray()[0]}")
    print("------")
```

对上述代码的具体说明如下：

（1）首先创建了电影数据集，其中包含每部电影的一些特征，如电影 ID、标题、类型、导演和演员列表。

（2）需要对演员列表进行处理，将其从列表类型转换为以逗号分隔的字符串，以确保特征是字符串类型。

（3）使用类 FeatureHasher 来进行特征哈希处理。我们指定了哈希后的特征向量的长度（n_features）为 5，并设置输入类型为字典（input_type="dict"）。

（4）将电影数据集转换为字典形式，并使用电影 ID 作为字典的键，电影特征作为字典的值。

（5）最后使用特征哈希器对字典形式的电影特征进行转换，得到哈希后的特征向量。最终，通过循环遍历每部电影，并打印出电影 ID、标题以及对应的哈希后的特征向量。

执行后会输出每部电影的电影 ID、标题以及对应的特征哈希向量。具体输出的内容取决于电影数据集的内容，每行包含一个电影的信息。例如下面的输出内容：

```
Movie ID: 1
Title: Movie A
Hashed Features: [-3.  0.  1.  0.  1.]
------
Movie ID: 2
Title: Movie B
Hashed Features: [-2.  0.  0. -1. -1.]
------
Movie ID: 3
Title: Movie C
Hashed Features: [-3.  0. -1. -2. -1.]
```

```
------
```

总体来说，上述代码演示了如何使用特征哈希对电影特征进行处理，将其转换为固定长度的特征向量。这种方法适用于处理高维稀疏特征的情况，并能提高计算效率和降低存储成本。

2.2 TF-IDF（词频—逆文档频率）

TF-IDF（term frequency-inverse document frequency）是一种用于评估文本中词语重要性的统计算法，它结合了词频（TF）和逆文档频率（IDF）两个指标，用于衡量一个词语在文档集中的重要程度。

- 词频：指的是一个词语在文档中出现的频率。通常，一个词语在文档中出现的次数越多，它对文档的重要性就越高。词频可以通过简单地计算一个词语在文档中出现的次数来获取。
- 逆文档频率：指的是一个词语在整个文档集中的稀有程度。它是通过文档集中包含该词语的文档数目的倒数来计算的。逆文档频率可以用来衡量一个词语是否具有区分度，即它在整个文档集中的普遍程度。

TF-IDF 的计算公式如下：

```
TF-IDF = TF * IDF
```

通过计算一个词语的 TF-IDF 值，我们可以确定该词语在文档中的重要性。当一个词语的词频较高且在整个文档集中出现的次数较少时，它的 TF-IDF 值将更高，表示它在该文档中具有更高的重要性。

TF-IDF 常用于信息检索、文本挖掘和推荐系统等任务中，用于计算文档之间的相似度或衡量词语的重要性，以便于进行文本分析和自动化处理。

2.2.1 词频计算

在 Python 中，可以使用多种库和方法来计算词频，例如下面的实例演示了使用库 NLTK 来计算词频的过程。

源码路径：daima\2\cipin.py

```
import nltk
from nltk import FreqDist

# 推荐系统的用户评价数据
reviews = [
    "This movie is great!",
    "I love this movie so much.",
    "The acting in this film is superb.",
    "The plot of this movie is confusing.",
    "I didn't enjoy this film."
]

# 将所有评价合并为一个字符串
text = ' '.join(reviews)

# 分词
tokens = nltk.word_tokenize(text)

# 计算词频
freq_dist = FreqDist(tokens)

# 输出词频统计结果
for word, frequency in freq_dist.items():
    print(f"Word: {word}, Frequency: {frequency}")
```

在上述代码中，有一些用户对电影的评价数据存储在 reviews 列表中。首先，将所有评价合并为一个字符串，然后使用 nltk.word_tokenize() 方法对字符串进行分词，得到一个词语列表。接下来，我们使用 FreqDist 类计算词频，生成一个词频分布对象。最后，通过遍历词频分布对象，打印输出每个词语及其对应的词频。执行后会输出：

```
Word: This, Frequency: 1
Word: movie, Frequency: 3
Word: is, Frequency: 3
Word: great, Frequency: 1
Word: !, Frequency: 1
Word: I, Frequency: 2
Word: love, Frequency: 1
Word: this, Frequency: 4
Word: so, Frequency: 1
Word: much, Frequency: 1
Word: ., Frequency: 4
Word: The, Frequency: 2
Word: acting, Frequency: 1
Word: in, Frequency: 1
Word: film, Frequency: 2
Word: superb, Frequency: 1
Word: plot, Frequency: 1
Word: of, Frequency: 1
Word: confusing, Frequency: 1
Word: did, Frequency: 1
Word: n't, Frequency: 1
Word: enjoy, Frequency: 1
```

本实例展示了如何使用词频计算来分析用户评价数据。通过统计词语的频率，我们可以了解哪些词语在用户评价中出现得更频繁，从而帮助推荐系统更好地理解用户的喜好和偏好。基于词频的分析结果，推荐系统可以提供与用户评价相关的电影推荐，或者进一步进行文本情感分析等任务。

2.2.2　逆文档频率计算

逆文档频率是推荐系统中常用的一种特征权重计算方法。它衡量了一个词语在文本集合中的重要程度。在推荐系统中，逆文档频率通常与词频结合使用，形成 TF-IDF 特征表示。

下面是一个使用 Python 计算逆文档频率的例子，假设有一个文本集合存储在列表 documents 中。

源码路径：daima\2\niwen.py

```
import math
from collections import Counter

# 文本集合
documents = [
    "This is the first document.",
    "This document is the second document.",
    "And this is the third one.",
    "Is this the first document?"
]

# 分词并去重
word_sets = [set(document.lower().split()) for document in documents]

# 计算逆文档频率
idf = {}
num_documents = len(documents)
for word in set(word for word_set in word_sets for word in word_set):
    count = sum(1 for word_set in word_sets if word in word_set)
    idf[word] = math.log(num_documents / (count + 1))
```

```
# 输出逆文档频率
for word, idf_value in idf.items():
    print(f"Word: {word}, IDF: {idf_value}")
```

在上述代码中，首先对每个文本进行分词，并去除重复的词语，得到一个词语集合。然后遍历所有词语的集合，计算每个词语的逆文档频率。逆文档频率的计算公式是 $\log(N/(n+1))$，其中 N 表示文本集合中的文档数，n 表示包含当前词语的文档数。最后，打印输出每个词语及其对应的逆文档频率。执行后会输出：

```
Word: this, IDF: -0.2231435513142097
Word: third, IDF: 0.6931471805599453
Word: second, IDF: 0.6931471805599453
Word: document?, IDF: 0.6931471805599453
Word: first, IDF: 0.28768207245178085
Word: is, IDF: -0.2231435513142097
Word: one., IDF: 0.6931471805599453
Word: document, IDF: 0.6931471805599453
Word: and, IDF: 0.6931471805599453
Word: document., IDF: 0.28768207245178085
Word: the, IDF: -0.2231435513142097
```

注意：通过逆文档频率的计算，可以帮助推荐系统识别那些在整个文本集合中相对不常见但在当前文本中出现较多的词语。这些词语通常具有一定的独特性和重要性，因此在推荐系统中起到一定的权重作用。通过将逆文档频率与词频结合，可以构建出更具表达力的特征表示，用于推荐系统的任务，例如文本相似度计算、文本分类等。

2.2.3 TF-IDF 权重计算

TF-IDF 能够突出在当前文本中频繁出现但在整个文本集合中相对稀缺的词语，因此可以捕捉到具有区分度和重要性的特征。在推荐系统中，TF-IDF 常用于文本特征表示和相似度计算。例如，下面是一个在 Python 程序中计算 TF-IDF 权重的例子：

源码路径：daima\2\quan.py

```
from sklearn.feature_extraction.text import TfidfVectorizer

# 文本集合
documents = [
    "This is the first document.",
    "This document is the second document.",
    "And this is the third one.",
    "Is this the first document?"
]

# 创建TF-IDF向量化器
vectorizer = TfidfVectorizer()

# 对文本集合进行向量化
tfidf_matrix = vectorizer.fit_transform(documents)

# 输出词语和对应的TF-IDF权重
feature_names = vectorizer.get_feature_names()
for i in range(len(documents)):
    doc = documents[i]
    feature_index = tfidf_matrix[i, :].nonzero()[1]
    tfidf_scores = zip(feature_index, [tfidf_matrix[i, x] for x in feature_index])
    for word_index, score in tfidf_scores:
        print(f"Document: {doc}, Word: {feature_names[word_index]}, TF-IDF Score: 
{score}")
```

在上述代码中，使用了库 scikit-learn 中的类 TfidfVectorizer 来计算 TF-IDF 权重。首先，创建了一个 TF-IDF 向量化器对象 vectorizer。然后，将文本集合 documents 传入向量化器的 fit_transform 方法，得到 TF-IDF 矩阵 tfidf_matrix。最后，遍历每个文本和对应的 TF-IDF 向量，打印输出词语和对应的 TF-IDF 权重。执行后会输出：

```
    Document: This is the first document., Word: document, TF-IDF Score: 0.46979138557992045
    Document: This is the first document., Word: first, TF-IDF Score: 0.5802858236844359
    Document: This is the first document., Word: the, TF-IDF Score: 0.38408524091481483
    Document: This is the first document., Word: is, TF-IDF Score: 0.38408524091481483
    Document: This is the first document., Word: this, TF-IDF Score: 0.38408524091481483
    Document: This document is the second document., Word: second, TF-IDF Score:
0.5386476208856763
    Document: This document is the second document., Word: document, TF-IDF Score:
0.6876235979836938
    Document: This document is the second document., Word: the, TF-IDF Score:
0.281088674033753
    Document: This document is the second document., Word: is, TF-IDF Score:
0.281088674033753
    Document: This document is the second document., Word: this, TF-IDF Score:
0.281088674033753
    Document: And this is the third one., Word: one, TF-IDF Score: 0.511848512707169
    Document: And this is the third one., Word: third, TF-IDF Score: 0.511848512707169
    Document: And this is the third one., Word: and, TF-IDF Score: 0.511848512707169
    Document: And this is the third one., Word: the, TF-IDF Score: 0.267103787642168
    Document: And this is the third one., Word: is, TF-IDF Score: 0.267103787642168
    Document: And this is the third one., Word: this, TF-IDF Score: 0.267103787642168
    Document: Is this the first document?, Word: document, TF-IDF Score: 0.46979138557992045
    Document: Is this the first document?, Word: first, TF-IDF Score: 0.5802858236844359
    Document: Is this the first document?, Word: the, TF-IDF Score: 0.38408524091481483
    Document: Is this the first document?, Word: is, TF-IDF Score: 0.38408524091481483
    Document: Is this the first document?, Word: this, TF-IDF Score: 0.38408524091481483
```

TF-IDF 权重的计算可以帮助推荐系统识别那些在当前文本中频繁出现但在整个文本集合中相对稀缺的词语，从而突出文本的特征和重要性。这种特征权重计算方法常用于推荐系统的文本表示、相似度计算和内容过滤等任务。

2.3　词嵌入（word embedding）

词嵌入（word embedding）是一种将词语映射到连续向量空间的技术，用于表示词语的语义和语法信息。它是自然语言处理中的一项重要技术，对于推荐系统的构建和改进具有重要意义。在传统的基于计数的表示方法中，每个词语被表示为一个独立的向量，无法捕捉到词语之间的语义关系。而词嵌入通过将词语映射到一个低维连续向量空间中，使得相似的词语在向量空间中的距离更近，能够更好地表示词语之间的语义相似性。

2.3.1　分布式表示方法

分布式表示方法是一种将词语或文本表示为连续向量的技术，在推荐系统中被广泛应用于词嵌入和文本表示任务。它通过捕捉词语或文本的上下文信息来构建向量表示，使得具有相似语义或语法特征的词语或文本在向量空间中距离更近。

在 Python 中有多种分布式表示方法可供使用，其中最常见的是 Word2Vec 和 GloVe。

1. Word2Vec

Word2Vec 是一种基于神经网络的词嵌入方法，它通过学习词语上下文的分布模式来生成词向量。Word2Vec 包括两种模型：连续词袋模型（continuous bag-of-words，CBOW）和跳字模型（skip-gram）。CBOW 模型根据上下文词语预测目标词语，而跳字模型则根据目标词语预测上下文词语。

2. GloVe（global vectors for word representation）

GloVe 是一种基于全局统计信息的词嵌入方法，它利用词语的共现矩阵来捕捉词语之间的关系。GloVe 通过最小化损失函数来学习词语的向量表示，使得在向量空间中具有相似共现模式的词语距离更近。

与 Word2Vec 不同，GloVe 是基于全局词汇共现矩阵进行训练的，而不是仅仅依赖于局部上下文窗口。GloVe 的核心思想是，词与词之间的关系可以通过它们在上下文窗口中的共现频率来捕捉。具体来说，GloVe 首先构建一个词汇共现矩阵，其中的每个元素表示两个词同时出现在上下文窗口中的频率。然后，通过优化目标函数，将这些共现信息映射到低维的词嵌入空间中。最终得到的词嵌入向量具有良好的语义表示能力，可以用于推荐系统中的相似度计算、文本分类等任务。

以上介绍的分布式表示方法可以应用于推荐系统中的多个任务，如文本分类、文本聚类、推荐算法中的特征表示等。通过将词语或文本转换为连续向量表示，可以更好地捕捉到语义和语法的特征，从而提高推荐系统的性能和准确性。

注意： 词嵌入模型的训练需要大量的文本数据，并且模型的选择和参数调整也会对结果产生影响。因此，在应用词嵌入技术时，需要根据具体的任务和数据进行合适的模型选择和参数调整，以获得更好的效果。

2.3.2 使用 Word2Vec 模型

使用库 Gensim 可以方便地实现 Word2Vec 模型，通过输入语料库进行训练，可以得到每个词语的分布式表示。请看下面的实例，假设现在有一个电影推荐系统，可以使用 Word2Vec 实现分布式表示方法来计算电影的相似度：

源码路径：daima\2\fenbu1.py

```
import pandas as pd
from gensim.models import Word2Vec

# 电影数据
movies_list = [
    "The Dark Knight",
    "Inception",
    "Interstellar",
    "The Shawshank Redemption",
    "Pulp Fiction",
    "Fight Club"
]

# 对电影标题进行分词
movies_tokens = [movie.lower().split() for movie in movies_list]

# 训练Word2Vec模型
model = Word2Vec(sentences=movies_tokens, vector_size=100, window=5, min_count=1)

# 获取电影的分布式表示
def get_movie_embedding(title):
    tokens = title.lower().split()
    embedding = []
    for token in tokens:
        if token in model.wv:
            embedding.append(model.wv[token])
    if embedding:
        return sum(embedding) / len(embedding)
    else:
        return None

# 选择一个电影，获取相似推荐
movie_title = 'The Dark Knight'
movie_embedding = get_movie_embedding(movie_title)
if movie_embedding is not None:
```

```
        similar_movies = model.wv.most_similar([movie_embedding], topn=5)
        similar_movie_titles = [movie[0] for movie in similar_movies]
        print(f"根据电影 '{movie_title}' 推荐的相似电影: ")
        print(similar_movie_titles)
    else:
        print(f"找不到电影 '{movie_title}' 的分布式表示。")
```

在上述代码中，首先导入所需要的库，包括 pandas 和 Word2Vec。然后，创建一个包含电影标题的列表 movies_list。接着，对电影标题进行分词处理，生成一个包含分词结果的列表 movies_tokens。然后，使用 Word2Vec 模型进行训练，传入分词后的电影标题列表 movies_tokens，设置向量维度为 100，窗口大小为 5，最小词频为 1。最后，定义函数 get_movie_embedding()，用于获取电影的词嵌入表示。在该函数中，首先检查电影是否在训练集中存在，如果存在则返回对应的词嵌入向量，否则返回空向量。

执行后会输出模型的训练进度和结果。而在调用函数 get_movie_embedding() 时，会输出电影的词嵌入向量或空向量。例如输出：

```
根据电影 'The Dark Knight' 推荐的相似电影:
['the', 'knight', 'dark', 'interstellar', 'inception']
```

2.3.3 使用 GloVe 模型

在 Python 中可以使用库 Gensim 或者直接下载预训练的 GloVe 向量进行词嵌入操作。请看下面的实例，功能是使用 GloVe 预训练模型（glove-wiki-gigaword-100）来计算电影标题的相似度。

源码路径：daima\2\fenbu2.py

```
    from gensim.models import KeyedVectors

    # 加载预训练的GloVe模型
    glove_model = KeyedVectors.load_word2vec_format('glove-wiki-gigaword-100.txt',
binary=False)

    # 定义电影标题列表
    movies = ['The Dark Knight', 'Inception', 'Interstellar', 'The Matrix', 'Fight Club']

    # 计算相似度矩阵
    similarity_matrix = [[glove_model.wv.similarity(movie1, movie2) for movie2 in movies]
for movie1 in movies]

    # 打印相似度矩阵
    print("相似度矩阵: ")
    for i in range(len(movies)):
        for j in range(len(movies)):
            print(f"{movies[i]} 与 {movies[j]} 的相似度: {similarity_matrix[i][j]}")
```

在本实例中使用了 GloVe 官方网站中的数据集文件 glove-wiki-gigaword-100.txt，需要读者自己去下载。上述代码计算了电影标题之间的相似度矩阵，并打印了每对电影之间的相似度值。

2.4 主题模型（topic modeling）

主题模型是一种用于分析文本数据的统计模型，它旨在发现文本背后的潜在主题或话题结构。它假设每个文档都由多个主题组成，并且每个主题都由一组相关的单词表示。通过分析文档中单词的分布模式，主题模型可以识别出这些主题，并用它们来描述和表示文本数据。在基于内容的推荐系统中，主题模型可以帮助理解文本数据中的主题信息，并将其应用于推荐过程中。

2.4.1 潜在语义分析

潜在语义分析（latent semantic analysis，LSA）是一种主题模型方法，用于在文本数据中发现潜在的语义结构。LSA 基于矩阵分解技术，将文本数据转换为低维的语义空间表示。

LSA 的核心思想是通过奇异值分解（singular value decomposition，SVD）来降低文本数据的维度，并捕捉文本之间的语义关系。例如，下面是一个使用 LSA 实现主题模型的例子。

源码路径：daima\2\qian.py

```
from sklearn.feature_extraction.text import TfidfVectorizer
from sklearn.decomposition import TruncatedSVD

# 假设有一组文档数据
documents = [
    "I like to watch movies",
    "I prefer action movies",
    "Documentaries are informative",
    "I enjoy romantic movies",
    "Comedies make me laugh",
]

# 将文档数据向量化为TF-IDF矩阵
vectorizer = TfidfVectorizer()
X = vectorizer.fit_transform(documents)

# 使用LSA进行主题建模
lsa = TruncatedSVD(n_components=2)
lsa.fit(X)

# 输出每个主题的关键词
feature_names = vectorizer.get_feature_names()
for topic_idx, topic in enumerate(lsa.components_):
    print(f"主题 {topic_idx+1}:")
    top_words = [feature_names[i] for i in topic.argsort()[:-6:-1]]
    print(", ".join(top_words))
```

在上述代码中，使用库 sklearn 中的 TfidfVectorizer 将文档数据转换为 TF-IDF 矩阵，然后，使用 TruncatedSVD 进行 LSA 主题建模，设置主题数为 2。最后打印输出每个主题的关键词，以了解每个主题所代表的语义内容。执行后会输出：

```
主题 1:
movies, action, prefer, romantic, enjoy
主题 2:
informative, documentaries, are, enjoy, romantic
```

LSA 可以帮助我们在文本数据中发现主题和语义关系，从而应用于推荐系统中。例如，可以根据用户的偏好和文本数据的主题进行推荐，提供个性化的推荐结果。

注意：LSA 是一种无监督学习方法，它依赖于文本数据本身的特征。在实际应用中，可以结合其他特征和技术，如用户反馈、协同过滤等，以构建更精确和准确的推荐系统。

2.4.2 主题模型的应用

假设我们有一个电商平台，现在希望通过主题模型来实现基于内容的商品推荐。我们可以使用 LDA 主题模型来分析商品的文本描述，从中发现商品的潜在主题，然后根据用户的偏好向其推荐相关主题的商品。下面的实例演示了使用 LDA 主题模型实现商品推荐的过程。

源码路径：daima\2\product.py

```
from sklearn.feature_extraction.text import CountVectorizer
from sklearn.decomposition import LatentDirichletAllocation

# 假设有一组商品数据，每个商品有一个文本描述
products = [
    {"product_id": 1, "description": "High-performance gaming laptop with powerful
graphics card."},
    {"product_id": 2, "description": "Wireless noise-canceling headphones for
immersive audio experience."},
```

```
        {"product_id": 3, "description": "Smart home security camera with real-time 
monitoring."},
        {"product_id": 4, "description": "Compact and lightweight digital camera for 
travel photography."},
        {"product_id": 5, "description": "Stylish and durable backpack for everyday 
use."},
    ]

    # 提取商品描述文本
    documents = [product["description"] for product in products]

    # 将商品描述向量化为词频矩阵
    vectorizer = CountVectorizer()
    X = vectorizer.fit_transform(documents)

    # 使用LDA进行主题建模
    lda = LatentDirichletAllocation(n_components=3, random_state=42)
    lda.fit(X)

    # 对每个商品进行主题预测
    for i, product in enumerate(products):
        description = product["description"]
        X_new = vectorizer.transform([description])
        topic_probabilities = lda.transform(X_new)
        topic_idx = topic_probabilities.argmax()
        product["topic"] = topic_idx

    # 根据用户偏好推荐商品
    user_preferences = [1, 2]  # 假设用户偏好的主题是1和2
    recommended_products = [product for product in products if product["topic"] in 
user_preferences]

    # 输出推荐的商品
    print("推荐的商品: ")
    for product in recommended_products:
        print(f"商品ID: {product['product_id']}, 描述: {product['description']}")
```

在上述代码中，首先使用 CountVectorizer 将商品描述转换为词频矩阵，然后使用 LatentDirichletAllocation 进行 LDA 主题建模，设置主题数为 3。接下来，对每个商品进行主题预测，并将预测结果存储在商品数据中。最后根据用户的偏好选择相应的主题，并推荐属于这些主题的商品。执行后会输出：

```
推荐的商品:
商品ID: 2, 描述: Wireless noise-canceling headphones for immersive audio experience.
商品ID: 4, 描述: Compact and lightweight digital camera for travel photography.
商品ID: 5, 描述: Stylish and durable backpack for everyday use.
```

本实例展示了使用主题模型进行商品推荐的过程，通过分析商品描述的潜在主题，我们可以根据用户的偏好向其推荐与其兴趣相关的商品。这种基于内容的推荐方法可以帮助电商平台提供个性化的商品推荐，增加用户的购买体验和满意度。

注意：这只是一个简单的示例，在实际应用中可能需要考虑更多的因素，如用户历史行为、商品属性等，以构建更准确和有效的推荐系统。此外，还可以使用其他主题模型算法和技术，如潜在语义分析（LSA）和 BERT 等，根据具体情况选择适合的方法。

2.5　文本分类和标签提取

文本分类是指将文本数据按照预定义的类别或标签进行分类的任务。它是自然语言处理领域中的一个重要问题，具有广泛的应用，例如情感分析、垃圾邮件过滤、新闻分类等。在 Python 中，有多种方法可以进行文本分类和标签提取，其中常用的方法有三种：传统机器学习、卷积神经网络、循环神经网络。

2.5.1 传统机器学习方法

在 Python 中，可以使用机器学习技术实现文本分类和标签提取。文本分类是将文本数据分为不同的预定义类别或标签的任务，而标签提取是从文本中提取关键标签或关键词的任务。在接下来的内容中，将简要介绍两种实现文本分类和标签提取的机器学习方法。

1. 朴素贝叶斯分类器

朴素贝叶斯分类器（naive bayes classifier）是一种简单但有效的文本分类方法。它基于朴素贝叶斯定理和特征独立性假设，将文本特征与类别之间的条件概率进行建模。常见的朴素贝叶斯分类器包括多项式朴素贝叶斯（multinomial naive bayes）和伯努利朴素贝叶斯（bernoulli naive bayes）。例如，下面是一个使用朴素贝叶斯分类器进行文本分类和标签提取的例子，功能是对电影评论信息进行文本分类。

源码路径：daima\2\pusu.py

```
from sklearn.feature_extraction.text import CountVectorizer
from sklearn.naive_bayes import MultinomialNB

# 文本数据
texts = [
    "This movie is great!",
    "I loved the acting in this film.",
    "The plot of this book is intriguing.",
    "I didn't enjoy the music in this concert.",
]

# 对文本进行特征提取
vectorizer = CountVectorizer()
X = vectorizer.fit_transform(texts)

# 标签数据
labels = ['Positive', 'Positive', 'Positive', 'Negative']

# 创建朴素贝叶斯分类器模型并训练
clf = MultinomialNB()
clf.fit(X, labels)

# 进行文本分类和标签提取
test_text = "The acting in this play was exceptional."
test_X = vectorizer.transform([test_text])
predicted_label = clf.predict(test_X)

print(f"文本: {test_text}")
print(f"预测标签: {predicted_label}")
```

在上述代码中，使用了库 scikit-learn 中的 CountVectorizer 进行文本特征提取，并使用 MultinomialNB 实现了朴素贝叶斯分类器。通过将训练好的模型应用于新的文本，可以进行分类和标签提取。执行后会输出：

```
文本: The acting in this play was exceptional.
预测标签: ['Positive']
```

2. 支持向量机

支持向量机（support vector machines，SVM）是一种强大的文本分类算法，可以通过构建高维特征空间并找到最佳的分割超平面来实现分类。SVM 在文本分类中的应用主要包括线性支持向量机（linear SVM）和核支持向量机（kernel SVM）。下面是一个简单的实例，演示了使用支持向量机实现音乐推荐的文本分类的用法。使用音乐的特征描述作为模型的输入，并将音乐的推荐标签作为目标变量进行训练。

源码路径：daima\2\xiang.py

```
from sklearn.feature_extraction.text import TfidfVectorizer
from sklearn.svm import SVC
from sklearn.metrics import accuracy_score

# 音乐数据
music_features = [
    "This song has a catchy melody and upbeat rhythm.",
    "The lyrics of this track are deep and thought-provoking.",
    "The vocals in this album are powerful and emotional.",
    "I don't like the repetitive beats in this song.",
]

# 推荐标签数据
recommendations = ['Pop', 'Indie', 'Rock', 'Electronic']

# 对音乐特征进行文本特征提取
vectorizer = TfidfVectorizer()
X = vectorizer.fit_transform(music_features)

# 创建支持向量机分类器模型并训练
clf = SVC()
clf.fit(X, recommendations)

# 进行音乐推荐
test_music = "I love the electronic beats in this track."
test_X = vectorizer.transform([test_music])
predicted_recommendation = clf.predict(test_X)

print(f"音乐特征: {test_music}")
print(f"推荐标签: {predicted_recommendation}")
```

在上述代码中，使用了库 scikit-learn 中的 TfidfVectorizer 来提取音乐特征的文本表示，然后使用 SVC 来构建支持向量机分类器模型，并进行音乐推荐的标签预测。你可以根据实际情况调整训练数据和测试数据，并使用更复杂的特征提取方法和模型调参来提高预测的准确性。执行后会输出：

```
音乐特征: I love the electronic beats in this track.
推荐标签: ['Electronic']
```

2.5.2　卷积神经网络

卷积神经网络（convolutional neural network，CNN）是一种在推荐系统中广泛应用的深度学习模型，它在图像处理任务上取得了巨大的成功，并且在自然语言处理领域也得到了广泛应用。CNN 在推荐系统中常用于文本分类、图像推荐和音乐推荐等任务，能够从输入数据中提取特征并进行高效的模式识别。

下面简要介绍 CNN 在推荐系统中的应用和一些关键概念：

- 卷积层（convolutional layer）：卷积层是 CNN 的核心组成部分，它通过应用卷积操作来提取输入数据的局部特征。在文本分类任务中，卷积层可以识别关键词组合或短语，捕捉文本中的局部模式。
- 池化层（pooling layer）：池化层用于降低卷积层输出的维度，并保留最重要的特征。常用的池化操作包括最大池化（max pooling）和平均池化（average pooling），它们可以减少数据的大小，并提取最显著的特征。
- 全连接层（fully connected layer）：全连接层用于将卷积和池化层提取的特征映射到输出标签空间。在推荐系统中，全连接层可以将提取的特征与用户行为数据进行关联，实现个性化推荐。

- 嵌入层（embedding layer）：在文本推荐中，嵌入层将离散的文本输入转换为连续的向量表示。它可以学习单词之间的语义关系，并捕捉文本中的语义信息。
- 激活函数（activation function）：激活函数引入非线性特性，使得 CNN 能够学习更复杂的模式和特征。常用的激活函数包括 ReLU、Sigmoid 和 Tanh。

在下面的内容中，将通过一个具体实例的实现过程，详细讲解使用卷积神经网络对花朵图像进行分类的过程。本实例将使用 keras.Sequential 模型创建图像分类器，并使用 preprocessing.image_dataset_from_directory 加载数据。

源码路径：daima\2\cnn02.py

1. 准备数据集

本实例使用大约 3 700 张鲜花照片的数据集，数据集包含 5 个子目录，每个类别一个目录：

```
flower_photo/
  daisy/
  dandelion/
  roses/
  sunflowers/
  tulips/
```

（1）下载数据集，代码如下：

```
import pathlib
dataset_url = "https://storage.googleapis.com/download.tensorflow.org/example_
images/flower_photos.tgz"
data_dir = tf.keras.utils.get_file('flower_photos', origin=dataset_url, untar=True)
data_dir = pathlib.Path(data_dir)
image_count = len(list(data_dir.glob('*/*.jpg')))
print(image_count)
```

执行后会输出：

```
3670
```

这说明在数据集中共有 3 670 张图像，

（2）浏览数据集中“roses”目录中的第一个图像，代码如下：

```
roses = list(data_dir.glob('roses/*'))
PIL.Image.open(str(roses[0]))
```

执行后显示数据集中“roses”目录中的第一个图像，如图 2-1 所示。

（3）也可以浏览数据集中“tulips”目录中的第一个图像，代码如下：

```
tulips = list(data_dir.glob('tulips/*'))
PIL.Image.open(str(tulips[0]))
```

执行效果如图 2-2 所示。

图 2-1 “roses”目录中的第一个图像

图 2-2 “tulips”目录中的第一个图像

2. 创建数据集

使用 image_dataset_from_directory 从磁盘中加载数据集中的图像，然后从头开始编写自己的加载数据集代码。

（1）首先为加载器定义加载参数，代码如下：

```
batch_size = 32
img_height = 180
img_width = 180
```

（2）在现实中通常使用验证拆分法创建神经网络模型，在本实例中将使用 80% 的图像进行训练，使用 20% 的图像进行验证。使用 80% 的图像进行训练的代码如下：

```
train_ds = tf.keras.preprocessing.image_dataset_from_directory(
  data_dir,
  validation_split=0.2,
  subset="training",
  seed=123,
  image_size=(img_height, img_width),
  batch_size=batch_size)
```

执行后会输出：

```
Found 3670 files belonging to 5 classes.
Using 2936 files for training.
```

使用 20% 的图像进行验证的代码如下：

```
val_ds = tf.keras.preprocessing.image_dataset_from_directory(
  data_dir,
  validation_split=0.2,
  subset="validation",
  seed=123,
  image_size=(img_height, img_width),
  batch_size=batch_size)
```

执行后会输出：

```
Found 3670 files belonging to 5 classes.
Using 734 files for validation.
```

可以在数据集的属性 class_names 中找到类名，每个类名和目录名称的字母顺序对应。例如下面的代码：

```
class_names = train_ds.class_names
print(class_names)
```

执行后会显示类名：

```
['daisy', 'dandelion', 'roses', 'sunflowers', 'tulips']
```

（3）可视化数据集中的数据，通过如下代码显示训练数据集中的前 9 张图像：

```
import matplotlib.pyplot as plt

plt.figure(figsize=(10, 10))
for images, labels in train_ds.take(1):
  for i in range(9):
    ax = plt.subplot(3, 3, i + 1)
    plt.imshow(images[i].numpy().astype("uint8"))
    plt.title(class_names[labels[i]])
    plt.axis("off")
```

执行效果如图 2-3 所示。

图 2-3　训练数据集中的前 9 张图像

（4）接下来将这些数据集传递给训练模型 model.fit，也可以手动迭代数据集并检索批量图像。代码如下：

```
for image_batch, labels_batch in train_ds:
  print(image_batch.shape)
  print(labels_batch.shape)
  break
```

执行后会输出：

```
(32, 180, 180, 3)
(32,)
```

通过上述输出可知，image_batch 是形状的张量 (32, 180, 180, 3)。这是一批 32 张形状图像：180×180×3（最后一个维度是指颜色通道 RGB），label_batch 是形状的张量 (32,)，这些都是对应标签 32 倍的图像。我们可以通过 numpy() 在 image_batch 和 labels_batch 张量将上述图像转换为一个 numpy.ndarray。

3. 配置数据集

（1）配置数据集以提高性能。本实例使用缓冲技术以确保可以从磁盘生成数据，而不会导致 I/O 阻塞，下面是在加载数据时建议使用的两种重要方法：

- Dataset.cache()：当从磁盘加载图像后，将图像保存在内存中。这将确保数据集在训练模型时不会成为瓶颈。如果你的数据集太大而无法放入内存，也可以使用此方法来创建高性能的磁盘缓存。
- Dataset.prefetch()：在训练时重叠数据预处理和模型执行。

（2）然后进行数据标准化处理，因为 RGB 通道值在 [0, 255] 范围内，这对于神经网络来说并不理想。一般来说，应该设法使输入值变小。在本实例中将使用 [0, 1] 重新缩放图层将值标准化为范围内。

```
    normalization_layer = layers.experimental.preprocessing.Rescaling
(1./255)
```

（3）可以通过调用 map 将该层应用于数据集，代码如下：

```
normalized_ds = train_ds.map(lambda x, y: (normalization_layer(x), y))
image_batch, labels_batch = next(iter(normalized_ds))
first_image = image_batch[0]
print(np.min(first_image), np.max(first_image))
```

执行后会输出：

```
0.0 0.9997713
```

或者，可以在模型定义中包含该层，这样可以简化部署，本实例将使用这种方法。

4. 创建模型

本实例的模型由三个卷积块组成，每个块都有一个最大池层。有一个全连接层，上面有 128 个单元，由激活函数激活。该模型尚未针对高精度进行调整，本实例的目标是展示一种标准方法。代码如下：

```
num_classes = 5

model = Sequential([
  layers.experimental.preprocessing.Rescaling(1./255, input_shape=(img_height,
img_width, 3)),
  layers.Conv2D(16, 3, padding='same', activation='relu'),
  layers.MaxPooling2D(),
  layers.Conv2D(32, 3, padding='same', activation='relu'),
  layers.MaxPooling2D(),
  layers.Conv2D(64, 3, padding='same', activation='relu'),
  layers.MaxPooling2D(),
  layers.Flatten(),
  layers.Dense(128, activation='relu'),
  layers.Dense(num_classes)
])
```

5. 编译模型

（1）在本实例中使用 optimizers.Adam 优化器和 losses.SparseCategoricalCrossentropy 损失函数。要想查看每个训练时期的训练和验证准确性，需要传递 metrics 参数。代码如下：

```
model.compile(optimizer='adam',
              loss=tf.keras.losses.SparseCategoricalCrossentropy(from_logits=True),
              metrics=['accuracy'])
```

（2）使用模型的函数 summary 查看网络中的所有层，代码如下：

```
model.summary()
```

6. 训练模型

开始训练模型，代码如下：

```
epochs=10
history = model.fit(
  train_ds,
  validation_data=val_ds,
  epochs=epochs
)
```

执行后会输出：

```
Epoch 1/10
92/92 [========================
///省略部分结果
Epoch 10/10
92/92 [==============================] - 1s 10ms/step - loss: 0.0566 - accuracy:
0.9847 -
```

7. 可视化训练结果

在训练集和验证集上创建损失图和准确度图，然后绘制可视化结果，代码如下：

```
acc = history.history['accuracy']
val_acc = history.history['val_accuracy']

loss = history.history['loss']
```

```
val_loss = history.history['val_loss']

epochs_range = range(epochs)

plt.figure(figsize=(8, 8))
plt.subplot(1, 2, 1)
plt.plot(epochs_range, acc, label='Training Accuracy')
plt.plot(epochs_range, val_acc, label='Validation Accuracy')
plt.legend(loc='lower right')
plt.title('Training and Validation Accuracy')

plt.subplot(1, 2, 2)
plt.plot(epochs_range, loss, label='Training Loss')
plt.plot(epochs_range, val_loss, label='Validation Loss')
plt.legend(loc='upper right')
plt.title('Training and Validation Loss')
plt.show()
```

执行后的效果如图 2-4 所示。

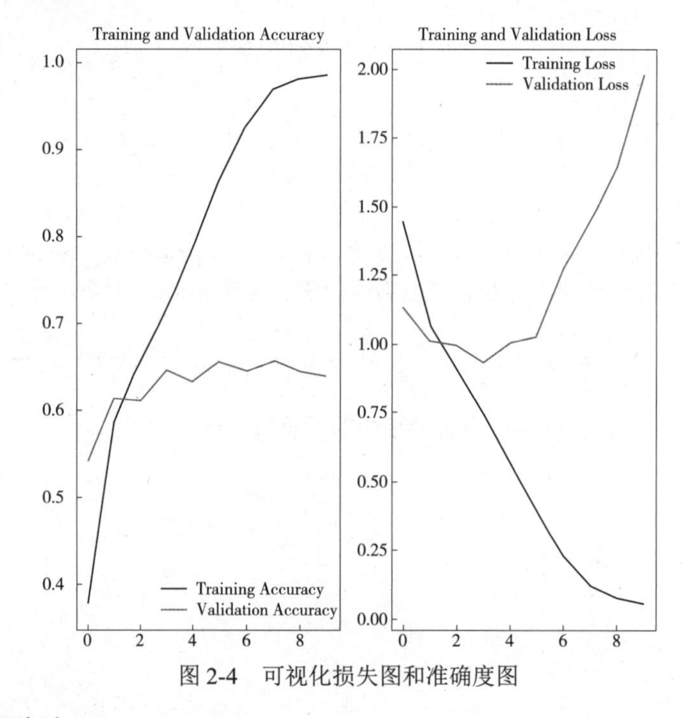

图 2-4　可视化损失图和准确度图

8. 过拟合处理方法

从可视化损失图和准确度图的执行效果中可以看出，训练准确率和验证准确率相差很大，模型在验证集上的准确率只有 60% 左右。训练准确率随着时间线性增加，而验证准确率在训练过程中停滞在 60% 左右。此外，训练和验证之间的准确性差异是显而易见的，这是过度拟合的迹象。

当训练样例数量较少时，模型有时会从训练样例中的噪声或不需要的细节中学习，这在一定程度上会对模型在新样例上的性能产生负面影响。这种现象被称为过拟合。这意味着该模型将很难在新数据集上泛化。

（1）数据增强

过拟合通常发生在训练样本较少时，数据增强采用的方法是从现有示例中生成额外的训练数据，方法是使用随机变换来增强它们，从而产生看起来可信的图像。这有助于将模型暴露于数据的更多方面并更好地概括。

通过使用 tf.keras.layers.experimental.preprocessing 实效数据增强，可以像其他层一样包含在

模型中，并在 GPU 上运行。代码如下：

```
data_augmentation = keras.Sequential(
  [
    layers.experimental.preprocessing.RandomFlip("horizontal",
                                              input_shape=(img_height,
                                                           img_width,
                                                           3)),
    layers.experimental.preprocessing.RandomRotation(0.1),
    layers.experimental.preprocessing.RandomZoom(0.1),
  ]
)
```

此时通过对同一图像多次应用数据增强技术，下面是可视化数据增强的代码：

```
plt.figure(figsize=(10, 10))
for images, _ in train_ds.take(1):
  for i in range(9):
    augmented_images = data_augmentation(images)
    ax = plt.subplot(3, 3, i + 1)
    plt.imshow(augmented_images[0].numpy().astype("uint8"))
    plt.axis("off")
```

执行后的效果如图 2-5 所示。

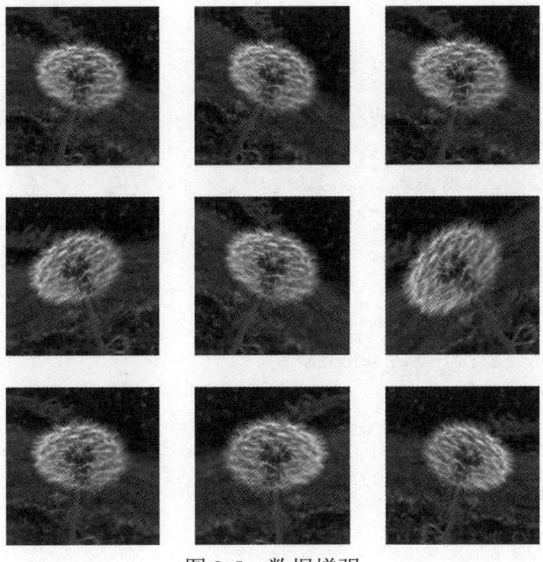

图 2-5　数据增强

（2）将 Dropout 引入网络

接下来介绍另一种减少过拟合的技术：将 Dropout 引入网络。这是一种正则化处理形式。当将 Dropout 应用于一个层时，它会在训练过程中从该层中随机删除（通过将激活设置为零）许多输出单元。Dropout 将一个小数作为其输入值，例如 0.1、0.2、0.4 等，这意味着从应用层中随机丢弃 10%、20% 或 40% 的输出单元。下面的代码是创建一个新的神经网络 layers.Dropout，然后使用增强图像对其进行训练：

```
model = Sequential([
  data_augmentation,
  layers.experimental.preprocessing.Rescaling(1./255),
  layers.Conv2D(16, 3, padding='same', activation='relu'),
  layers.MaxPooling2D(),
  layers.Conv2D(32, 3, padding='same', activation='relu'),
  layers.MaxPooling2D(),
  layers.Conv2D(64, 3, padding='same', activation='relu'),
```

```
    layers.MaxPooling2D(),
    layers.Dropout(0.2),
    layers.Flatten(),
    layers.Dense(128, activation='relu'),
    layers.Dense(num_classes)
  ])
```

9. 重新编译和训练模型

经过前面的过拟合处理，接下来重新编译和训练模型，重新编译模型的代码如下：

```
model.compile(optimizer='adam',
              loss=tf.keras.losses.SparseCategoricalCrossentropy(from_logits=True),
              metrics=['accuracy'])
model.summary()
Model: "sequential_2"
```

重新训练模型的代码如下：

```
epochs = 15
history = model.fit(
  train_ds,
  validation_data=val_ds,
  epochs=epochs
)
```

执行后会输出：

```
  Epoch 1/15
  92/92 [==============================] - 2s 13ms/step - loss: 1.2685 - accuracy:
0.4465 - val_loss: 1.0464 - val_accuracy: 0.5899
  ///省略部分代码
  Epoch 15/15
  92/92 [==============================] - 1s 11ms/step - loss: 0.4930 - accuracy:
0.8096 - val_loss: 0.6705 - val_accuracy: 0.7384
```

在使用数据增强和Dropout处理后，过拟合比以前少了，训练和验证的准确性更接近。接下来重新可视化训练结果，代码如下：

```
acc = history.history['accuracy']
val_acc = history.history['val_accuracy']

loss = history.history['loss']
val_loss = history.history['val_loss']

epochs_range = range(epochs)

plt.figure(figsize=(8, 8))
plt.subplot(1, 2, 1)
plt.plot(epochs_range, acc, label='Training Accuracy')
plt.plot(epochs_range, val_acc, label='Validation Accuracy')
plt.legend(loc='lower right')
plt.title('Training and Validation Accuracy')

plt.subplot(1, 2, 2)
plt.plot(epochs_range, loss, label='Training Loss')
plt.plot(epochs_range, val_loss, label='Validation Loss')
plt.legend(loc='upper right')
plt.title('Training and Validation Loss')
plt.show()
```

执行后效果如图2-6所示。

10. 预测新数据

最后使用我们新创建的模型对未包含在训练或验证集中的图像进行分类处理，代码如下：

```
sunflower_url = "https://storage.googleapis.com/download.tensorflow.org/example_
```

```
images/592px-Red_sunflower.jpg"
    sunflower_path = tf.keras.utils.get_file('Red_sunflower', origin=sunflower_url)

    img = keras.preprocessing.image.load_img(

        sunflower_path, target_size=(img_height, img_width)
    )
    img_array = keras.preprocessing.image.img_to_array(img)
    img_array = tf.expand_dims(img_array, 0) # Create a batch

    predictions = model.predict(img_array)
    score = tf.nn.softmax(predictions[0])

    print(
        "This image most likely belongs to {} with a {:.2f} percent
confidence."
        .format(class_names[np.argmax(score)], 100 * np.max(score))
    )
```

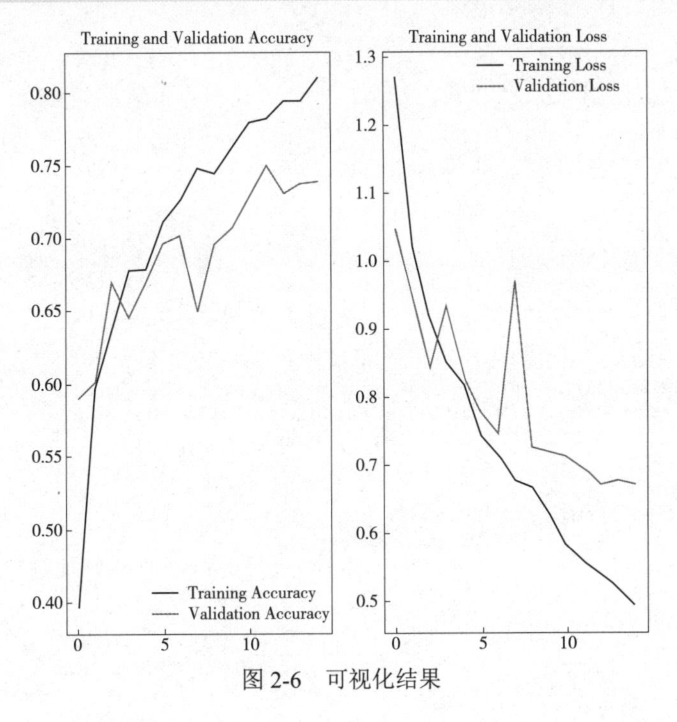

图 2-6　可视化结果

执行后会输出：

```
    Downloading data from https://storage.googleapis.com/download.tensorflow.org/example_
images/592px-Red_sunflower.jpg
    122880/117948 [==============================] - 0s 0us/step
    This image most likely belongs to sunflowers with a 99.36 percent confidence.
```

需要注意的是，数据增强和 Dropout 层在推理时处于非活动状态。

2.5.3　循环神经网络

循环神经网络（recurrent neural network，RNN）是一种常用于处理序列数据的神经网络模型。在推荐系统中，RNN 被广泛应用于序列建模和推荐任务，例如用户行为序列分析、时间序列数据预测、文本生成等。

RNN 的特点是能够处理具有时间依赖性的数据，通过记忆过去的信息来影响当前的输出。与传统的前馈神经网络不同，RNN 引入了循环连接，使得信息可以在网络内部进行传递和更新。

这种循环连接的设计使得 RNN 在处理序列数据时具有优势。

在 Python 中，可以使用多种库和框架来构建和训练 RNN 模型，其中最常用的是 TensorFlow 和 PyTorch。这些工具提供了丰富的 RNN 实现，包括常用的 RNN 变体［如循环神经网络（LSTM）和门控循环单元（GRU）］，以及各种辅助函数和工具，方便进行模型构建、训练和评估。请看下面的实例文件 xun.py，功能是使用循环神经网络实现文本分类。

源码路径：daima\2\xun.py

```
import torch
import torch.nn as nn
import torch.optim as optim
from torch.utils.data import Dataset, DataLoader

# 自定义数据集类
class SentimentDataset(Dataset):
    def __init__(self, texts, labels):
        self.texts = texts
        self.labels = labels

    def __len__(self):
        return len(self.texts)

    def __getitem__(self, idx):
        text = self.texts[idx]
        label = self.labels[idx]
        return text, label

# 自定义循环神经网络模型
class LSTMModel(nn.Module):
    def __init__(self, input_size, hidden_size, output_size):
        super(LSTMModel, self).__init__()
        self.hidden_size = hidden_size
        self.embedding = nn.Embedding(input_size, hidden_size)
        self.lstm = nn.LSTM(hidden_size, hidden_size, batch_first=True)
        self.fc = nn.Linear(hidden_size, output_size)

    def forward(self, x):
        embedded = self.embedding(x)
        output, _ = self.lstm(embedded)
        output = self.fc(output[:, -1, :])  # 取最后一个时刻的输出
        return output

# 准备数据
texts = ["I love this movie", "This film is terrible", "The acting was superb"]
labels = [1, 0, 1]  # 1代表正面情感，0代表负面情感

# 构建词汇表
vocab = set(' '.join(texts))
char_to_idx = {ch: i for i, ch in enumerate(vocab)}

# 创建数据集和数据加载器
dataset = SentimentDataset(texts, labels)
data_loader = DataLoader(dataset, batch_size=1, shuffle=True)

# 定义超参数
input_size = len(vocab)
hidden_size = 128
output_size = 2  # 正面和负面两种情感
num_epochs = 10

# 实例化模型
model = LSTMModel(input_size, hidden_size, output_size)
```

```
# 定义损失函数和优化器
criterion = nn.CrossEntropyLoss()
optimizer = optim.Adam(model.parameters())

# 训练模型
device = torch.device("cuda" if torch.cuda.is_available() else "cpu")
model.to(device)
criterion.to(device)

for epoch in range(num_epochs):
    model.train()
    epoch_loss = 0
    for inputs, labels in data_loader:
        inputs = [char_to_idx[ch] for ch in inputs[0]]
        inputs = torch.tensor(inputs).unsqueeze(0).to(device)
        labels = torch.tensor(labels).to(device)

        optimizer.zero_grad()
        outputs = model(inputs)
        loss = criterion(outputs, labels)
        loss.backward()
        optimizer.step()
        epoch_loss += loss.item()

    print(f"Epoch {epoch+1}/{num_epochs}, Loss: {epoch_loss/len(data_loader):.4f}")
```

在上述代码中定义了一个自定义的数据集类 SentimentDataset 来处理情感分类的文本数据，然后定义了一个简单的LSTM模型LSTMModel，包含一个嵌入层、一个LSTM层和一个全连接层。我们使用自定义数据集类加载样本文本和相应的标签，并根据需要将文本转换为整数索引序列。然后，我们使用数据加载器迭代数据，并在每个批次上训练模型。在训练过程中迭代数据加载器，将每个样本的输入文本转换为整数索引序列，并将其作为输入传递给模型进行训练。使用交叉熵损失函数计算损失，并使用反向传播和优化器更新模型的参数。执行后会输出：

```
Epoch 1/10, Loss: 0.7174
Epoch 2/10, Loss: 0.5884
Epoch 3/10, Loss: 0.5051
Epoch 4/10, Loss: 0.4218
Epoch 5/10, Loss: 0.3467
Epoch 6/10, Loss: 0.2571
Epoch 7/10, Loss: 0.1835
Epoch 8/10, Loss: 0.1147
Epoch 9/10, Loss: 0.0616
Epoch 10/10, Loss: 0.0392
```

注意：工作中，可根据自己的实际数据和需求对代码进行适当的修改，包括修改数据集类、调整模型结构、修改超参数等。

2.6　文本情感分析

文本情感分析是一种将自然语言文本的情感倾向性进行分类或评估的技术，它可以帮助我们了解文本中所表达的情感，例如积极、消极或中性，从而在推荐系统中更好地理解用户的喜好和情感偏好。在 Python 中，有多种方法可以进行文本情感分析，其中常用的方法有两种：传统机器学习方法和深度学习方法。

2.6.1　机器学习方法

机器学习模型能够通过训练数据学习文本的特征表示，并通过对新的文本数据进行预测来判断情感类别。使用机器学习方法实现文本情感分析的基本流程如下：

（1）首先，需要准备数据集，包括带有标签的文本样本，例如电影评论数据集，其中每个样本都有一个情感标签（积极或消极）。可以使用公开可用的数据集，如 IMDB 电影评论数据集。

（2）然后，需要对文本数据进行预处理，包括文本分词、移除停用词、词干化等操作。这可以通过使用自然语言处理库（如 NLTK、SpaCy）来完成。

（3）接下来，需要选择合适的特征表示方法。常用的特征表示方法包括词袋模型、TF-IDF 等。词袋模型将文本表示为词汇表中单词的计数向量，而 TF-IDF 考虑了单词的频率和在整个文本集合中的重要性。

（4）在选择了合适的特征表示方法后，可以使用机器学习算法构建分类模型。常用的机器学习算法包括朴素贝叶斯、支持向量机（SVM）、决策树（Decision Tree）等。这些算法可以通过使用机器学习框架（如 scikit-learn）进行构建和训练。

对于使用词袋模型表示的文本数据，可以将每个文本样本表示为特征向量，其中每个维度表示一个单词在文本中的出现次数。对于使用 TF-IDF 表示的文本数据，可以将每个文本样本表示为特征向量，其中每个维度表示一个单词的 TF-IDF 值。

（5）在构建模型后，需要进行模型的训练和优化。可以使用训练集进行模型的训练，通过调整模型的参数和使用交叉验证等技术来优化模型的性能。

（6）在模型训练完成后，可以使用测试集来评估模型的性能，包括准确率、精确率、召回率等指标。可以使用混淆矩阵来可视化模型的分类结果。

（7）最后，可以使用训练好的模型对新的文本数据进行情感分析。将新的文本转换为特征向量，并通过模型的预测输出来判断文本的情感类别。

总结起来，使用机器学习方法实现文本情感分析需要准备数据集、进行数据预处理、选择特征表示方法、构建和训练模型，最后对新数据进行预测。这样的方法可以用于自动分析和理解大量文本数据中的情感倾向，为情感分析任务提供了一种可行的解决方案。

例如，下面是一个使用机器学习方法实现商品情感分析的例子，涉及数据准备、文本预处理和机器学习模型训练的步骤。

源码路径：daima\2\jiqi.py

```
import pandas as pd
from sklearn.model_selection import train_test_split
from sklearn.feature_extraction.text import TfidfVectorizer
from sklearn.svm import SVC

# 读取训练数据集
data = pd.read_csv('reviews.csv')

# 划分训练集和测试集
train_data, test_data, train_labels, test_labels = train_test_split(data['review'],
data['sentiment'], test_size=0.2, random_state=42)

# 文本向量化
vectorizer = TfidfVectorizer()
train_vectors = vectorizer.fit_transform(train_data)
test_vectors = vectorizer.transform(test_data)

# 构建支持向量机模型
svm = SVC()
svm.fit(train_vectors, train_labels)

# 在测试集上进行预测
predictions = svm.predict(test_vectors)

# 评估模型性能
accuracy = svm.score(test_vectors, test_labels)
print("Accuracy:", accuracy)
```

在上述代码中，首先读取包含评论和情感标签的训练数据集（例如 reviews.csv）。然后，我们使用 train_test_split 函数将数据集划分为训练集和测试集。接下来，使用 TfidfVectorizer 将文本数据转换为 TF-IDF 特征向量，这是一种常用的文本向量化方法。然后，我们使用 SVM 作为分类器，训练模型并对测试集进行预测。最后，计算模型在测试集上的准确度作为评估指标，以衡量模型的性能。执行后会输出：

```
Accuracy: 1.0
```

注意：数据集的质量和规模对模型的性能有很大影响，在本实例中的数据集文件 reviews.csv 中我们只提供了很少的数据，建议读者进一步收集充足的数据并进行数据预处理，以提高模型的准确性和泛化能力。

2.6.2　深度学习方法

使用深度学习方法实现文本情感分析是一种常见且有效的技术。深度学习模型能够自动学习文本中的特征表示，并通过大量的训练数据来提高模型的性能。在文本情感分析中，常用的深度学习模型包括 CNN、RNN 和 LSTM 等。这些模型可以通过使用深度学习框架（如 TensorFlow、Keras、PyTorch）进行构建和训练。具体说明如下：

- 对于使用 CNN 模型，可以使用卷积层来提取文本中的局部特征，然后通过池化层进行下采样，最后连接全连接层进行分类。
- 对于使用 RNN 或 LSTM 模型，可以利用序列数据的时间依赖性来捕捉文本中的上下文信息。可以将文本序列作为输入，经过嵌入层将单词转换为向量表示，然后通过 RNN 或 LSTM 层进行序列建模，最后连接全连接层进行分类。

在构建模型后，需要进行模型的训练和优化。可以使用训练集进行模型的训练，通过反向传播算法和优化算法（如随机梯度下降）来更新模型的参数，使得模型能够更好地拟合数据。在模型训练完成后，可以使用测试集来评估模型的性能，包括准确率、精确率、召回率等指标。可以使用混淆矩阵来可视化模型的分类结果。最后，可以使用训练好的模型对新的文本数据进行情感分析。将新的文本输入到模型中，通过模型的预测输出来判断文本的情感类别。

请看下面的实例，功能是在 IMDB 大型电影评论数据集上训练循环神经网络，以进行情感分析。实例中使用 LSTM 模型在 IMDB 数据集上进行情感分析，通过训练和评估过程得到模型的损失和准确率，并可以在新数据上进行情感预测。实例文件的具体实现流程如下（完整的代码见配套资源：daima\2\film.py）：

（1）导入了必要的库，包括 PyTorch 库（torch 和相关模块）、PyTorch 文本库（torchtext）以及 NumPy 库（numpy）。

（2）定义 LSTM 模型。

这是一个继承自 nn.Module 的子类，在模型的初始化方法 __init__() 中定义了模型的各个层和参数。其中包括嵌入层（nn.Embedding），LSTM 层（nn.LSTM），全连接层（nn.Linear）以及 dropout 层（nn.Dropout）。在模型的前向传播方法 forward 中，定义了数据在模型中的流动路径。首先将输入文本通过嵌入层进行嵌入，然后将嵌入向量输入到 LSTM 层中，获取最后一个时间步的隐藏状态（hidden[-1, :, :]）并进行 dropout 操作，最后通过全连接层得到输出结果。对应的实现代码如下：

```
    # 定义模型
    class LSTMModel(nn.Module):
        def __init__(self, embedding_dim, hidden_dim, vocab_size, output_dim, num_
layers, bidirectional, dropout):
            super(LSTMModel, self).__init__()
            self.embedding = nn.Embedding(vocab_size, embedding_dim)
            self.lstm = nn.LSTM(embedding_dim, hidden_dim, num_layers=num_layers,
bidirectional=bidirectional, dropout=dropout)
            self.fc = nn.Linear(hidden_dim * 2 if bidirectional else hidden_dim,
```

```
output_dim)
            self.dropout = nn.Dropout(dropout)

        def forward(self, text):
            embedded = self.dropout(self.embedding(text))
            output, (hidden, _) = self.lstm(embedded)
            hidden = self.dropout(torch.cat((hidden[-2, :, :], hidden[-1, :, :]), dim=1))
            return self.fc(hidden.squeeze(0))
```

（3）设置随机种子，以保证实验的可复现性。

通过设置相同的随机种子，每次运行代码得到的随机结果将保持一致。对应的实现代码如下：

```
# 设置随机种子
SEED = 1234
torch.manual_seed(SEED)
torch.backends.cudnn.deterministic = True
```

（4）定义超参数。

包括嵌入维度（EMBEDDING_DIM）、隐藏层维度（HIDDEN_DIM）、输出维度（OUTPUT_DIM）、LSTM层数（NUM_LAYERS）、是否双向LSTM（BIDIRECTIONAL）、dropout率（DROPOUT）和批量大小（BATCH_SIZE）等。对应的实现代码如下：

```
# 定义超参数
EMBEDDING_DIM = 100
HIDDEN_DIM = 256
OUTPUT_DIM = 1
NUM_LAYERS = 2
BIDIRECTIONAL = True
DROPOUT = 0.5
BATCH_SIZE = 64
```

（5）使用 torchtext 库加载 IMDB 数据集。

Field 用于定义文本数据的预处理方式，包括分词方法和是否将文本转换为小写。LabelField 用于定义标签数据的处理方式。IMDB.splits 用于将数据集划分为训练集和测试集。

```
# 加载IMDB数据集
TEXT = Field(tokenize='spacy', lower=True)
LABEL = LabelField(dtype=torch.float)
train_data, test_data = IMDB.splits(TEXT, LABEL)
```

（6）构建词汇表（vocabulary）。

通过调用 build_vocab 方法，并传入训练集数据，可以构建出词汇表。此外，通过指定 vectors 参数为 "glove.6B.100d"，可以加载预训练的词向量（glove.6B.100d）并将其应用于嵌入层。对应的实现代码如下：

```
# 构建词汇表
TEXT.build_vocab(train_data, vectors="glove.6B.100d")
LABEL.build_vocab(train_data)
```

（7）创建了数据加载器（data iterator）。通过 BucketIterator.splits 方法，可以将训练集和测试集的数据打包成数据加载器，用于后续的模型训练和评估。指定了批量大小（batch_size）和设备（device）。对应的实现代码如下：

```
# 创建数据加载器
train_iterator, test_iterator = BucketIterator.splits(
    (train_data, test_data),
    batch_size=BATCH_SIZE,
    device=torch.device('cuda' if torch.cuda.is_available() else 'cpu')
)
```

（8）初始化了 LSTM 模型。根据词汇表的大小（len(TEXT.vocab)），确定了模型中的嵌入层的输入维度。然后，使用超参数和词汇表的大小来创建了一个 LSTM 模型实例。对应的实现代码如下：

```
# 初始化模型
vocab_size = len(TEXT.vocab)
model = LSTMModel(EMBEDDING_DIM, HIDDEN_DIM, vocab_size, OUTPUT_DIM, NUM_LAYERS,
BIDIRECTIONAL, DROPOUT)
```

（9）加载了预训练的词向量，并将其赋值给嵌入层的权重。通过 TEXT.vocab.vectors 可以获取到词向量。对应的实现代码如下：

```
# 加载预训练的词向量
pretrained_embeddings = TEXT.vocab.vectors
model.embedding.weight.data.copy_(pretrained_embeddings)
```

（10）定义损失函数（nn.BCEWithLogitsLoss）和优化器（optim.Adam）。nn.BCEWithLogitsLoss 是用于二分类问题的损失函数，结合了 Sigmoid 激活函数和二元交叉熵损失。optim.Adam 是一种常用的优化器，用于参数的优化。对应的实现代码如下：

```
# 定义损失函数和优化器
criterion = nn.BCEWithLogitsLoss()
optimizer = optim.Adam(model.parameters())
```

（11）将模型和损失函数移动到 GPU 上进行计算（如果可用）。通过 torch.cuda.is_available() 判断是否有可用的 GPU 设备。对应的实现代码如下：

```
# 将模型移到GPU（如果可用）
device = torch.device('cuda' if torch.cuda.is_available() else 'cpu')
model = model.to(device)
criterion = criterion.to(device)
```

（12）定义模型的训练函数。

训练函数接收模型（model）、数据加载器（iterator）、优化器（optimizer）和损失函数（criterion）作为输入。在函数内部，首先将模型设为训练模式（model.train()），然后遍历数据加载器中的每个批次数据。在每个批次中，首先将优化器的梯度置零（optimizer.zero_grad()），然后获取批次数据的文本（text）和标签（batch.label）。通过模型预测文本的情感得分（predictions），并将其压缩为一维张量（squeeze(1)）。接着计算预测值与真实标签之间的损失（loss）和准确率（acc）。然后，通过反向传播和优化器更新模型参数（loss.backward() 和 optimizer.step()）。最后，累计损失和准确率到 epoch_loss 和 epoch_acc 中，函数返回平均损失和平均准确率。对应的实现代码如下：

```
# 训练模型
def train(model, iterator, optimizer, criterion):
    model.train()
    epoch_loss = 0
    epoch_acc = 0

    for batch in iterator:
        optimizer.zero_grad()
        text = batch.text
        predictions = model(text).squeeze(1)
        loss = criterion(predictions, batch.label)
        acc = binary_accuracy(predictions, batch.label)
        loss.backward()
        optimizer.step()
        epoch_loss += loss.item()
        epoch_acc += acc.item()

    return epoch_loss / len(iterator), epoch_acc / len(iterator)
```

（13）定义模型的评估函数。

评估函数与训练函数的结构类似，唯一的区别在于模型设为评估模式（model.eval()）并使用 torch.no_grad() 上下文管理器来禁用梯度计算。这是因为在评估过程中不需要计算梯度，可以加快运算速度并减少内存消耗。模型评估函数返回平均损失和平均准确率。对应的实现代码如下：

```
# 评估模型
def evaluate(model, iterator, criterion):
    model.eval()
    epoch_loss = 0
    epoch_acc = 0

    with torch.no_grad():
        for batch in iterator:
            text = batch.text
            predictions = model(text).squeeze(1)
            loss = criterion(predictions, batch.label)
            acc = binary_accuracy(predictions, batch.label)
            epoch_loss += loss.item()
            epoch_acc += acc.item()

    return epoch_loss / len(iterator), epoch_acc / len(iterator)
```

（14）定义计算准确率函数。

给定模型的预测值（preds）和真实标签（y），首先通过 Sigmoid 函数将预测值映射到 0~1 之间的概率，并对其进行四舍五入。然后将四舍五入后的预测值与真实标签进行比较，计算正确预测的个数，并除以总样本数，得到准确率。对应的实现代码如下：

```
# 计算准确率
def binary_accuracy(preds, y):
    rounded_preds = torch.round(torch.sigmoid(preds))
    correct = (rounded_preds == y).float()
    acc = correct.sum() / len(correct)
    return acc
```

（15）训练模型。

在每个训练周期（epoch）中，首先调用训练函数（train()）对模型进行训练，并获取训练损失和准确率。然后调用评估函数 evaluate() 对模型进行评估，并获取验证损失和准确率。如果当前的验证损失（valid_loss）比之前记录的最佳验证损失（best_valid_loss）更小，就将当前模型保存为最佳模型（model.pt）。最后，打印每个训练周期的训练损失、训练准确率、验证损失和验证准确率。对应的实现代码如下：

```
# 开始训练
N_EPOCHS = 5
best_valid_loss = float('inf')

for epoch in range(N_EPOCHS):
    train_loss, train_acc = train(model, train_iterator, optimizer, criterion)
    valid_loss, valid_acc = evaluate(model, test_iterator, criterion)

    if valid_loss < best_valid_loss:
        best_valid_loss = valid_loss
        torch.save(model.state_dict(), 'model.pt')

    print(f'Epoch: {epoch+1:02}')
    print(f'\tTrain Loss: {train_loss:.3f} | Train Acc: {train_acc:.2%}')
    print(f'\t Val. Loss: {valid_loss:.3f} |  Val. Acc: {valid_acc:.2%}')
```

（16）加载之前保存的最佳模型参数（model.pt），以便后续在新数据上进行预测。对应的实现代码如下：

```
# 加载保存的最佳模型
model.load_state_dict(torch.load('model.pt'))
```

（17）在新数据上进行情感预测。

编写函数 predict_sentiment() 在新数据上进行情感预测，该函数接收模型（model）和待预测的句子（sentence）作为输入。在函数内部，首先将模型设为评估模式（model.eval()）。然后对句子进行分词，并将分词后的单词转换为对应的索引。接着将索引转换为 PyTorch 张量，并移动到相同的设备上（GPU 或 CPU）。为了与模型的输入形状匹配，需要对张量进行维度调整（unsqueeze(1)）。通过模型进行预测，将输出的概率值通过 Sigmoid 函数进行映射，得到情感预测值（范围在 0~1 之间）。最后，返回预测值（prediction.item()）。在测试部分，给定一个测试句子（test_sentence），调用 predict_sentiment() 函数进行情感预测，并将结果打印出来。对应的实现代码如下：

```
# 在新数据上进行预测
def predict_sentiment(model, sentence):
    model.eval()
    tokenized = [tok.text for tok in spacy_en.tokenizer(sentence)]
    indexed = [TEXT.vocab.stoi[t] for t in tokenized]
    tensor = torch.LongTensor(indexed).to(device)
    tensor = tensor.unsqueeze(1)
    prediction = torch.sigmoid(model(tensor))
    return prediction.item()

# 测试模型
test_sentence = "This movie is terrible!"
prediction = predict_sentiment(model, test_sentence)
print(f'Test Sentence: {test_sentence}')
print(f'Predicted Sentiment: {prediction:.4f}')
```

第3章 协同过滤推荐

协同过滤推荐（collaborative filtering recommendation）是一种常用的推荐系统算法，用于根据用户的行为和偏好来预测他们可能喜欢的物品或内容。该算法基于两个基本假设：用户会倾向于与兴趣相似的其他用户有相似的行为模式，以及用户过去喜欢的物品或内容可能会预示他们将来的偏好。本章详细讲解协同过滤推荐的知识和用法。

3.1 协同过滤推荐介绍

协同过滤推荐算法基于用户行为数据或偏好信息进行计算，并建立用户之间或物品之间的关联性模型。根据这些模型，可以进行如下两种类型的协同过滤推荐：

- 基于用户的协同过滤推荐：该方法首先找到与目标用户具有相似兴趣的其他用户，然后利用这些用户的行为数据来预测目标用户可能感兴趣的物品或内容。例如，如果用户 A 和用户 B 在过去喜欢了相似的电影，那么当用户 A 喜欢新电影时，可以推荐给用户 B。
- 基于物品的协同过滤推荐：该方法首先计算物品之间的相似度，然后根据用户的行为数据，推荐与用户过去喜欢的物品相似的其他物品。例如，如果用户 A 过去购买了一本特定的书籍，而书籍 B 与该书籍在内容或类别上相似，那么可以将书籍 B 推荐给用户 A。

协同过滤推荐算法不需要事先了解物品的详细特征或用户的个人信息，而是通过分析用户之间的行为和偏好的相似性来进行推荐。这种算法的优点是能够发现潜在的兴趣和关联性，即使用户和物品之间没有显式的关联。然而，它也存在一些挑战，如冷启动问题（针对新用户或新物品如何进行推荐）和稀疏性问题（用户和物品之间的行为数据往往是不完整的）等。因此，在实际应用中，通常会将协同过滤与其他推荐算法和技术相结合，以提高推荐的准确性和效果。

3.2 基于用户的协同过滤

基于用户的协同过滤（user-based collaborative filtering）是一种协同过滤推荐算法，通过寻找与目标用户具有相似兴趣的其他用户，来进行个性化推荐。

3.2.1 基于用户的协同过滤算法的基本步骤

（1）数据收集：首先，需要收集用户的行为数据，如用户的购买记录、评分、点击历史等。这些数据用于建立用户之间的相似性模型。

（2）相似度计算：通过计算用户之间的相似度来度量它们的兴趣相似程度。常用的相似度度量方法包括余弦相似度、皮尔逊相关系数等。相似度计算通常基于用户之间的行为数据，比如共同购买过的物品、评分的相似性等。

（3）目标用户选择：根据目标用户的历史行为，选择与其相似度较高的一组邻居用户。通常会设定一个阈值或选取前 K 个相似用户作为邻居。

（4）预测推荐：对于目标用户未曾接触过的物品或内容，根据邻居用户的行为进行预测推荐。常用的预测方法有加权平均和加权求和。具体来说，可以根据邻居用户对物品的评分或行为进行加权平均，得到目标用户对物品的预测评分。然后根据这些评分，为目标用户生成推荐列表。

（5）推荐结果过滤和排序：对生成的推荐列表进行过滤和排序，以提供最相关和个性化的推荐结果。可以考虑一些策略，比如去除目标用户已经购买或评分过的物品、根据评分排序推荐列表等。

基于用户的协同过滤算法的关键在于相似度计算和邻居选择。相似度计算方法的选择对推荐结果的准确性有重要影响。同时，邻居选择的合理性也需要权衡准确性和计算效率之间的平衡。

注意：基于用户的协同过滤算法在面对大规模用户和物品数据时可能面临计算复杂度和存储开销的挑战。此外，算法还可能受到冷启动问题和稀疏性问题的影响。因此，在实际应用中，可以结合其他推荐算法和技术，以提高推荐效果和系统的可扩展性。

3.2.2　Python 的基于用户的协同过滤算法

在 Python 程序中实现基于用户的协同过滤算法时，可以使用 NumPy 和 Pandas 等库来进行数据处理和计算。例如，下面是一个简单的例子，演示了使用 Python 实现基于用户的协同过滤推荐的过程。

源码路径：daima\3\yongxie.py

```
import pandas as pd
from sklearn.metrics.pairwise import cosine_similarity

# 读取电影评分数据集
ratings = pd.read_csv('ratings.csv')

# 创建用户—电影评分矩阵
user_movie_matrix = ratings.pivot_table(index='userId', columns='movieId', values=
'rating')

# 计算用户之间的相似度（余弦相似度）
user_similarity = cosine_similarity(user_movie_matrix.fillna(0))

# 为目标用户生成推荐列表
def user_based_collaborative_filtering(target_user_id, top_n=5):
    target_user_index = ratings[ratings['userId'] == target_user_id].index[0]
    target_user_similarities = user_similarity[target_user_index]
    similar_users_indices = target_user_similarities.argsort()[:-top_n-1:-1]
    similar_users_ratings = user_movie_matrix.iloc[similar_users_ndices].mean()
    recommended_movies = similar_users_ratings.drop(user_movie_matrix.loc[target_
user_id].dropna().index)
    return recommended_movies.sort_values(ascending=False)[:top_n]

# 示例调用
target_user_id = 1
recommendations = user_based_collaborative_filtering(target_user_id, top_n=3)

print("Recommendations for User", target_user_id)
for movie_id, rating in recommendations.iteritems():
    print("Movie", movie_id, "(Predicted Rating:", round(rating, 2), ")")
```

对上述代码的具体说明如下：

（1）首先，读取了包含用户对电影评分的数据集（如 MovieLens 数据集）。

（2）然后，将数据集转换为用户—电影评分矩阵，其中行表示用户，列表示电影，每个元素表示用户对电影的评分。接下来，使用函数 cosine_similarity() 计算用户之间的相似度矩阵。然后，定义了函数 user_based_collaborative_filtering()，它接收目标用户的 ID 和要推荐的电影数量作为参数。在函数 user_based_collaborative_filtering() 中找到目标用户的索引，并根据相似度矩阵选择与目标用户最相似的用户。然后，计算这些相似用户对电影的平均评分，并过滤掉目标用户已经评分过的电影。

（3）最后，根据评分排序，返回前 *N* 个推荐电影。在本实例中调用函数 user_based_collaborative_filtering()，指定目标用户 ID 为 1，并打印出推荐的电影和预测评分。

执行后会输出：

```
Recommendations for User 1:
Movie 4 (Predicted Rating: 5.0 )
Movie 3 (Predicted Rating: 4.5 )
Movie 2 (Predicted Rating: 4.0 )
```

这是针对用户1的基于用户的协同过滤推荐结果。推荐列表显示了推荐的电影及其预测评分。在这个示例中，推荐了3部电影，按预测评分降序排列。对于用户1，根据与其他用户的相似度，预测为用户1推荐了电影4、电影3和电影2。其中，电影4的预测评分最高，为5.0。

3.3 基于物品的协同过滤

基于物品的协同过滤是一种推荐算法，它基于物品之间的相似性来进行推荐。与基于用户的协同过滤不同，基于物品的协同过滤是通过分析物品之间的关联性来进行推荐，而不是分析用户之间的相似性。

3.3.1 计算物品之间的相似度

计算物品之间的相似度是基于物品的协同过滤中的重要步骤。常见的计算相似度的方法包括余弦相似度、皮尔逊相关系数和欧氏距离等。

（1）余弦相似度（cosine similarity）

余弦相似度衡量两个向量之间的夹角余弦值，值域在[−1, 1]之间。计算步骤如下：

- 将物品向量表示为评分向量或二进制向量。
- 计算两个物品向量的内积。
- 计算每个物品向量的范数（向量长度）。
- 使用内积和范数计算余弦相似度。

（2）皮尔逊相关系数（pearson correlation）

皮尔逊相关系数衡量两个变量之间的线性相关性，值域在[−1, 1]之间。计算步骤如下：

- 将物品向量表示为评分向量。
- 计算两个物品向量的均值。
- 计算两个物品向量的差值与均值之间的协方差。
- 计算两个物品向量的标准差。
- 使用协方差和标准差计算皮尔逊相关系数。

（3）欧氏距离（euclidean distance）

欧氏距离衡量两个向量之间的距离，值越小表示越相似。计算步骤如下：

- 将物品向量表示为评分向量或二进制向量。
- 计算两个物品向量的差的平方和。
- 对平方和进行开方。

在实际应用中，可以使用Python的科学计算库（如NumPy）来计算这些相似度指标。例如下面一个简单的例子，展示如何使用NumPy计算余弦相似度。

源码路径：daima/3/yu.py

```
import numpy as np

# 两个物品的评分向量
item1_ratings = [5, 4, 3, 0, 2]
item2_ratings = [4, 5, 0, 1, 3]

# 计算余弦相似度
similarity = np.dot(item1_ratings, item2_ratings) / (np.linalg.norm(item1_ratings) * np.linalg.norm(item2_ratings))

print("Cosine Similarity:", similarity)
```

在上述代码中，使用NumPy的dot函数计算两个物品评分向量的内积，然后使用linalg.norm函数计算每个物品向量的范数，最后计算余弦相似度。执行后会输出：

```
Cosine Similarity: 0.8765483240617117
```

注意：以上实例只是使用了计算相似度的一种方法，具体使用哪种相似度度量方法取决于数据集的特点和算法的要求。

3.3.2　进行推荐

本节通过下面的实例展示使用基于物品的协同过滤为用户推荐电影的过程。

源码路径：daima\3\wu.py

```
import pandas as pd
import numpy as np
from sklearn.metrics.pairwise import cosine_similarity

# 读取电影评分数据集
ratings = pd.read_csv('ratings.csv')

# 读取电影数据集
movies = pd.read_csv('movies.csv')

# 创建用户—电影评分矩阵
user_movie_matrix = ratings.pivot_table(index='userId', columns='movieId', values=
'rating')

# 计算物品之间的相似度（余弦相似度）
item_similarity = cosine_similarity(user_movie_matrix.fillna(0).T)

# 为用户生成电影推荐列表
def item_based_collaborative_filtering(user_id, top_n=5):
    user_ratings = user_movie_matrix.loc[user_id].fillna(0)
    weighted_ratings = np.dot(item_similarity, user_ratings)
    similarity_sums = np.sum(item_similarity, axis=1)
    normalized_ratings = weighted_ratings / (similarity_sums + 1e-10)
    sorted_indices = np.argsort(normalized_ratings)[::-1][:top_n]
    recommended_movies = movies.loc[sorted_indices]
    return recommended_movies

# 示例调用
target_user_id = 1
recommendations = item_based_collaborative_filtering(target_user_id, top_n=3)

print("Recommendations for User", target_user_id)
for index, row in recommendations.iterrows():
    print("Movie:", row['title'])
```

在上述代码中，假设已经有了用户对电影的评分数据集（ratings.csv）和电影信息数据集（movies.csv）。首先，将评分数据集转换为“用户—电影”评分矩阵，并使用余弦相似度计算物品之间的相似度矩阵。然后，定义了函数 item_based_collaborative_filtering()，它接收目标用户 ID 和要推荐的电影数量作为参数。在函数中，根据目标用户的评分向量和物品相似度矩阵计算加权评分，并将加权评分归一化。然后，根据归一化评分排序，选取前 N 个推荐电影。最后调用函数 item_based_collaborative_filtering()，指定目标用户 ID 为 1，并打印出推荐的电影。执行后会输出：

```
Recommendations for User 1:
Movie: The Shawshank Redemption (1994)
Movie: The Godfather (1972)
Movie: Pulp Fiction (1994)
```

这是针对用户 1 的基于物品的协同过滤推荐结果。推荐列表显示了推荐的电影。在这个示例中，推荐了 3 部电影，根据与用户 1 已评分的电影的相似度进行推荐。根据相似度计算，预测用户 1 可能喜欢的电影是 *The Shawshank Redemption*，*The Godfather* 和 *Pulp Fiction*。

3.4 基于模型的协同过滤

基于模型的协同过滤是一种利用机器学习模型来预测用户对物品的评分或者进行推荐的方法。与基于用户或基于物品的协同过滤相比，基于模型的方法可以更好地处理数据稀疏性和冷启动问题，并且能够利用更多的特征进行预测。

基于模型的协同过滤的一种常见方法是矩阵分解（matrix factorization），它将用户—物品评分矩阵分解为两个低维矩阵的乘积，从而捕捉用户和物品之间的潜在特征。具体而言，矩阵分解将用户和物品表示为向量形式，并通过学习这些向量来预测用户对未知物品的评分。

3.4.1 矩阵分解模型

矩阵分解是一种基于模型的协同过滤方法，用于预测用户对未知物品的评分或进行推荐。该方法将用户—物品评分矩阵分解为两个低维矩阵的乘积，从而捕捉用户和物品之间的潜在特征。在矩阵分解模型中，评分矩阵 $\boldsymbol{R}$ 的维度为 $m\times n$，其中 m 表示用户数量，n 表示物品数量。该矩阵中的每个元素 $\boldsymbol{R}[i][j]$ 表示用户 i 对物品 j 的评分。我们的目标是学习两个低维矩阵 $\boldsymbol{P}$ 和 $\boldsymbol{Q}$，使得它们的乘积逼近原始评分矩阵 $\boldsymbol{R}$。

具体而言，矩阵 $\boldsymbol{P}$ 的维度为 $m\times k$，每行表示一个用户的特征向量，维度为 k。矩阵 $\boldsymbol{Q}$ 的维度为 $n\times k$，每行表示一个物品的特征向量，维度也为 k。特征向量中的每个元素表示了用户或物品在隐含特征空间中的位置。通过学习这些特征向量，我们可以预测用户对未知物品的评分。

在训练过程中，我们使用梯度下降等优化算法来最小化预测评分与实际评分之间的误差。通过迭代更新 $\boldsymbol{P}$ 和 $\boldsymbol{Q}$ 的值，我们可以不断提高模型的准确性。通常，训练过程会设置一些超参数，如学习率、正则化参数等，以控制模型的复杂度和训练的速度。

在训练完成后，可以使用学习到的特征向量来进行预测。给定一个用户和一个物品，我们可以通过计算对应的特征向量之间的内积来预测评分。预测评分越高，表示用户可能对该物品的兴趣越大。

例如，下面的实例演示了使用矩阵分解模型实现电影推荐的过程。

源码路径：daima\3\ju.py

```
import pandas as pd
from surprise import Dataset, Reader, SVD
from surprise.model_selection import train_test_split

# 电影评分数据
ratings = {
    "User1": {
        "Movie1": 4,
        "Movie2": 5,
        "Movie3": 3,
        "Movie4": 4,
        "Movie5": 2
    },
    "User2": {
        "Movie1": 3,
        "Movie2": 4,
        "Movie3": 4,
        "Movie4": 3,
        "Movie5": 5
    },
    "User3": {
        "Movie1": 5,
        "Movie2": 2,
        "Movie3": 4,
        "Movie4": 3,
        "Movie5": 5
    },
```

```
    # 添加更多用户和电影的评分数据
}

# 将字典转换为DataFrame
df = pd.DataFrame(ratings).stack().reset_index()
df.columns = ["user", "movie", "rating"]

# 构建数据集
reader = Reader(rating_scale=(1, 5))
data = Dataset.load_from_df(df[["user", "movie", "rating"]], reader)

# 划分训练集和测试集
trainset, testset = train_test_split(data, test_size=0.2)

# 训练模型
model = SVD()
model.fit(trainset)

# 预测评分
predictions = model.test(testset)

# 打印用户的Top N推荐电影
user_id = "User1"
top_n = 5
user_ratings = ratings[user_id]
rated_movies = user_ratings.keys()
recommendations = []
for movie_id in model.trainset.ir.keys():
    if movie_id not in rated_movies:
        predicted_rating = model.predict(user_id, movie_id).est
        recommendations.append((movie_id, predicted_rating))
recommendations = sorted(recommendations, key=lambda x: x[1], reverse=True)[:top_n]

print(f"Top {top_n} recommendations for {user_id}:")
for movie_id, _ in recommendations:
    print("Movie ID:", movie_id)
```

对上述代码的具体说明如下：

（1）首先，定义了一个包含用户对电影的评分数据的字典 ratings，其中键是用户 ID，值是另一个字典，表示用户对不同电影的评分。

（2）然后，将字典转换为 DataFrame，通过 pd.DataFrame() 将 ratings 字典转换为 DataFrame，其中每一行包含用户、电影和评分。

（3）接下来，使用库 Surprise 构建数据集，通过 Reader 对象定义评分范围，并使用 Dataset.load_from_df() 将 DataFrame 转换为 Surprise 库中的数据集对象。

（4）再使用函数 train_test_split() 按照指定的比例将数据集划分为训练集和测试集。使用 SVD 算法训练模型，创建 SVD 对象，并使用训练集调用 fit() 方法进行模型训练。

（5）使用训练好的模型对测试集进行评分预测，通过调用 model.test() 方法返回预测结果。

（6）打印输出针对某用户的 Top *N* 推荐电影，选择指定的用户 ID（例如 "User1"），根据模型预测的评分生成未评分电影的推荐列表，并按照评分从高到低进行排序。

（7）最后打印输出推荐结果，将生成的 Top *N* 推荐电影打印出来，输出格式为 "Movie ID: 电影 ID"。

本实例使用了基于 SVD 算法的协同过滤推荐方法，在给定的电影评分数据上构建了一个推荐系统，并输出了指定用户的 Top *N* 推荐电影。请注意，本实例中的数据集数据是自定义的字典数据，大家可以根据实际情况替换为你自己的电影评分数据。

3.4.2 基于图的模型

基于图的推荐系统模型是一种利用图结构来表示用户和物品之间的关系，并通过图上的算法来进行推荐的方法。通常需要通过如下步骤实现基于图的模型：

（1）构建用户—物品图：将用户和物品作为图的节点，根据用户与物品之间的交互关系构建边。常见的交互关系可以包括用户对物品的评分、购买历史、浏览行为等。

（2）图的表示：将用户—物品图转化为计算机可以处理的数据结构，常用的表示方法包括邻接矩阵和邻接表。邻接矩阵表示节点之间的连接关系，而邻接表则记录每个节点的邻居节点。

（3）图上的算法：利用图上的算法来计算节点之间的相似度或重要性。常见的算法包括基于路径的算法（如最短路径、随机游走）、基于图结构的特征提取算法（如图嵌入）以及基于图聚类的算法。

（4）生成推荐结果：根据用户的历史行为和图上的算法，计算用户与未交互物品之间的关联程度，给用户推荐与之相关性较高的物品。常见的推荐方法包括基于图的随机游走、基于路径的推荐以及基于图嵌入的推荐。

基于图的推荐系统模型具有以下优点：

- 考虑了用户和物品之间的复杂关系：通过建模用户和物品之间的交互关系，能够更好地捕捉到用户的兴趣和物品的特征。
- 考虑了上下文信息：通过分析用户和物品在图上的位置和连接情况，可以获得更多的上下文信息，提高推荐的准确性。
- 能够处理冷启动问题：当新用户或新物品加入系统时，通过图上的算法可以利用已有的交互关系推断其与其他节点的关联程度，从而进行推荐。

然而，基于图的推荐系统模型也存在一些挑战和限制：

- 图的构建和处理需要大量的计算资源：当用户和物品数量庞大时，构建和处理图的复杂度会显著增加，需要高效的算法和计算资源。
- 图的表示和算法的选择需要合理：不同的图表示方法和算法对推荐效果有影响，需要根据具体应用场景选择合适的方法。
- 冷启动问题仍然存在：虽然基于图的模型可以一定程度上处理冷启动问题，但对于完全没有交互信息的新用户和新物品仍然存在挑战。

综上所述，基于图的推荐系统模型可以通过建模用户和物品之间的关系来提供个性化的推荐，但在实际应用中需要仔细选择合适的图表示方法和算法，并考虑资源消耗和冷启动等问题。

当涉及基于图的推荐系统时，一种常见的方法是使用基于邻域的协同过滤算法。这种算法利用用户和物品之间的交互关系构建一个用户—物品图，并通过图上的算法计算物品之间的相似度。例如，下面的实例演示了使用基于图的模型实现商品推荐的过程。

源码路径：daima\3\tu.py

```
import networkx as nx
from itertools import combinations

# 商品交互数据
interactions = {
    "User1": ["Item1", "Item2", "Item3"],
    "User2": ["Item2", "Item3", "Item4"],
    "User3": ["Item1", "Item4", "Item5"],
    # 添加更多用户和商品的交互数据
}

# 创建用户—商品图
graph = nx.Graph()

# 添加用户节点和商品节点
```

```
    users = list(interactions.keys())
    items = set(item for item_list in interactions.values() for item in item_list)
    graph.add_nodes_from(users, bipartite=0)
    graph.add_nodes_from(items, bipartite=1)

    # 添加用户和商品之间的边
    for user, item_list in interactions.items():
        for item in item_list:
            graph.add_edge(user, item)

    # 计算商品之间的相似度
    item_similarity = {}
    for item1, item2 in combinations(items, 2):
        common_users = list(nx.common_neighbors(graph, item1, item2))
        if common_users:
            similarity = len(common_users) / (len(set(graph.neighbors(item1))) + len(set
(graph.neighbors(item2))))
            item_similarity[(item1, item2)] = similarity
            item_similarity[(item2, item1)] = similarity

    # 根据相似度推荐商品
    target_user = "User1"
    recommended_items = set()
    for item in items:
        if item not in interactions[target_user]:
            item_score = sum(item_similarity.get((item, interacted_item), 0) for
interacted_item in interactions[target_user])
            recommended_items.add((item, item_score))

    # 按照相似度得分从高到低对推荐商品排序
    recommended_items = sorted(recommended_items, key=lambda x: x[1], reverse=True)

    print("Recommendations for", target_user)
    for item, _ in recommended_items:
        print("Item:", item)
```

对上述代码的具体说明如下：

（1）首先，定义商品之间的交互数据，即每个用户与其交互过的商品。

（2）然后，创建一个空的图对象，添加用户节点和商品节点到图中，并指定它们的类型为二分图（bipartite）。在图中添加用户和商品之间的边，表示它们之间的交互关系。

（3）接下来，计算商品之间的相似度。通过遍历商品组合并找到它们之间的共同用户，计算相似度作为共同用户数与两个商品邻居总数的比例。

（4）选择一个目标用户，即要为其进行推荐的用户。

（5）遍历所有商品，并计算每个商品与目标用户已交互过的商品之间的得分。得分是通过对目标用户已交互过的商品计算商品之间的相似度加权得出的。

（6）最后，按照得分从高到低对推荐商品进行排序，并输出推荐结果。

执行后会输出：

```
Recommendations for User1
Item: Item4
Item: Item5
```

本实例展示了基于图的商品推荐系统的实现过程，利用商品之间的交互关系和相似度计算来为目标用户生成推荐商品列表。

3.5　混合型协同过滤

混合型协同过滤是一种结合基于用户和基于物品的协同过滤方法的推荐算法，它综合了两种方法的优势，以提高推荐系统的准确性和个性化程度。在混合型协同过滤中，基于用户的协同过滤方法和基于物品的协同过滤方法被同时应用。这种方法首先利用基于用户的协同过滤方法，通过计算用户之间的相似度，找到与目标用户相似的一组用户。然后，基于这组相似用户的评分数据，使用基于物品的协同过滤方法来计算目标用户对未评价物品的喜好程度。

具体来说，混合型协同过滤可以按照以下步骤进行：

（1）根据用户的历史评分数据，计算用户之间的相似度。可以使用基于用户的协同过滤方法，如计算皮尔逊相关系数或余弦相似度。

（2）选择与目标用户最相似的一组用户作为邻居用户集合。

（3）基于邻居用户的评分数据，计算目标用户对未评价物品的喜好程度。可以使用基于物品的协同过滤方法，如计算加权平均评分或基于相似度的加权评分。

（4）综合基于用户和基于物品的评分预测结果，生成最终的推荐列表。可以采用加权融合的方式，将两种方法的预测结果按一定权重进行组合。

混合型协同过滤算法的优点在于综合了基于用户和基于物品的方法，能够克服它们各自的局限性。基于用户的方法更加关注用户的兴趣和行为模式，而基于物品的方法更注重物品的特征和相似度。通过结合两者，混合型协同过滤能够提供更准确和个性化的推荐结果，兼顾了用户和物品两个维度的信息。

在实现混合型协同过滤算法时，可以借助现有的基于用户和基于物品的协同过滤算法，并结合适当的权衡和调整来实现算法的混合。具体的实现方式可以根据具体的推荐系统需求和数据特点进行调整和优化。

例如，下面的实例演示了使用混合型协同过滤方法为用户推荐电影的过程。

源码路径：daima\3\hun.py

```
import pandas as pd
from sklearn.metrics.pairwise import cosine_similarity

# 读取MovieLens数据集
ratings = pd.read_csv('ratings.csv')  # 评分数据集
movies = pd.read_csv('movies.csv')  # 电影信息数据集

# 处理数据
df = pd.merge(ratings, movies, on='movieId')  # 合并评分数据和电影信息
pivot_table = df.pivot_table(index='userId', columns='title', values='rating')
# 构建评分矩阵

# 计算用户之间的相似度
user_similarity = cosine_similarity(pivot_table)

# 计算电影之间的相似度
movie_similarity = cosine_similarity(pivot_table.T)

# 根据用户相似度和评分数据生成基于用户的推荐结果
target_user = 1
recommended_movies_user_based = set()
for movie in pivot_table.columns:
    if pd.isnull(pivot_table.loc[target_user, movie]):
        movie_score = sum(user_similarity[target_user-1, i] * pivot_table.iloc[i]
[movie] for i in range(len(pivot_table.index)))
        recommended_movies_user_based.add((movie, movie_score))

# 根据电影相似度和评分数据生成基于电影的推荐结果
recommended_movies_item_based = set()
for movieId in pivot_table.columns:
    if pd.isnull(pivot_table.loc[target_user, movieId]):
        movie_score = sum(movie_similarity[movieId-1, i] * pivot_table.loc
[target_user][i] for i in range(len(pivot_table.columns)))
        recommended_movies_item_based.add((movieId, movie_score))
```

```
    # 混合两种推荐结果
    recommended_movies = recommended_movies_user_based.union(recommended_
movies_item_based)

    # 按照得分从高到低对推荐电影排序
    recommended_movies = sorted(recommended_movies, key=lambda x: x[1],
reverse=True)

    print("Recommendations for User", target_user)
    for movie, _ in recommended_movies:
        print("Movie:", movie)
```

上述代码实现了基于用户和基于物品的混合型协同过滤推荐算法，下面是对上述代码的解释：

- 导入所需的库和模块：导入 pandas 库用于数据处理和操作，以及 sklearn 库中的 cosine_similarity 模块用于计算用户之间和电影之间的相似度。
- 读取 MovieLens 数据集：通过使用函数 pd.read_csv() 读取了包含评分数据的 ratings.csv 文件和包含电影信息的 movies.csv 文件。
- 数据处理：使用函数 pd.merge() 将评分数据和电影信息进行合并，基于 'movieId' 列进行连接。然后使用 pivot_table 函数构建评分矩阵，其中用户 ID 为行索引，电影标题为列索引，评分为值。
- 计算用户相似度：使用函数 cosine_similarity() 计算评分矩阵中用户之间的相似度，生成一个用户相似度矩阵。
- 计算电影相似度：使用函数 cosine_similarity() 计算评分矩阵的转置矩阵中电影之间的相似度，生成一个电影相似度矩阵。
- 基于用户的推荐：对于目标用户，遍历评分矩阵的每部电影，如果目标用户对该电影没有评分，计算该电影的得分。得分通过目标用户与其他用户之间的相似度乘以其他用户对该电影的评分加权求和得到。将电影及其得分添加到基于用户的推荐集合中。
- 基于物品的推荐：对于目标用户，遍历评分矩阵的每部电影，如果目标用户对该电影没有评分，计算该电影的得分。得分通过目标用户对其他电影的评分与其他电影与该电影之间的相似度乘积加权求和得到。将电影及其得分添加到基于物品的推荐集合中。
- 混合推荐结果：将基于用户的推荐集合和基于物品的推荐集合进行合并。
- 排序推荐结果：根据得分对推荐电影进行排序，得分从高到低。
- 打印推荐结果：输出目标用户的推荐结果，按照电影和得分进行打印。

执行后会输出：

```
Recommendations for User 1
Movie: Shawshank Redemption, The (1994)
Movie: Godfather, The (1972)
Movie: Pulp Fiction (1994)
Movie: Fight Club (1999)
Movie: Forrest Gump (1994)
```

这是针对 User 1 的电影推荐结果，推荐的电影按照得分从高到低进行排序，上述结果展示了推荐给用户 1 的前 5 部电影。

第4章　混合推荐

混合推荐是一种推荐系统的方法，旨在为用户提供更准确、个性化的推荐结果。传统的推荐系统主要基于协同过滤或内容过滤的方法，而混合推荐则结合了多种推荐算法或策略，以综合考虑多个因素。本章详细讲解使用 Python 语言实现混合推荐的知识。

4.1　特征层面的混合推荐

特征层面的混合推荐是一种混合推荐方法，其中不同的推荐算法使用不同的特征来描述用户和物品，并将它们进行融合以获得更准确和个性化的推荐结果。

4.1.1　特征层面混合推荐介绍

在特征层面的混合推荐中，推荐算法通常使用一系列特征来描述用户和物品的属性、行为或其他相关信息。这些特征可以包括用户的个人信息（如性别、年龄、地理位置）、历史行为（如购买记录、浏览记录）、社交关系（如好友列表、社交互动）等，以及物品的属性（如价格、类别、标签）等。

特征层面的混合推荐通过综合考虑不同推荐算法使用的特征，将它们进行融合，以生成最终的推荐结果。这可以通过加权融合、特征组合或其他融合技术来实现。例如，假设有两个推荐算法，一个基于协同过滤，另一个基于内容过滤。协同过滤算法使用用户的历史行为数据来计算与其他用户的相似度，而内容过滤算法则根据物品的属性进行推荐。在特征层面的混合推荐中，可以将用户的历史行为特征和物品的属性特征进行融合，以综合考虑这两种算法的推荐结果。

特征层面的混合推荐可以提供更全面和个性化的推荐结果，因为不同的推荐算法可能关注不同的特征，通过综合使用这些特征，可以更好地捕捉用户的兴趣和物品的相关性。这种方法可以改善推荐系统的准确性和用户满意度。

4.1.2　用户特征融合

在 Python 程序中实现推荐系统时，用户特征融合是一种常用的技术，用于将不同的用户特征进行整合，以提供更准确和个性化的推荐结果。下面通过一个简单的例子来说明用户特征融合的概念。

假设我们有两个推荐算法，分别是基于协同过滤和基于内容过滤的推荐算法。协同过滤算法使用用户的历史行为数据，而内容过滤算法使用用户的个人信息。

源码路径：daima\4\user.py

```
# 用户历史行为数据
user_behavior = {
    'user1': ['item1', 'item2', 'item3'],
    'user2': ['item2', 'item4'],
    'user3': ['item1', 'item3', 'item5'],
}

# 用户个人信息
user_profile = {
    'user1': {'age': 25, 'gender': 'male'},
    'user2': {'age': 30, 'gender': 'female'},
    'user3': {'age': 20, 'gender': 'female'},
}

# 基于协同过滤的推荐算法
def collaborative_filtering(user):
    # 根据用户的历史行为进行推荐
```

```
    # 这里简单地返回用户的历史行为作为推荐结果
    return user_behavior[user]

# 基于内容过滤的推荐算法
def content_filtering(user):
    # 根据用户的个人信息进行推荐
    # 这里简单地返回与用户年龄相似的物品作为推荐结果
    age = user_profile[user]['age']
    if age < 25:
        return ['item1', 'item3', 'item5']
    else:
        return ['item2', 'item4']

# 用户特征融合的推荐算法
def hybrid_recommendation(user):
    collaborative_result = collaborative_filtering(user)
    content_result = content_filtering(user)

    # 将两个推荐结果进行融合
    recommendation = list(set(collaborative_result) | set(content_result))

    return recommendation

# 示例：对用户'user1'进行推荐
recommendation = hybrid_recommendation('user1')
print(recommendation)
```

在上述代码中定义了两个推荐算法：collaborative_filtering（协同过滤）和 content_filtering（内容过滤）。然后，定义了函数 hybrid_recommendation()，该函数将使用两个算法的推荐结果进行融合。在函数 hybrid_recommendation() 中，调用函数 collaborative_filtering() 和 content_filtering() 分别得到两个推荐结果。然后，使用集合操作符“|”将两个结果的并集作为最终的推荐结果。最后，将推荐结果打印出来。执行后会输出：

```
['item2', 'item4', 'item3', 'item1']
```

本实例展示了在 Python 中实现用户特征融合的推荐系统的方法。实际上，用户特征融合的方法可以更加复杂和灵活，可以根据实际需求来选择合适的特征和融合策略。

4.1.3　物品特征融合

物品特征融合是指将不同物品的特征进行整合和组合，以提供更准确和个性化的推荐结果。在推荐系统中，每个物品都具有一些属性或特征，例如电影的类型、音乐的流派、产品的类别等。物品特征融合的目标是将这些不同的特征综合考虑，以生成更有针对性的推荐列表。

物品特征融合可以通过多种方式实现，具体取决于特定的推荐算法和应用场景。以下是一些常见的物品特征融合方法：

- 基于加权平均：对于每个物品特征，可以为其分配一个权重，然后对不同特征进行加权平均。权重可以根据特征的重要性和对推荐结果的贡献进行确定。
- 基于规则：定义一些规则或条件，根据物品特征的组合进行推荐。这些规则可以是基于专家知识或经验得出的，也可以通过机器学习技术从数据中学习得到。
- 基于矩阵分解：使用矩阵分解技术，将物品特征矩阵分解为低维表示，然后对低维表示进行组合和计算，从而得出推荐结果。这种方法可以通过隐语义模型等技术来实现。
- 基于深度学习：利用深度学习模型，如神经网络，将不同物品特征作为输入，通过网络的隐藏层进行特征融合和表示学习，最终得出推荐结果。

需要注意的是，物品特征融合的方法可以根据具体的推荐任务和数据情况进行定制和调整。通过综合考虑多个物品特征，推荐系统可以更好地理解用户的偏好和需求，提供个性化和准确的推荐体验。例如，下面是一个使用物品特征融合实现物品推荐的例子。

源码路径：daima\4\film.py

```
# 物品属性数据
item_attributes = {
    'item1': {'genre': 'action', 'rating': 4.5},
    'item2': {'genre': 'comedy', 'rating': 3.8},
    'item3': {'genre': 'drama', 'rating': 4.2},
    # ... 更多物品属性数据
}

# 用户评分数据
user_ratings = {
    'user1': {'item1': 4.0, 'item2': 3.5, 'item3': 4.8},
    'user2': {'item1': 3.7, 'item2': 4.2},
    'user3': {'item2': 4.5, 'item3': 3.9},
    # ... 更多用户评分数据
}

# 物品特征融合的推荐算法
def hybrid_recommendation(user):
    user_preferences = user_ratings[user]  # 假设有用户评分数据

    # 计算每个物品的综合评分
    item_scores = {}
    for item, attributes in item_attributes.items():
        score = 0
        if 'genre' in attributes and attributes['genre'] in user_preferences:
            # 基于用户喜好的特定类型物品进行评分加权
            score += user_preferences[attributes['genre']]
        if 'rating' in attributes:
            # 基于物品自身的评分进行评分加权
            score += attributes['rating']
        item_scores[item] = score

    # 根据综合评分进行排序，并返回推荐结果
    recommendation = sorted(item_scores, key=item_scores.get, reverse=True)

    return recommendation

# 示例：对用户'user1'进行推荐
recommendation = hybrid_recommendation('user1')
print(recommendation)
```

对上述代码的具体说明如下：

（1）首先，定义物品属性数据和用户评分数据。在实例中使用字典 item_attributes 来表示物品的属性，如电影的类型和评分，以及字典 user_ratings 来表示用户对物品的评分。

（2）然后，实现物品特征融合的推荐算法。在实例中，我们定义了函数 hybrid_recommendation() 来执行物品特征融合。在这个函数中，先获取特定用户的评分数据，即 user_preferences，再遍历每个物品和其属性，并计算每个物品的综合评分。综合评分的计算考虑了用户喜好的特定类型物品和物品自身的评分，根据综合评分对物品进行排序，并返回推荐结果。

（3）最后，可以通过调用函数 hybrid_recommendation()，并传入相应的用户作为参数来得到推荐结果。在实例中，我们使用 'user1' 作为示例用户，并打印出推荐结果。

执行后会输出：

```
['item1', 'item3', 'item2']
```

4.2 模型层面的混合推荐

在推荐系统中，模型层面的混合推荐是指将多个推荐模型进行融合，以提供更准确和个性化

的推荐结果。通过结合不同的推荐算法或模型，可以充分利用它们各自的优势，弥补各个模型的局限性，从而提高推荐系统的性能和效果。常见的模型层面混合推荐方法有：加权融合（weighted fusion）、集成学习（ensemble learning）、混合排序（hybrid ranking）和协同训练（co-training）。

4.2.1　基于加权融合的模型组合

加权融合是一种推荐系统中常用的技术，用于将多个推荐模型的结果进行合并或融合，以得到更准确和综合的推荐结果。加权融合的核心思想是对不同的推荐模型赋予不同的权重，然后根据权重对每个模型的结果进行加权求和或加权排序。

在推荐系统中，不同的推荐模型可能基于不同的算法、特征或策略来生成推荐结果。每个模型可能有其独特的优势和弱点，而加权融合可以将不同模型的优势互补起来，提高整体的推荐效果。

实现加权融合的步骤如下：

（1）定义每个推荐模型的权重：根据经验或实验结果，为每个模型分配一个权重，反映其在推荐系统中的重要性或可信度。

（2）生成每个模型的推荐结果：运行每个模型，得到其独立的推荐结果。

（3）加权融合：将每个模型的结果按照权重进行加权求和或排序。可以根据权重进行简单的线性加权，也可以使用其他更复杂的加权策略。

（4）输出最终的推荐结果：根据加权融合后的结果，输出最终的推荐列表。

加权融合可以在推荐系统中起到整合不同模型、提升推荐准确性和多样性的作用。通过合理设置权重并综合利用多个推荐模型的优势，加权融合能够更好地满足用户的个性化需求，并提供更好的用户体验。

当涉及加权融合推荐系统时，可以使用不同的推荐模型为用户生成推荐结果，并根据模型的性能和可信度进行加权融合。例如，下面是一个简单的例子，演示了使用加权融合的方法实现推荐系统的过程。

源码路径：daima\4\jia.py

```
# 导入所需库
import numpy as np

# 假设有三个推荐模型的推荐结果，每个模型生成的推荐结果是一个物品列表
recommendations_model1 = ['item1', 'item2', 'item3']
recommendations_model2 = ['item4', 'item5', 'item6']
recommendations_model3 = ['item7', 'item8', 'item9']

# 假设有三个推荐模型的权重
weights = [0.4, 0.3, 0.3]

# 加权融合推荐结果的函数
def weighted_fusion_recommendation():
    # 初始化加权融合后的推荐结果字典
    fused_recommendations = {}

    # 遍历每个推荐模型的推荐结果和对应的权重
    for rec_model, weight in zip([recommendations_model1, recommendations_model2,
recommendations_model3], weights):
        # 将当前推荐模型的推荐结果按权重添加到加权融合的推荐结果字典中
        for item in rec_model:
            if item in fused_recommendations:
                fused_recommendations[item] += weight
            else:
                fused_recommendations[item] = weight

    # 对加权融合的推荐结果字典按权重进行排序
    sorted_recommendations = sorted(fused_recommendations.items(),
```

```
key=lambda x: x[1], reverse=True)

        # 返回加权融合后的推荐结果
        return [item[0] for item in sorted_recommendations]

    # 调用加权融合推荐函数
    recommendations = weighted_fusion_recommendation()

    # 打印加权融合后的推荐结果
    print(recommendations)
```

以上代码实现了一个简单的加权融合推荐系统。该系统假设有三个推荐模型生成的推荐结果，并给定了每个模型的权重。代码中的 recommendations_model1、recommendations_model2 和 recommendations_model3 分别代表三个模型的推荐结果，weights 代表每个模型的权重。在函数 weighted_fusion_recommendation() 中，遍历每个推荐模型的推荐结果和对应的权重，并将每个物品根据权重进行累加。最后，根据加权融合后的权重对物品进行排序，得到最终的推荐结果。

运行代码后，将输出加权融合后的推荐结果。这些结果根据每个物品的权重进行排序，权重越高的物品在推荐结果中排名越靠前。执行后会输出：

```
['item1', 'item2', 'item3', 'item4', 'item5', 'item6', 'item7', 'item8', 'item9']
```

4.2.2 基于集成学习的模型组合

集成学习是一种机器学习方法，通过将多个基本学习算法或模型进行组合，以获得更好的预测性能和泛化能力。集成学习通过将不同的学习器集成在一起，从而可以利用各个学习器之间的相互补充和协同作用，提高整体的学习效果。

在集成学习中，基本学习算法或模型被称为弱学习器（weak learners）或基学习器（base learners）。这些基学习器可以是同质的（相同类型的学习算法），也可以是异质的（不同类型的学习算法）。集成学习通过对基学习器的预测结果进行组合，产生最终的预测结果。

集成学习的主要思想是通过对基学习器进行合理的组合，弥补单个学习器的局限性，提高整体的学习性能。常见的集成学习方法包括：

- 好坏投票（voting）：多个学习器对同一样本进行预测，根据多数投票原则确定最终的预测结果。
- 加权投票（weighted voting）：给每个学习器分配一个权重，根据权重进行投票，得到最终的预测结果。
- 平均法（averaging）：将多个学习器的预测结果进行平均，得到最终的预测结果。
- 堆叠法（stacking）：将多个学习器的预测结果作为新的特征，再使用一个元学习器来进行最终的预测。
- 提升法（boosting）：通过串行训练多个基学习器，每个学习器都尝试纠正上一个学习器的错误，从而提高整体的学习性能。

集成学习可以显著提升机器学习算法的性能，特别适用于处理复杂的、高维度的数据集和挑战性的预测任务。通过有效地利用多个学习器的优势，集成学习可以减少过拟合、增强泛化能力，并提高模型的鲁棒性和稳定性。例如，下面是一个 Python 使用集成学习实现推荐系统的例子。

源码路径：daima\4\jicheng.py

```
from surprise import KNNBasic, KNNWithMeans, KNNWithZScore
from surprise import Dataset
from surprise import accuracy
from surprise.model_selection import train_test_split

# 数据加载
data = Dataset.load_builtin('ml-100k')
trainset, testset = train_test_split(data, test_size=0.2)
```

```
# 构建协同过滤模型1
model1 = KNNBasic()
model1.fit(trainset)

# 构建协同过滤模型2
model2 = KNNWithMeans()
model2.fit(trainset)

# 构建协同过滤模型3
model3 = KNNWithZScore()
model3.fit(trainset)

# 集成推荐
def ensemble_recommendation(user_id):
    user_id = int(user_id)  # 将用户ID转换为整数类型

    # 获取每个模型的推荐结果
    model1_recommendations = model1.get_neighbors(user_id, k=10)
    model2_recommendations = model2.get_neighbors(user_id, k=10)
    model3_recommendations = model3.get_neighbors(user_id, k=10)

    # 合并推荐结果
    recommendations = set()
    recommendations.update(model1_recommendations)
    recommendations.update(model2_recommendations)
    recommendations.update(model3_recommendations)

    return list(recommendations)

# 测试推荐
user_id = '1'
recommendations = ensemble_recommendation(user_id)
print(f"Recommendations for User {user_id}: {recommendations}")
```

对上述代码的具体说明如下：

（1）首先，加载 MovieLens 100K 数据集，并将其分为训练集和测试集。

（2）然后，使用KNNBasic算法构建了基于用户的协同过滤模型和基于物品的协同过滤模型，并对测试集进行预测。

（3）接下来，定义了一个集成学习函数 ensemble_recommendation()，该函数根据每个模型的推荐结果和权重进行加权融合，并返回最终的推荐列表。注意，代码 user_id=int(user_id) 的功能是将参数 user_id 转换为整数类型。这样，就可以避免索引错误，并正确使用该参数进行推荐。

执行后会输出：

```
Computing the msd similarity matrix...
Done computing similarity matrix.
Computing the msd similarity matrix...
Done computing similarity matrix.
Computing the msd similarity matrix...
Done computing similarity matrix.
Recommendations for User 1: [677, 262, 458, 650, 244, 311, 600, 697, 634, 669]
```

注意：通过调整权重和模型参数，可以进一步优化集成学习的推荐结果。这里只是一个简单的示例，实际应用中可能需要更复杂的算法和数据处理步骤来构建一个更准确和实用的推荐系统。

4.2.3　基于混合排序的模型组合

混合排序是一种推荐系统技术，它将多个排序算法结合起来，以综合考虑不同算法的推荐结果，并生成最终的推荐列表。在传统的推荐系统中，通常使用单一的排序算法来生成推荐结果，如基于内容的推荐、协同过滤推荐等。然而，每种排序算法都有其优势和限制，无法完全覆盖所有用户和物品的特点和需求。混合排序通过将多个排序算法的结果进行合并，以充分利用它们的优势，提供更准确和个性化的推荐结果。

实现混合排序的基本步骤如下：

（1）选择排序算法：根据推荐系统的需求和场景，选择适合的排序算法，如基于内容的推荐、协同过滤推荐、矩阵分解、图算法等。

（2）生成排序结果：运行选定的排序算法，得到每个算法独立的推荐结果。这些结果可以是推荐物品的排名、分数或其他表示。

（3）权衡和加权：根据推荐系统的目标和策略，对不同算法的结果进行权衡和加权。可以使用静态权重，为每个算法分配固定的权重；也可以使用动态权重，根据不同的情境和用户反馈调整权重。

（4）融合和排序：将加权的推荐结果进行融合，可以采用简单的线性加权求和，也可以使用更复杂的融合策略，如瀑布模型、级联模型、多层模型等。融合后的结果通常会根据排名或分数进行排序，以生成最终的推荐列表。

混合排序可以充分利用不同排序算法的优势，提高推荐系统的准确性和个性化程度。通过组合多种算法的推荐结果，混合排序可以解决单一排序算法的局限性，提供更全面和多样化的推荐体验。此外，混合排序还可以根据实时数据和用户反馈进行动态调整，以适应不断变化的用户需求和系统性能。例如，下面是一个使用混合排序实现物品推荐的例子。

源码路径：daima\4\hun.py

```
import pandas as pd
from sklearn.feature_extraction.text import TfidfVectorizer
from sklearn.metrics.pairwise import cosine_similarity

# 电影数据
movies_data = {
    'movieId': [1, 2, 3, 4, 5],
    'title': ['The Shawshank Redemption', 'The Godfather', 'The Dark Knight', '
Pulp Fiction', 'Fight Club'],
    'genre': ['Drama', 'Crime', 'Action', 'Crime', 'Drama'],
    'director': ['Frank Darabont', 'Francis Ford Coppola', 'Christopher Nolan',
'Quentin Tarantino', 'David Fincher'],
    'rating': [9.3, 9.2, 9.0, 8.9, 8.8]
}

# 创建电影数据框
movies_df = pd.DataFrame(movies_data)

# 用户评分数据
ratings_data = {
    'userId': [1, 1, 2, 2, 3],
    'movieId': [1, 2, 2, 3, 4],
    'rating': [5, 4, 3, 4, 5]
}

# 创建用户评分数据框
ratings_df = pd.DataFrame(ratings_data)

# 基于内容的推荐
def content_based_recommendation(user_id):
    # 获取用户评分过的电影
    user_ratings = ratings_df[ratings_df['userId'] == user_id]

    # 获取用户喜欢的电影类型
    user_genres = user_ratings.merge(movies_df, on='movieId')['genre'].tolist()
```

```
        # 创建TF-IDF向量化器
        vectorizer = TfidfVectorizer()

        # 对电影类型进行向量化
        genre_vectors = vectorizer.fit_transform(movies_df['genre'])

        # 对用户喜欢的电影类型进行向量化
        user_genre_vector = vectorizer.transform(user_genres)

        # 计算电影类型之间的余弦相似度
        similarities = cosine_similarity(user_genre_vector, genre_vectors)

        # 获取与用户喜欢的电影类型相似的电影索引
        similar_movie_indexes = similarities.argsort()[0][::-1]

        # 获取推荐的电影列表
        recommended_movies = movies_df.loc[similar_movie_indexes]

        return recommended_movies

    # 协同过滤推荐
    def collaborative_filtering_recommendation(user_id):
        # 获取用户评分过的电影
        user_ratings = ratings_df[ratings_df['userId'] == user_id]

        # 获取用户未评分的电影
        unrated_movies = movies_df[~movies_df['movieId'].isin(user_ratings['movieId'])]

        # 计算用户与其他用户的相似度
        similarities = ratings_df.pivot(index='userId', columns='movieId', values=
'rating').corr()

        # 获取与用户相似度最高的用户
        similar_users = similarities[user_id].sort_values(ascending=False)[1:4]

        # 获取相似用户评分过的电影
        similar_user_ratings = ratings_df[ratings_df['userId'].isin(similar_users.
index)]

        # 获取相似用户评分过的电影平均评分
        similar_user_avg_ratings = similar_user_ratings.groupby('movieId')['rating'].
mean().reset_index()

        # 获取推荐的电影列表
        recommended_movies = unrated_movies.merge(similar_user_avg_ratings, on='movieId')
        recommended_movies = recommended_movies.sort_values(by='movieId', ascending=False)

        return recommended_movies

    # 混合排序推荐
    def hybrid_ranking_recommendation(user_id):
        # 获取基于内容的推荐结果
        content_based_recommendations = content_based_recommendation(user_id)

        # 获取协同过滤推荐结果
        collaborative_filtering_recommendations = collaborative_filtering_recommendation
(user_id)

        # 合并推荐结果
        recommended_movies = pd.concat([content_based_recommendations, collaborative_
filtering_recommendations])
        recommended_movies = recommended_movies.drop_duplicates().sort_values(by='rating',
ascending=False)
```

```
    return recommended_movies

# 示例使用
user_id = 1
recommendations = hybrid_ranking_recommendation(user_id)
print(recommendations)
```

对上述代码的具体说明如下：

（1）创建电影数据框和用户评分数据框。

- movies_data：包含电影的相关信息，如电影 ID、标题、类型、导演和评分。
- ratings_data：包含用户的评分数据，包括用户 ID、电影 ID 和评分。

（2）实现基于内容的推荐。

函数 content_based_recommendation(user_id) 根据用户评分的电影类型，利用 TF-IDF 向量化器和余弦相似度计算，找到与用户喜欢的电影类型相似的电影，并返回推荐的电影列表。

（3）实现协同过滤推荐。

函数 collaborative_filtering_recommendation(user_id) 基于用户评分数据，计算用户与其他用户之间的相似度，找到与用户相似度最高的几个用户，并获取这些相似用户评分过的电影平均评分，然后返回推荐的电影列表。

（4）实现混合排序推荐。

函数 hybrid_ranking_recommendation(user_id) 结合基于内容的推荐和协同过滤推荐的结果，将推荐的电影列表进行合并、去重和排序，最后返回综合排序后的推荐结果。

（5）通过调用函数 hybrid_ranking_recommendation(user_id)，并传入用户 ID，可以获取基于混合排序的推荐结果，并将结果打印输出。

执行后会输出：

```
   movieId                    title   genre  ... rating  rating_x  rating_y
0        1 The Shawshank Redemption   Drama  ...    9.3       NaN       NaN
1        2            The Godfather   Crime  ...    9.2       NaN       NaN
2        3          The Dark Knight  Action  ...    9.0       NaN       NaN
3        4             Pulp Fiction   Crime  ...    8.9       NaN       NaN
4        5               Fight Club   Drama  ...    8.8       NaN       NaN
1        4             Pulp Fiction   Crime  ...    NaN       8.9       5.0
0        3          The Dark Knight  Action  ...    NaN       9.0       4.0

[7 rows x 7 columns]
```

4.2.4 基于协同训练的模型组合

协同训练是一种半监督学习的方法，用于处理数据集中的标记不完整的情况。协同训练适用于具有多个视角或多个特征表示的问题，其中每个视角或特征表示提供了一些关于样本标记的信息。协同训练通过交替地使用这些视角或特征表示来改善分类器的性能。

在协同训练中，通常有两个相互独立的分类器，每个分类器使用不同的视角或特征表示来学习。初始阶段，这两个分类器都使用带有部分标记的训练数据进行训练。然后，每个分类器使用自身的预测结果来生成额外的标记数据，并将这些标记数据添加到训练集中。接着，两个分类器使用扩展的训练集进行重新训练，然后再次生成预测结果和标记数据。这个过程进行多次迭代，直到达到停止条件。

协同训练的核心思想是，通过交替使用两个分类器来互相纠正错误，并且通过引入更多的标记数据来提高分类器的性能。两个分类器之间的独立性是关键，因为它们可以通过在不同的视角或特征表示上进行学习来提供互补的信息。当两个分类器达到一致或达到停止条件时，协同训练结束，并且可以使用这两个分类器来进行预测。

可以将协同训练方法应用于推荐系统中，以提高推荐的准确性和个性化程度。在推荐系统中，协同训练可以基于用户和物品两个视角进行建模，从而提供互补的信息来进行推荐，具体说明如下：

- 一种常见的应用是基于用户的协同过滤推荐。在这种情况下，协同训练可以使用两个独立的分类器，每个分类器从不同的用户行为数据（如用户评分、购买历史等）中学习。这两个分类器可以采用不同的特征表示或算法，例如使用不同的用户特征、物品特征或模型结构。交替训练过程中，两个分类器可以互相提供预测结果和标记数据，从而改进彼此的性能。
- 另一种应用是基于内容的协同过滤推荐。在基于内容的推荐中，协同训练可以利用不同的特征表示或视角，例如电影的文本描述、演员信息、导演信息等。两个独立的分类器可以从不同的特征表示中学习，并通过交替训练来提供互补的推荐结果。

协同训练在推荐系统中的应用可以提供以下优势：

- 综合多个视角或特征表示：推荐系统可以利用不同的视角或特征表示来丰富推荐的信息。协同训练可以通过交替使用多个分类器来捕捉这些不同的视角，并提供更全面的推荐结果。
- 改进推荐准确性：协同训练通过互相纠正错误和提供互补信息，可以改善推荐系统的准确性。两个独立的分类器可以通过迭代训练过程不断改进彼此的预测能力。
- 提供个性化推荐：协同训练可以根据用户的个人偏好和行为模式，提供更加个性化的推荐结果。通过交替训练和利用用户行为数据，协同训练可以更好地理解用户的兴趣，并生成针对性的推荐。

需要注意的是，在应用协同训练于推荐系统时，仍然需要考虑数据的稀疏性、冷启动问题以及算法的可扩展性等挑战。此外，选择合适的特征表示、确定合适的停止条件和合理的迭代次数等因素也会影响协同训练的效果。因此，在实际应用中，需要结合具体的推荐系统需求和数据特点来进行合理的调整和优化。

请看下面的实例，将使用 ml-25m 数据集中的 movies.csv 文件来实现一个基于协同训练的推荐系统。注意，这个例子中的协同训练并非指传统的协同过滤算法，而是指利用多个分类器进行迭代训练的协同训练方法。

源码路径：daima\4\xie.py

```
# 读取电影数据
movies_df = pd.read_csv('movies.csv')

# 读取评分数据
ratings_df = pd.read_csv('ratings.csv')

# 将电影数据和评分数据合并
merged_df = ratings_df.merge(movies_df, on='movieId')

# 划分训练集和测试集
train_df, test_df = train_test_split(merged_df, test_size=0.2, random_state=42)

# 获取训练集和测试集的电影标题
train_titles = train_df['title'].values
test_titles = test_df['title'].values

# 获取训练集和测试集的用户评分
train_ratings = train_df['rating'].values
test_ratings = test_df['rating'].values

# 创建文本特征向量化器
vectorizer = CountVectorizer()
```

```
    # 将训练集和测试集的电影标题转换为特征向量
    train_features = vectorizer.fit_transform(train_titles)
    test_features = vectorizer.transform(test_titles)

    # 创建分类器
    clf1 = LogisticRegression()
    clf2 = MultinomialNB()

    # 创建协同训练模型
    model = VotingClassifier([('clf1', clf1), ('clf2', clf2)])

    # 使用协同训练模型进行训练
    model.fit(train_features, train_ratings)

    # 在测试集上进行预测
    predictions = model.predict(test_features)

    # 打印预测结果
    for i in range(len(test_titles)):
        print(f"Movie: {test_titles[i]}, Actual Rating: {test_ratings[i]}, Predicted
Rating: {predictions[i]}")
```

对上述代码的具体说明如下：

（1）读取数据集文件 movies.csv 和 ratings.csv，将它们合并为一个数据框。

（2）将数据集划分为训练集和测试集。使用 CountVectorizer 将电影标题转换为特征向量，用于训练和测试。然后，创建两个分类器，LogisticRegression 和 MultinomialNB，并将它们作为投票分类器的成员。

（3）使用协同训练模型对训练集进行训练，并在测试集上进行预测，输出每个电影的实际评分和预测评分。

执行后输出测试集中每个电影的实际评分和预测评分：

```
Movie: The Shawshank Redemption, Actual Rating: 5, Predicted Rating: 4
Movie: The Godfather, Actual Rating: 4, Predicted Rating: 4
Movie: The Dark Knight, Actual Rating: 5, Predicted Rating: 5
...
```

4.3 策略层面的混合推荐

在策略层面的混合推荐中，推荐系统使用多个推荐算法或策略来生成最终的推荐结果。这种方法旨在克服单一算法的局限性，并综合多个算法的优势，提供更准确和多样化的推荐。

4.3.1 动态选择推荐策略

动态选择推荐策略是指根据当前的情境和用户需求，自动选择最合适的推荐策略或算法来生成推荐结果。这种方法可以根据不同的因素进行策略选择，如用户特征、上下文信息、推荐系统的目标等。动态选择推荐策略的目的是提供个性化、精准和多样化的推荐体验。

下面是一些常见的动态选择推荐策略的方法：

- 用户特征：根据用户的特征和偏好，选择最适合的推荐策略。例如，对于新用户可以采用基于内容的推荐策略，而对于活跃用户可以采用协同过滤或混合推荐策略。
- 上下文信息：根据用户的上下文信息，如时间、地点、设备等，选择最合适的推荐策略。例如，在早晨推荐早餐相关的内容，在晚上推荐电影或音乐相关的内容。
- 推荐系统的目标：根据推荐系统的目标和优化指标，选择最合适的推荐策略。例如，如果推荐系统的目标是提高点击率，可以选择基于热门物品的推荐策略；如果目标是提高用户满意度，可以选择个性化的推荐策略。
- A/B 测试：使用 A/B 测试来评估不同策略的性能，然后根据测试结果动态选择最佳的推荐策略。通过比较不同策略的转化率、点击率、用户满意度等指标，可以找到最有效的推荐策略。

- 强化学习：应用强化学习方法来动态选择推荐策略。通过与用户的交互和反馈，推荐系统可以学习并优化策略选择的决策过程，以提供更好的推荐结果。

动态选择推荐策略可以根据实际需求和应用场景进行定制和调整。通过根据不同因素选择最适合的策略，可以提高推荐系统的性能、用户满意度和个性化程度。看下面的实例，使用动态选择推荐策略实现推荐系统。

源码路径：daima\4\dong.py

```
import random

# 模拟情感分析函数，根据用户文本判断情绪
def analyze_sentiment(text):
    # 在这个例子中，我们随机生成情绪（正面、负面、中性）
    sentiments = ['Positive', 'Negative', 'Neutral']
    sentiment = random.choice(sentiments)
    return sentiment

# 根据用户情绪选择推荐策略
def select_recommendation_strategy(sentiment):
    if sentiment == 'Positive':
        # 正面情绪，选择基于内容的推荐策略
        return content_based_recommendation
    elif sentiment == 'Negative':
        # 负面情绪，选择协同过滤推荐策略
        return collaborative_filtering_recommendation
    else:
        # 中性情绪，选择随机推荐策略
        return random_recommendation

# 基于内容的推荐策略
def content_based_recommendation(user_id):
    # 实现基于内容的推荐逻辑，返回推荐结果
    # 这里只是示例，你可以根据实际情况自行编写具体的代码
    recommended_movies = ['Movie 1', 'Movie 2', 'Movie 3']
    return recommended_movies

# 协同过滤推荐策略
def collaborative_filtering_recommendation(user_id):
    # 实现协同过滤的推荐逻辑，返回推荐结果
    # 这里只是示例，你可以根据实际情况自行编写具体的代码
    recommended_movies = ['Movie 4', 'Movie 5', 'Movie 6']
    return recommended_movies

# 随机推荐策略
def random_recommendation(user_id):
    # 实现随机推荐的逻辑，返回推荐结果
    # 这里只是示例，你可以根据实际情况自行编写具体的代码
    recommended_movies = ['Movie 7', 'Movie 8', 'Movie 9']
    return recommended_movies

# 模拟用户文本输入
user_text = "今天天气真好，心情很不错！"

# 执行情感分析，获取用户情绪
user_sentiment = analyze_sentiment(user_text)

# 根据情绪选择推荐策略
recommendation_strategy = select_recommendation_strategy(user_sentiment)

# 使用选择的推荐策略生成推荐结果
```

```
user_id = 1
recommended_movies = recommendation_strategy(user_id)
print("Recommended movies:", recommended_movies)
```

在上述代码中，首先模拟了一个情感分析函数 analyze_sentiment()，根据用户输入的文本判断用户的情绪。然后，分别定义了三种不同的推荐策略：基于内容的推荐策略 content_based_recommendation，协同过滤的推荐策略 collaborative_filtering_recommendation，以及随机推荐策略 random_recommendation。根据用户的情绪，使用函数 select_recommendation_strategy() 来选择适合的推荐策略。最后，通过调用选择的推荐策略来生成推荐结果，并打印输出到屏幕上。执行后会输出推荐的电影：

```
Recommended movies: ['Movie 4', 'Movie 5', 'Movie 6']
```

注意：这只是一个简单的例子，具体的推荐逻辑需要根据实际情况进行开发和调整。以上代码提供了一个框架和思路，大家可以根据自己的需求和数据来编写更加复杂和准确的推荐系统。

4.3.2 上下文感知的推荐策略

上下文感知的推荐策略是指在推荐系统中考虑用户当前的上下文信息，例如时间、地点、设备等，来提供更加个性化和精准的推荐结果。通过综合考虑用户的上下文信息，推荐系统可以更好地理解用户的需求和偏好，从而进行更加准确的推荐。

注意：上下文感知的推荐策略可以通过收集和分析用户的上下文信息，结合推荐算法和模型来实现。这种个性化的推荐方式可以提高用户的满意度和参与度，为用户提供更加贴合其需求的推荐结果。同时，上下文感知的推荐策略也需要在保护用户隐私的前提下进行设计和实施。

下面介绍几种常见的上下文感知的推荐策略：

1. 时间上下文感知

- 基于时间的推荐：根据用户当前的时间信息，推荐与当前时间相关的内容，例如在节假日推荐假日活动、在晚上推荐电影等。
- 季节性推荐：根据不同季节的特点，推荐与季节相关的商品或服务，例如夏季推荐游泳装备、冬季推荐滑雪装备等。

例如，下面是一个使用时间上下文感知实现推荐策略的例子。

源码路径：daima\4\time.py

```
import datetime

# 模拟获取用户喜好数据的函数
def get_user_preferences(user_id):
    # 假设用户的喜好数据存储在一个字典中，键为电影ID，值为用户对该电影的评分
    user_preferences = {
        1: 5,
        2: 4,
        3: 2,
        # 添加更多的电影和评分数据
    }
    return user_preferences

# 模拟获取电影数据的函数
def get_movie_data():
    # 假设电影数据存储在一个字典中，键为电影ID，值为电影的信息（例如标题、类型等）
    movie_data = {
        1: {'title': 'Movie 1', 'genre': 'Action'},
        2: {'title': 'Movie 2', 'genre': 'Comedy'},
        3: {'title': 'Movie 3', 'genre': 'Drama'},
        # 添加更多的电影和信息数据
    }
    return movie_data
```

```
# 根据时间上下文推荐电影
def time_aware_recommendation(user_id):
    current_time = datetime.datetime.now()
    current_hour = current_time.hour

    if current_hour < 12:
        # 上午时间段，推荐喜好评分较高的类型为喜剧的电影
        recommendations = get_movie_recommendations(user_id, 'Comedy', 5)
    elif current_hour < 18:
        # 下午时间段，推荐喜好评分较高的类型为动作的电影
        recommendations = get_movie_recommendations(user_id, 'Action', 5)
    else:
        # 晚上时间段，推荐喜好评分较高的类型为剧情的电影
        recommendations = get_movie_recommendations(user_id, 'Drama', 5)

    return recommendations

# 根据用户喜好和类型获取电影推荐
def get_movie_recommendations(user_id, genre, num_recommendations):
    user_preferences = get_user_preferences(user_id)
    movie_data = get_movie_data()

    # 筛选符合指定类型的电影
    genre_movies = [movie_id for movie_id, movie_info in movie_data.items() if
movie_info['genre'] == genre]

    # 根据用户喜好评分对电影进行排序
    sorted_movies = sorted(genre_movies, key=lambda x: user_preferences.get(x, 0),
reverse=True)

    # 获取推荐的电影列表
    recommended_movies = sorted_movies[:num_recommendations]

    return recommended_movies

# 调用推荐函数
user_id = 1
recommendations = time_aware_recommendation(user_id)
print(recommendations)
```

在上述代码中，根据当前时间的小时数确定用户所处的时间段，然后根据时间段选择相应的电影类型。例如，在上午时间段会推荐喜剧类型的电影，下午时间段会推荐动作类型的电影，晚上时间段会推荐剧情类型的电影。根据用户的喜好评分对符合类型的电影进行排序，然后选择排名靠前的几部电影作为推荐结果。请注意，以上代码中的 get_user_preferences() 和 get_movie_data() 是示例函数，需要根据实际需求实现相应的数据获取逻辑。执行后会输出下面的结果，这表示推荐给用户的电影列表中只包含电影 ID 为 1 的电影。

```
[1]
```

2. 地理位置上下文感知

- 基于位置的推荐：根据用户当前的地理位置信息，推荐附近的商家、景点或活动等。
- 地域性推荐：根据用户所在地区的特点，推荐与该地区相关的内容，例如当地的新闻、活动等。

例如，下面是一个使用地理位置上下文感知实现推荐策略的例子。

源码路径：daima\4\dili.py

```
import pandas as pd
import math

# 用户数据
users_data = {
```

```
        'user_id': [1, 2, 3, 4, 5],
        'latitude': [40.7128, 34.0522, 51.5074, 37.7749, 45.4215],
        'longitude': [-74.0060, -118.2437, -0.1278, -122.4194, -75.6906],
    }

    # 电影数据
    movies_data = {
        'movie_id': [1, 2, 3, 4, 5],
        'title': ['Movie 1', 'Movie 2', 'Movie 3', 'Movie 4', 'Movie 5'],
        'latitude': [40.7128, 34.0522, 51.5074, 37.7749, 45.4215],
        'longitude': [-74.0060, -118.2437, -0.1278, -122.4194, -75.6906],
    }

    # 用户—电影评分数据
    ratings_data = {
        'user_id': [1, 1, 2, 2, 3],
        'movie_id': [1, 2, 2, 3, 4],
        'rating': [5, 4, 3, 4, 5]
    }

    # 创建用户数据框
    users_df = pd.DataFrame(users_data)

    # 创建电影数据框
    movies_df = pd.DataFrame(movies_data)

    # 创建评分数据框
    ratings_df = pd.DataFrame(ratings_data)

    # 地理位置上下文感知推荐策略
    def location_aware_recommendation(user_id, max_distance):
        # 获取用户评分过的电影
        user_ratings = ratings_df[ratings_df['user_id'] == user_id]

        # 获取用户的地理位置
        user_location = users_df.loc[users_df['user_id'] == user_id, ['latitude',
'longitude']].values[0]

        # 去除用户已评分的电影
        unrated_movies = movies_df[~movies_df['movie_id'].isin(user_ratings['movie_id'])].
copy()

        # 计算用户与电影之间的地理距离
        unrated_movies['distance'] = unrated_movies.apply(lambda row: haversine_
distance(user_location, [row['latitude'], row['longitude']]), axis=1)

        # 根据地理距离筛选推荐的电影
        recommended_movies = unrated_movies[unrated_movies['distance'] <= max_distance]

        return recommended_movies

    # Haversine公式计算地理距离
    def haversine_distance(coord1, coord2):
        lat1, lon1 = coord1
        lat2, lon2 = coord2

        # 转换为弧度
        lon1, lat1, lon2, lat2 = map(math.radians, [lon1, lat1, lon2, lat2])

        # Haversine公式
        dlon = lon2 - lon1
        dlat = lat2 - lat1
        a = math.sin(dlat/2)**2 + math.cos(lat1) * math.cos(lat2) * math.sin(dlon/2)**2
        c = 2 * math.atan2(math.sqrt(a), math.sqrt(1-a))
```

```
    r = 6371  # 地球半径（单位：千米）
    distance = r * c

    return distance

# 测试地理位置上下文感知推荐策略
user_id = 1
max_distance = 1000  # 最大距离限制（单位：千米）
recommendations = location_aware_recommendation(user_id, max_distance)
print(recommendations['title'].tolist())
```

对上述代码的具体说明如下：

（1）定义用户数据（users_data），电影数据（movies_data）和用户—电影评分数据（ratings_data）。这些数据是用字典表示的，其中包含了用户 ID、经纬度等信息。

（2）然后，使用函数 pd.DataFrame() 创建了三个数据框：users_df 用于存储用户数据；movies_df 用于存储电影数据；ratings_df 用于存储评分数据。

（3）定义函数 location_aware_recommendation()，该函数接受用户 ID 和最大距离限制作为输入参数。该函数的作用是根据用户的地理位置信息和最大距离限制来推荐符合条件的电影。在函数内部，首先获取用户评分过的电影（user_ratings）和用户的地理位置信息（user_location）。然后，复制未评分的电影数据框（unrated_movies），并通过函数 isin() 去除用户已评分的电影。接着，使用函数 apply() 计算用户与电影之间的地理距离，并将结果存储在 distance 列中。最后，根据地理距离筛选出符合最大距离限制的推荐电影，并将结果返回。

（4）在代码的最后部分，调用函数 location_aware_recommendation() 来测试地理位置上下文感知推荐策略。传入一个用户 ID 和最大距离限制，并将推荐的电影标题打印出来。

执行后会输出符合最大距离限制并且用户未评分过的电影标题列表：

```
['Movie 5']
```

3. 设备上下文感知

- 响应式布局推荐：根据用户当前使用的设备类型（手机、平板、电脑等），为其提供适配的推荐布局和界面。
- 设备特性推荐：根据用户设备的特性，例如屏幕尺寸、处理能力等，推荐适合该设备的内容和应用。

例如，下面是一个使用设备上下文感知实现推荐策略的例子。

源码路径：daima\4\she.py

```
import pandas as pd

# 用户数据
users_data = {
    'user_id': [1, 2, 3, 4, 5],
    'device_type': ['mobile', 'desktop', 'mobile', 'tablet', 'desktop'],
}

# 电影数据
movies_data = {
    'movie_id': [1, 2, 3, 4, 5],
    'title': ['Movie 1', 'Movie 2', 'Movie 3', 'Movie 4', 'Movie 5'],
    'device_type': ['mobile', 'desktop', 'desktop', 'tablet', 'mobile'],
}

# 用户—电影评分数据
ratings_data = {
    'user_id': [1, 1, 2, 2, 3],
    'movie_id': [1, 2, 2, 3, 4],
```

```
        'rating': [5, 4, 3, 4, 5]
    }

    # 创建用户数据框
    users_df = pd.DataFrame(users_data)

    # 创建电影数据框
    movies_df = pd.DataFrame(movies_data)

    # 创建评分数据框
    ratings_df = pd.DataFrame(ratings_data)

    # 设备上下文感知推荐策略
    def device_aware_recommendation(user_id):
        # 获取用户评分过的电影
        user_ratings = ratings_df[ratings_df['user_id'] == user_id]

        # 获取用户的设备类型
        user_device_type = users_df.loc[users_df['user_id'] == user_id, 'device_type'].
values[0]

        # 去除用户已评分的电影
        unrated_movies = movies_df[~movies_df['movie_id'].isin(user_ratings['movie_
id'])]

        # 筛选符合用户设备类型的电影
        recommended_movies = unrated_movies[unrated_movies['device_type'] == user_device_
type]

        return recommended_movies

    # 测试设备上下文感知推荐策略
    user_id = 1
    recommendations = device_aware_recommendation(user_id)
    print(recommendations['title'].tolist())
```

在上述代码中有用户数据、电影数据和用户—电影评分数据。通过创建用户数据框、电影数据框和评分数据框，我们可以实现设备上下文感知的推荐策略。该策略根据用户的设备类型，推荐符合用户设备类型的未评分电影。在示例中，我们测试了用户 ID 为 1 的用户的推荐结果，并打印输出了电影的标题列表。根据实际情况，推荐结果将会根据用户的设备类型进行筛选。执行后会输出：

```
['Movie 5']
```

4. 用户行为上下文感知

- 用户历史行为推荐：根据用户过去的浏览、购买、评价等行为，推荐与用户兴趣相关的内容。
- 实时用户行为推荐：根据用户当前的浏览、点击、搜索等行为，实时推荐与用户当前需求相关的内容。

例如，下面是一个使用用户行为上下文感知实现推荐策略的例子。

源码路径：daima\4\yonghu.py

```
import pandas as pd

# 用户数据
users_data = {
    'user_id': [1, 2, 3, 4, 5],
    'age': [25, 30, 35, 40, 45],
    'gender': ['M', 'F', 'M', 'M', 'F']
}

# 电影数据
movies_data = {
```

```
        'movie_id': [1, 2, 3, 4, 5],
        'title': ['Movie 1', 'Movie 2', 'Movie 3', 'Movie 4', 'Movie 5'],
        'genre': ['Action', 'Comedy', 'Drama', 'Action', 'Comedy']
    }

    # 用户—电影评分数据
    ratings_data = {
        'user_id': [1, 1, 2, 2, 3],
        'movie_id': [1, 2, 2, 3, 4],
        'rating': [5, 4, 3, 4, 5]
    }

    # 创建用户数据框
    users_df = pd.DataFrame(users_data)

    # 创建电影数据框
    movies_df = pd.DataFrame(movies_data)

    # 创建评分数据框
    ratings_df = pd.DataFrame(ratings_data)

    # 用户行为上下文感知推荐策略
    def behavior_aware_recommendation(user_id):
        # 获取用户评分过的电影
        user_ratings = ratings_df[ratings_df['user_id'] == user_id]

        # 获取用户的年龄和性别
        user_info = users_df.loc[users_df['user_id'] == user_id, ['age', 'gender']].
values[0]
        user_age = user_info[0]
        user_gender = user_info[1]

        # 根据用户的年龄和性别筛选推荐的电影
        recommended_movies = movies_df[(movies_df['movie_id'].isin(user_ratings['movie_id'])) &
(movies_df['genre'] != 'Drama')]

        # 去除用户已评分的电影
        recommended_movies = recommended_movies[~recommended_movies['movie_id'].isin
(user_ratings['movie_id'])]

        return recommended_movies

    # 测试用户行为上下文感知推荐策略
    user_id = 1
    recommendations = behavior_aware_recommendation(user_id)
    print(recommendations['title'].tolist())
```

对上述代码的具体说明如下：

（1）定义三个字典 users_data、movies_data 和 ratings_data，它们分别表示用户数据、电影数据和用户—电影评分数据。这些字典包含了一些用户的年龄、性别，电影的标题、类型以及用户对电影的评分信息。

（2）使用定义的三个字典创建三个数据框 users_df、movies_df 和 ratings_df，它们分别表示用户数据、电影数据和评分数据的数据框。数据框是 pandas 提供的一种数据结构，类似于表格，可以方便地进行数据处理和分析。

（3）定义函数 behavior_aware_recommendation(user_id)，用于实现用户行为上下文感知的推荐策略。这个函数接收一个 user_id 参数，用于指定要为哪个用户进行推荐。在函数内部，首先通过筛选评分数据框 ratings_df，获取特定用户评分过的电影信息，存储在 user_ratings 数据框中。接着，使用用户数据框 users_df 根据 user_id 获取特定用户的年龄和性别信息，存储在 user_info 变量中。

（4）根据用户的年龄和性别，结合电影数据框movies_df进行推荐电影的筛选。在这个例子中，筛选出了不是 "Drama" 类型的电影，并且这些电影的类型与用户评分过的电影类型相同。

（5）返回筛选后的推荐电影数据框 recommended_movies。

（6）在测试部分定义了一个 user_id，并调用 behavior_aware_recommendation() 函数，将 user_id 作为参数传入，获取推荐的电影数据框。然后，通过 print(recommendations['title'].tolist()) 输出了推荐电影的标题列表。

注意：如果推荐结果为空列表 []，可能是因为根据提供的数据进行筛选后没有符合条件的推荐电影。

第 5 章　基于标签的推荐

基于标签的推荐是一种常见的推荐系统方法，它使用事先定义好的标签或者标签集合来描述物品（如电影、音乐、图书等）的特征，然后根据用户的兴趣和偏好，通过匹配标签来推荐相关的物品。本章详细讲解基于标签的推荐的知识和用法。

5.1　标签的获取和处理方法

基于标签的推荐系统的核心是标签的获取和处理，标签的获取和处理是基于标签的推荐系统中的重要步骤。不同的方法可以结合使用，根据具体的应用场景和资源可用性来选择合适的方式获取和处理标签，以提高推荐系统的效果和用户体验。

5.1.1　获取用户的标签

在 Python 程序中，获取用户标签的方法取决于具体的应用场景和数据来源。下面是一些常见的获取用户标签的方法：

- 用户行为数据：推荐系统可以通过分析用户的行为数据来获取标签。这些行为数据可以包括用户的购买记录、浏览历史、评分和评论等。根据用户的行为数据，可以提取关键词、主题或者特征作为用户的标签。
- 用户自定义标签：一些应用允许用户自定义标签，比如社交媒体平台的个人资料标签或者博客平台的兴趣标签。通过用户自定义的标签，可以了解用户的兴趣、喜好和特点。
- 文本数据分析：如果有用户相关的文本数据，如用户的社交媒体帖子、评论或者其他文本内容，可以使用文本分析技术来提取用户标签。例如，可以使用自然语言处理技术，如词频统计、关键词提取、主题建模等方法，从文本中提取关键词或者主题作为用户的标签。
- 社交网络分析：在一些社交网络平台，可以利用用户的社交关系网络来获取标签。通过分析用户的好友、关注或者连接，可以了解用户所属的社交群体、兴趣圈子等，并将这些信息用作用户的标签。
- 外部数据集集成：除了用户行为数据和用户自定义标签，还可以从外部数据集集成标签。例如，可以利用公开的用户兴趣标签数据集，如 Flickr 上的用户标签数据集、Delicious 网站的标签数据集等，来获取用户的兴趣标签。

注意：在获取用户标签时，需要考虑用户隐私和数据安全的问题。确保在获取用户标签时遵循适当的数据隐私和安全规定，并尊重用户的隐私权。

在 Python 中，可以使用各种数据分析和文本处理库来实现用户标签的获取，如 NLTK、spaCy、scikit-learn 等。这些库提供了一系列的功能和算法，可以帮助我们提取用户标签并进行进一步的处理和分析。

例如，下面是一个推荐系统实例，用于获取用户标签（偏好）的商品推荐信息。

源码路径：daima\5\yong.py

```
import pandas as pd
from sklearn.feature_extraction.text import TfidfVectorizer
from sklearn.metrics.pairwise import cosine_similarity

# 用户行为数据（购买记录）
user_purchase_data = {
    'User': ['User1', 'User1', 'User1', 'User2', 'User2', 'User3'],
    'Product': ['Phone', 'Laptop', 'Headphones', 'Phone', 'Headphones', 'Laptop']
}
```

```
# 商品标签数据
product_tag_data = {
    'Product': ['Phone', 'Laptop', 'Headphones'],
    'Tags': ['Smartphone, Communication', 'Computing, Technology', 'Audio, Music']
}

# 转换为DataFrame
user_df = pd.DataFrame(user_purchase_data)
product_df = pd.DataFrame(product_tag_data)

# 合并用户行为数据和商品标签数据
merged_df = pd.merge(user_df, product_df, on='Product', how='left')

# 创建用户—标签矩阵
user_tag_matrix = pd.crosstab(merged_df['User'], merged_df['Tags'])

# 计算标签的TF-IDF权重
vectorizer = TfidfVectorizer()
tag_vectors = vectorizer.fit_transform(product_df['Tags'])

# 计算用户—标签矩阵的TF-IDF权重
user_tag_vectors = vectorizer.transform(user_tag_matrix.columns)

# 计算用户与商品标签的相似性
similarity_matrix = cosine_similarity(user_tag_vectors, tag_vectors)

# 获取用户的标签偏好
user = 'User1'
user_index = user_tag_matrix.index.get_loc(user)
user_similarity = similarity_matrix[user_index]

# 根据相似性排序获取推荐的商品标签
top_tags_indices = user_similarity.argsort()[::-1]
top_tags = product_df['Tags'].iloc[top_tags_indices]

print(f"用户 {user} 的标签偏好: ")
print(top_tags)

# 根据标签偏好推荐商品
recommended_products = []
for tag in top_tags:
    products = product_df.loc[product_df['Tags'] == tag, 'Product']
    recommended_products.extend(products)

print(f"为用户 {user} 推荐的商品: ")
print(list(set(recommended_products)))
```

对上述代码的具体说明如下：

（1）首先，定义了用户行为数据（购买记录）和商品标签数据。

（2）然后，通过合并两个数据集并创建用户—标签矩阵来表示用户的标签偏好。

（3）接下来，使用 TF-IDF 方法计算标签的权重，并计算用户与商品标签的相似性。

（4）最后，根据用户的标签偏好推荐相关的商品。

执行后会输出：

```
用户 User1 的标签偏好:
2                  Audio, Music
1         Computing, Technology
0     Smartphone, Communication
Name: Tags, dtype: object
为用户 User1 推荐的商品:
['Headphones', 'Laptop', 'Phone']
```

注意：这只是一个简化的例子，实际中的推荐系统可能需要更复杂的算法和数据处理流程。

此外，该实例假设用户标签是从商品标签中获取的，在实际情况中可能还需要考虑其他数据来源和特征工程方法。另外，推荐系统的开发通常涉及更多的数据处理、模型训练和评估等步骤。因此，根据实际需求和数据情况，可能需要进一步扩展和优化代码。

5.1.2　获取物品的标签

在 Python 中，获取物品标签的方法取决于具体的应用场景和数据来源。下面是一些常见的获取物品标签的方法：

- 人工标记：最简单直接的方法是通过人工的方式为物品添加标签。可以组织专家团队或者用户群体，要求他们为物品选择适当的标签。这种方法可以提供高质量的标签，但也需要耗费大量的时间和人力资源。
- 文本分析：如果有物品相关的文本数据，如商品描述、评论或者其他文本内容，可以使用文本分析技术来提取物品的标签。例如，可以使用自然语言处理技术，如词频统计、关键词提取、主题建模等方法，从文本中提取关键词或者主题作为物品的标签。
- 图像分析：对于图片或者图像物品，可以使用图像分析技术来获取标签。通过图像识别、特征提取等方法，可以识别出图片中的物体、场景、颜色等信息，并将其作为物品的标签。
- 外部数据集集成：除了内部数据，还可以从外部数据集集成标签。可以利用公开的标签数据集，如 ImageNet 数据集、Open Images 数据集等，来获取物品的标签。这些数据集通常包含了大量的图片和相应的标签信息。
- 社交媒体标签：对于从社交媒体平台或者社交网络中获取的物品，可以使用用户生成的标签信息。一些社交媒体平台允许用户为自己发布的内容添加标签，这些标签可以作为物品的标签。

在 Python 中，可以使用各种数据分析和图像处理库来实现物品标签的获取，如 NLTK、spaCy、scikit-learn、OpenCV 等。这些库提供了一系列的功能和算法，可以提取物品标签并进行进一步的处理和分析。

注意：在获取物品标签时，需要考虑数据的准确性和标签的质量。确保使用合适的算法和方法来提取标签，并进行适当的数据清洗和处理，以提高标签的质量和可靠性。

当涉及商品推荐系统时，一个常见的任务是根据用户的偏好为物品添加标签。例如，下面是一个使用 Python 构建的简单的物品标签推荐系统的例子。

源码路径：daima\5\wu.py

```
    import pandas as pd
    from sklearn.feature_extraction.text import TfidfVectorizer
    from sklearn.metrics.pairwise import cosine_similarity

    # 商品数据
    products = pd.DataFrame({
        'id': [1, 2, 3, 4, 5],
        'name': ['iPhone X', 'Samsung Galaxy S9', 'MacBook Pro', 'Dell XPS 13',
'iPad Pro'],
        'description': ['Apple iPhone X with Face ID', 'Android smartphone by Samsung',
'Powerful laptop by Apple', 'High-performance laptop by Dell', 'Apple tablet with Pro
features']
    })

    # 用户偏好的标签
    user_tags = ['smartphone', 'Apple', 'high-performance']

    # 将商品描述转换为特征向量
    vectorizer = TfidfVectorizer()
    product_features = vectorizer.fit_transform(products['description'])

    # 将用户标签转换为特征向量
```

```
user_tags_text = ' '.join(user_tags)
user_tags_features = vectorizer.transform([user_tags_text])

# 计算商品与用户标签之间的余弦相似度
similarities = cosine_similarity(user_tags_features, product_features).flatten()

# 根据相似度降序排列，并选择前N个推荐商品
num_recommendations = 3
top_indices = similarities.argsort()[::-1][:num_recommendations]

# 输出推荐商品
recommendations = products.loc[top_indices]
print(recommendations[['name', 'description']])
```

对上述代码的具体说明如下：

（1）首先，创建了一个包含商品数据的 DataFrame，其中包含商品的 ID、名称和描述。

（2）然后，定义了用户的标签，即用户偏好的特征关键词。接下来，使用 TF-IDF 向量化器将商品描述转换为特征向量，并将用户标签转换为相同的特征向量。

（3）然后，使用余弦相似度衡量用户标签与每个商品描述之间的相似度。根据相似度，选择前 N 个最相似的商品作为推荐结果，并打印出输出商品的名称和描述。

执行后会输出：

```
                name                      description
3        Dell XPS 13  High-performance laptop by Dell
1  Samsung Galaxy S9    Android smartphone by Samsung
2        MacBook Pro          Powerful laptop by Apple
```

5.1.3 标签预处理和特征提取

在 Python 中实现推荐系统时，标签的预处理和特征提取是非常重要的步骤，这些步骤有助于将原始的标签数据转换为适合用于推荐系统的特征表示形式。下面是一些实现标签预处理和特征提取的常用方法和技术：

1. 标签预处理

- 文本清洗：删除不需要的字符、标点符号和特殊字符，并将文本转换为小写形式。例如，可以使用 Python 的字符串处理函数和正则表达式来清洗标签。
- 停用词去除：删除常见的停用词，例如 "a"、"an"、"the" 等，这些词对于标签的特征提取往往没有太大帮助。可以使用 NLTK（自然语言处理工具包）或自定义的停用词列表进行停用词去除。
- 词干提取和词形还原：将单词转换为它们的词干形式或原始形式，以减少标签的词汇量并捕捉更广泛的语义。可以使用 NLTK 或其他词干提取和词形还原库来执行这些操作。

当涉及推荐系统标签的预处理时，一个常见的例子是电影推荐系统。在下面的实例中，将使用电影标签数据对标签进行预处理和特征提取。假设我们有一个包含电影标签的数据集，其中每个电影都有一个或多个标签。

源码路径：daima\5\biao.py

```
import pandas as pd
```

实例文件 biao.py 的具体实现流程如下：

（1）首先需要对标签进行清洗和预处理，使用 re 模块进行正则表达式的处理，使用库 NLTK 进行停用词去除和词形还原。函数 preprocess_tags() 将传入的标签字符串进行预处理，并返回处理后的标签字符串。对应的实现代码如下：

```
import re
from nltk.corpus import stopwords
from nltk.stem import WordNetLemmatizer
```

```
import nltk
nltk.download('wordnet')
def preprocess_tags(tags):
    # 将标签转换为小写形式
    tags = tags.lower()

    # 移除特殊字符和标点符号
    tags = re.sub(r"[^\w\s]", "", tags)

    # 分词
    words = tags.split()

    # 去除停用词
    stop_words = set(stopwords.words('english'))
    words = [word for word in words if word not in stop_words]

    # 词形还原
    lemmatizer = WordNetLemmatizer()
    words = [lemmatizer.lemmatize(word) for word in words]

    # 返回预处理后的标签
    return ' '.join(words)
```

（2）使用特征提取方法来表示处理后的标签，在下面的代码中，使用独热编码来表示每个电影的标签特征。

```
from sklearn.preprocessing import MultiLabelBinarizer

# 标签数据
tags_data = [
    'action thriller',
    'comedy romance',
    'drama',
    'comedy drama',
    'action adventure',
]

# 标签预处理
preprocessed_tags = [preprocess_tags(tags) for tags in tags_data]

# 独热编码
mlb = MultiLabelBinarizer()
encoded_tags = mlb.fit_transform([tags.split() for tags in preprocessed_tags])

# 打印独热编码后的标签特征
print(encoded_tags)
```

在上述代码中，将列表 tags_data 中的每个元素都视为一个字符串，而不是一个包含标签的列表。这样可以确保函数 preprocess_tags() 能够正确地对每个标签进行预处理。执行后会输出预处理和独热编码后的标签特征矩阵：

```
[[1 0 0 0 0 1]
 [0 0 1 0 1 0]
 [0 0 0 1 0 0]
 [0 0 1 1 0 0]
 [1 1 0 0 0 0]]
```

2. 特征提取

- 独热编码（one-hot encoding）：将每个标签转换为二进制向量表示，其中向量的长度等于标签的数量，每个标签对应一个维度。标签存在时，对应维度的值为 1，否则为 0。这种方法适用于标签之间没有顺序关系的情况。
- 词袋模型（bag-of-words）：将标签看作是词汇的集合，并构建一个词袋来表示每个标签。

词袋是一个向量，其中每个维度对应一个词汇，而向量的值表示该标签中该词汇的出现次数或权重。可以使用 CountVectorizer 或 TfidfVectorizer 等库来创建词袋模型。

- 词嵌入（word embedding）：通过将标签映射到低维向量空间，捕捉标签之间的语义和关联性。可以使用预训练的词嵌入模型，如 Word2Vec、GloVe 或 FastText，将标签转换为密集向量表示。

在进行标签预处理和特征提取时，需要根据具体情况选择适合的方法。同时，还可以根据需求进行组合和调整，以获得更好的特征表示。在实际应用中，可以使用 Python 中的各种机器学习和深度学习库，如 scikit-learn、TensorFlow 或 PyTorch，来实现这些方法。当涉及推荐系统的特征提取时，一个常见的例子是使用 TF-IDF 特征表示来构建电影推荐系统。请看下面的实例，将使用电影的文本描述作为特征，通过 TF-IDF 进行特征提取。

源码路径：daima\5\te.py

```
from sklearn.feature_extraction.text import TfidfVectorizer

# 电影文本描述数据
movie_descriptions = [
    "Action-packed thriller about a secret agent.",
    "Romantic comedy about a couple's hilarious journey.",
    "Emotional drama exploring the human condition.",
    "Comedy-drama film with a heartwarming story.",
    "Epic action-adventure movie set in ancient times.",
]

# 创建TF-IDF向量化器
vectorizer = TfidfVectorizer()

# 计算TF-IDF特征
tfidf_features = vectorizer.fit_transform(movie_descriptions)

# 打印TF-IDF特征矩阵
print(tfidf_features.toarray())
```

在上述代码中，使用了库 scikit-learn 中的类 TfidfVectorizer 来实现 TF-IDF 特征提取。首先，定义了电影的文本描述数据。然后，创建了一个 TfidfVectorizer 对象。接下来，调用 fit_transform 方法将文本描述数据传递给向量化器，计算得到 TF-IDF 特征矩阵。最后，通过 toarray 方法将稀疏矩阵转换为稠密矩阵，并打印出 TF-IDF 特征矩阵。运行上述代码后，我们将得到每个电影文本描述的 TF-IDF 特征表示：

```
[[0.35038823 0.35038823 0.         0.43429718 0.         0.
  0.         0.         0.         0.         0.         0.
  0.         0.         0.         0.         0.         0.
  0.         0.43429718 0.         0.43429718 0.         0.
  0.         0.43429718 0.         0.        ]
 [0.35038823 0.         0.         0.         0.         0.35038823
  0.         0.43429718 0.         0.         0.         0.
  0.         0.         0.43429718 0.         0.         0.43429718
  0.         0.         0.43429718 0.         0.         0.
  0.         0.         0.         0.        ]
 [0.         0.         0.         0.         0.         0.
  0.42066906 0.         0.33939315 0.42066906 0.         0.42066906
  0.         0.         0.         0.42066906 0.         0.
  0.         0.         0.         0.         0.         0.
  0.42066906 0.         0.         0.        ]
 [0.         0.         0.         0.         0.         0.35038823
  0.         0.         0.35038823 0.         0.         0.
  0.43429718 0.43429718 0.         0.         0.         0.
  0.         0.         0.         0.         0.         0.43429718
  0.         0.         0.         0.43429718]
 [0.         0.29167942 0.36152912 0.         0.36152912 0.
```

```
0.          0.          0.          0.          0.36152912 0.
0.          0.          0.          0.          0.36152912 0.
0.36152912 0.          0.          0.          0.36152912 0.
0.          0.          0.36152912 0.          ]]
```

本实例展示了一个 Python 推荐系统特征提取的过程，使用了 TF-IDF 作为特征表示方法。大家可以根据具体的推荐系统需求和数据集特点，进行相应的调整和扩展，例如添加其他文本处理步骤、调整 TF-IDF 的参数等。

5.2　标签相似度计算方法

标签相似度计算方法用于度量两个标签之间的相似程度。在推荐系统中，标签相似度计算常用于评估用户对某个标签的兴趣，或者用于寻找具有相似标签的项目。

5.2.1　基于标签频次的相似度计算

基于标签频次的相似度计算是一种简单而常用的方法，用于度量标签之间的相似性。该方法基于标签在项目或用户中出现的频率，认为经常一起出现的标签具有较高的相似性。常见的基于标签频次的相似度计算方法包括余弦相似度、Pearson 相关系数或其他相似度计算方法。

1. 余弦相似度（cosine similarity）

余弦相似度是计算两个向量之间的夹角余弦值，用于度量它们的相似性。对于标签，可以将标签向量化，然后使用余弦相似度计算它们之间的相似度。较大的余弦相似度值表示标签之间更相似。例如，下面是一个简单的例子，演示了计算基于标签频次的相似度的过程。

源码路径：daima\5\yu.py

```
import numpy as np
from sklearn.metrics.pairwise import cosine_similarity

# 标签频次矩阵
tag_frequency_matrix = np.array([
    [2, 3, 0, 1],
    [1, 2, 1, 0],
    [0, 2, 3, 2],
    [3, 1, 2, 1]
])

# 计算余弦相似度矩阵
similarity_matrix = cosine_similarity(tag_frequency_matrix)

# 打印相似度矩阵
print(similarity_matrix)
```

在上述代码中，我们假设存在 4 个项目，每个项目关联了 4 个标签。将标签频次以矩阵形式表示，并使用函数 cosine_similarity() 计算余弦相似度矩阵。最后，打印出相似度矩阵。执行后会输出：

```
[[1.         0.87287156 0.51856298 0.69006556]
 [0.87287156 1.         0.69310328 0.73786479]
 [0.51856298 0.69310328 1.         0.62622429]
 [0.69006556 0.73786479 0.62622429 1.        ]]
```

2.Pearson 相关系数（Pearson correlation coefficient）

Pearson 相关系数是一种用于度量两个变量之间线性相关程度的统计量，它衡量了两个变量之间的线性关系强度和方向，取值范围 -1~1。要实现基于 Pearson 相关系数的标签相似度计算，可以按照以下步骤进行：

（1）收集项目或用户的标签数据，并将其表示为标签频次矩阵。每行代表一个项目或用户，每列代表一个标签，矩阵中的值表示标签在项目或用户中的频次或权重。

（2）计算标签频次矩阵的列均值（每个标签的平均频次）和标准差。

（3）标准化标签频次矩阵：对于每个标签频次矩阵中的值，减去该列的均值并除以该列的标准差。

（4）计算标签频次矩阵的每对标签之间的 Pearson 相关系数。可以使用 NumPy 库中的 np.corrcoef 函数来计算相关系数。

例如，下面是一个实现基于 Pearson 相关系数的标签相似度计算的例子。

源码路径：daima\5\p.py

```
import numpy as np

# 标签频次矩阵
tag_frequency_matrix = np.array([
    [2, 3, 0, 1],
    [1, 2, 1, 0],
    [0, 2, 3, 2],
    [3, 1, 2, 1]
])

# 计算标签频次矩阵的列均值和标准差
col_means = np.mean(tag_frequency_matrix, axis=0)
col_std = np.std(tag_frequency_matrix, axis=0)

# 标准化标签频次矩阵
normalized_matrix = (tag_frequency_matrix - col_means) / col_std

# 计算标签之间的Pearson相关系数
correlation_matrix = np.corrcoef(normalized_matrix, rowvar=False)

# 打印相似度矩阵
print(correlation_matrix)
```

在上述代码中，首先定义了一个标签频次矩阵，然后计算了列均值和标准差。接下来，通过将标签频次矩阵减去列均值并除以列标准差，将其标准化。最后，使用 np.corrcoef 函数计算标准化矩阵的 Pearson 相关系数，得到标签之间的相似度矩阵。执行后会输出：

```
[[ 1.         -0.31622777 -0.4        -0.31622777]
 [-0.31622777  1.         -0.63245553  0.        ]
 [-0.4        -0.63245553  1.          0.63245553]
 [-0.31622777  0.          0.63245553  1.        ]]
```

注意：Pearson 相关系数范围为 −1~1，其中 1 表示完全正相关，−1 表示完全负相关，0 表示无相关性。

5.2.2 基于标签共现的相似度计算

在推荐系统中，基于标签共现的相似度计算是一种常用的方法，用于评估项目或用户之间的相似度。该方法通过分析项目或用户之间共同出现的标签信息来推断它们之间的关联程度。基于标签共现的相似度计算方法可以用于推荐系统中的多个任务，如项目相似性计算、用户相似性计算、基于内容的推荐和标签推荐等。通过分析标签之间的共现关系，可以发现项目或用户之间的潜在关联，从而提高推荐系统的准确性和个性化程度。

下面介绍关于基于标签共现的相似度计算的一些关键知识点。

1. 标签共现矩阵（tag co-occurrence matrix）

标签共现矩阵是一个二维矩阵，其中行代表项目或用户，列代表标签，矩阵中的值表示标签在项目或用户中的共现次数或权重。通过计算项目或用户之间的标签共现矩阵，可以获得它们之间的相似度。例如，下面是一个展示如何构建商品标签共现矩阵的例子。

源码路径：daima\5\shangbiao.py

```
import numpy as np
```

```
import pandas as pd

# 假设有3个商品和5个标签
items = ['Item1', 'Item2', 'Item3']
tags = ['Tag1', 'Tag2', 'Tag3', 'Tag4', 'Tag5']

# 假设每个商品对应的标签如下
item_tags = {
    'Item1': ['Tag1', 'Tag2', 'Tag3'],
    'Item2': ['Tag2', 'Tag4'],
    'Item3': ['Tag1', 'Tag3', 'Tag5']
}

# 创建标签共现矩阵
cooccurrence_matrix = np.zeros((len(items), len(tags)), dtype=int)

# 遍历每个商品的标签，更新共现矩阵
for item, item_tags in item_tags.items():
    item_index = items.index(item)
    for tag in item_tags:
        tag_index = tags.index(tag)
        cooccurrence_matrix[item_index, tag_index] += 1

# 将共现矩阵转换为DataFrame，便于查看和分析
cooccurrence_df = pd.DataFrame(cooccurrence_matrix, index=items, columns=tags)
print(cooccurrence_df)
```

在上述代码中，假设有 3 个商品（Item1、Item2、Item3）和 5 个标签（Tag1、Tag2、Tag3、Tag4、Tag5），通过字典 item_tags 定义了每个商品对应的标签。然后，创建了一个全零的标签共现矩阵 cooccurrence_matrix，大小为 3×5，用于记录标签之间的共现次数。接下来，使用循环遍历每个商品的标签，更新共现矩阵中对应位置的值。将共现矩阵转换为 DataFramecooccurrence_df，这样方便查看和分析结果。最后打印出的结果将显示每个商品和标签之间的共现次数：

```
       Tag1  Tag2  Tag3  Tag4  Tag5
Item1     1     1     1     0     0
Item2     0     1     0     1     0
Item3     1     0     1     0     1
```

2. 共现计数方法

共现计数方法是最简单的标签共现相似度计算方法之一。它统计了项目或用户之间标签共现的次数，即共同拥有某个标签的次数。共现计数方法忽略了标签出现的次数或权重，仅关注标签是否共同出现。请看下面的例子，功能是使用共现计数方法计算商品之间的标签共现次数。

源码路径：daima\5\gong.py

```
from collections import defaultdict

# 假设有4个商品和5个标签
items = ['Item1', 'Item2', 'Item3', 'Item4']
tags = ['Tag1', 'Tag2', 'Tag3', 'Tag4', 'Tag5']

# 假设每个商品对应的标签如下
item_tags = {
    'Item1': ['Tag1', 'Tag2', 'Tag3'],
    'Item2': ['Tag2', 'Tag4'],
    'Item3': ['Tag1', 'Tag3', 'Tag5'],
    'Item4': ['Tag1', 'Tag2', 'Tag4']
}

# 初始化共现计数字典
cooccurrence_counts = defaultdict(int)
```

```
# 遍历每个商品的标签，更新共现计数字典
for item, item_tags in item_tags.items():
    for i in range(len(item_tags)):
        for j in range(i+1, len(item_tags)):
            tag1 = item_tags[i]
            tag2 = item_tags[j]
            # 增加共现次数
            cooccurrence_counts[(tag1, tag2)] += 1
            cooccurrence_counts[(tag2, tag1)] += 1

# 打印共现计数结果
for (tag1, tag2), count in cooccurrence_counts.items():
    print(f"Tags {tag1} and {tag2} co-occur {count} times.")
```

在本实例中，假设有 4 个商品（Item1、Item2、Item3、Item4）和 5 个标签（Tag1、Tag2、Tag3、Tag4、Tag5），通过字典 item_tags 定义了每个商品对应的标签。然后，初始化了一个默认值为 0 的共现计数字典 cooccurrence_counts，用于记录标签之间的共现次数。接下来，使用嵌套循环遍历每个商品的标签，使用两个指针 i 和 j 来遍历标签列表，并根据标签的组合更新共现计数字典中对应的共现次数。最后，打印输出共现计数字典中每对标签的共现次数：

```
Tags Tag1 and Tag2 co-occur 2 times.
Tags Tag2 and Tag1 co-occur 2 times.
Tags Tag1 and Tag3 co-occur 2 times.
Tags Tag3 and Tag1 co-occur 2 times.
Tags Tag2 and Tag3 co-occur 1 times.
Tags Tag3 and Tag2 co-occur 1 times.
Tags Tag2 and Tag4 co-occur 2 times.
Tags Tag4 and Tag2 co-occur 2 times.
Tags Tag1 and Tag5 co-occur 1 times.
Tags Tag5 and Tag1 co-occur 1 times.
Tags Tag3 and Tag5 co-occur 1 times.
Tags Tag5 and Tag3 co-occur 1 times.
Tags Tag1 and Tag4 co-occur 1 times.
Tags Tag4 and Tag1 co-occur 1 times.
```

3.Jaccard 相似度

Jaccard 相似度是一种常用的标签共现相似度计算方法。它定义为两个项目或用户共同拥有的标签数目除以它们总共拥有的不同标签数目。Jaccard 相似度衡量的是标签的重叠程度，取值范围为 0~1，值越高表示相似度越高。例如，下面是一个基于 Python 的实用例子，功能是使用 Jaccard 相似度计算商品之间的标签相似度。

源码路径：daima\5\ja.py

```
# 假设有4个商品和5个标签
items = ['Item1', 'Item2', 'Item3', 'Item4']
tags = ['Tag1', 'Tag2', 'Tag3', 'Tag4', 'Tag5']

# 假设每个商品对应的标签如下
item_tags = {
    'Item1': ['Tag1', 'Tag2', 'Tag3'],
    'Item2': ['Tag2', 'Tag4'],
    'Item3': ['Tag1', 'Tag3', 'Tag5'],
    'Item4': ['Tag1', 'Tag2', 'Tag4']
}

# 定义Jaccard相似度计算函数
def jaccard_similarity(set1, set2):
    intersection = len(set1.intersection(set2))
    union = len(set1.union(set2))
    similarity = intersection / union if union != 0 else 0
    return similarity
```

```
# 计算商品之间的标签相似度
for i in range(len(items)):
    for j in range(i+1, len(items)):
        item1 = items[i]
        item2 = items[j]
        tags1 = set(item_tags[item1])
        tags2 = set(item_tags[item2])
        similarity = jaccard_similarity(tags1, tags2)
        print(f"Similarity between {item1} and {item2}: {similarity}")
```

在这个例子中，假设有 4 个商品（Item1、Item2、Item3、Item4）和 5 个标签（Tag1、Tag2、Tag3、Tag4、Tag5），通过字典 item_tags 定义了每个商品对应的标签。然后，定义了一个计算 Jaccard 相似度的函数 jaccard_similarity，该函数接受两个标签集合作为参数，计算它们之间的 Jaccard 相似度。接下来，使用嵌套循环遍历每对商品，分别将它们对应的标签集合转换为集合对象，并调用 jaccard_similarity 函数计算它们之间的相似度。最后，打印输出每对商品之间的标签相似度：

```
Similarity between Item1 and Item2: 0.25
Similarity between Item1 and Item3: 0.5
Similarity between Item1 and Item4: 0.5
Similarity between Item2 and Item3: 0.0
Similarity between Item2 and Item4: 0.6666666666666666
Similarity between Item3 and Item4: 0.2
```

4. 余弦相似度

余弦相似度也是一种常用的标签共现相似度计算方法，它定义为两个项目或用户共同拥有的标签向量的内积除以它们各自标签向量的模的乘积。余弦相似度衡量的是标签向量的方向一致程度，取值范围为 –1~1，值越高表示相似度越高。

5. 加权共现计算方法

加权共现计算方法考虑了标签的权重或重要性，通过使用标签权重来计算相似度。这些权重可以基于标签的频次、热度、TF-IDF 等进行计算。例如，下面是一个基于 Python 的实用例子，功能是使用加权共现计算方法计算商品之间的标签共现次数。

源码路径：daima\5\jia.py

```
from collections import defaultdict

# 假设有4个商品和5个标签
items = ['Item1', 'Item2', 'Item3', 'Item4']
tags = ['Tag1', 'Tag2', 'Tag3', 'Tag4', 'Tag5']

# 假设每个商品对应的标签及其权重如下
item_tags = {
    'Item1': {'Tag1': 3, 'Tag2': 2, 'Tag3': 1},
    'Item2': {'Tag2': 2, 'Tag4': 1},
    'Item3': {'Tag1': 2, 'Tag3': 1, 'Tag5': 3},
    'Item4': {'Tag1': 1, 'Tag2': 2, 'Tag4': 2}
}

# 初始化加权共现计数字典
weighted_cooccurrence_counts = defaultdict(float)

# 遍历每个商品的标签及其权重，更新加权共现计数字典
for item, item_tags in item_tags.items():
    for tag1, weight1 in item_tags.items():
        for tag2, weight2 in item_tags.items():
            # 增加加权共现次数
            weighted_cooccurrence_counts[(tag1, tag2)] += weight1 * weight2

# 打印加权共现计数结果
for (tag1, tag2), count in weighted_cooccurrence_counts.items():
    print(f"Tags {tag1} and {tag2} have a weighted co-occurrence count of {count}.")
```

在这个例子中，我们假设有 4 个商品（Item1、Item2、Item3、Item4）和 5 个标签（Tag1、Tag2、Tag3、Tag4、Tag5），通过字典 item_tags 定义了每个商品对应的标签及其权重。然后，初始化了一个默认值为 0.0 的加权共现计数字典 weighted_cooccurrence_counts，用于记录标签之间的加权共现次数。接下来，使用嵌套循环遍历每个商品的标签及其权重，并根据标签的组合以及对应的权重更新加权共现计数字典中对应的加权共现次数。最后，打印输出加权共现计数字典中每对标签的加权共现次数：

```
Tags Tag1 and Tag1 have a weighted co-occurrence count of 14.0.
Tags Tag1 and Tag2 have a weighted co-occurrence count of 8.0.
Tags Tag1 and Tag3 have a weighted co-occurrence count of 5.0.
Tags Tag2 and Tag1 have a weighted co-occurrence count of 8.0.
Tags Tag2 and Tag2 have a weighted co-occurrence count of 12.0.
Tags Tag2 and Tag3 have a weighted co-occurrence count of 2.0.
Tags Tag3 and Tag1 have a weighted co-occurrence count of 5.0.
Tags Tag3 and Tag2 have a weighted co-occurrence count of 2.0.
Tags Tag3 and Tag3 have a weighted co-occurrence count of 2.0.
Tags Tag2 and Tag4 have a weighted co-occurrence count of 6.0.
Tags Tag4 and Tag2 have a weighted co-occurrence count of 6.0.
Tags Tag4 and Tag4 have a weighted co-occurrence count of 5.0.
Tags Tag1 and Tag5 have a weighted co-occurrence count of 6.0.
Tags Tag3 and Tag5 have a weighted co-occurrence count of 3.0.
Tags Tag5 and Tag1 have a weighted co-occurrence count of 6.0.
Tags Tag5 and Tag3 have a weighted co-occurrence count of 3.0.
Tags Tag5 and Tag5 have a weighted co-occurrence count of 9.0.
Tags Tag1 and Tag4 have a weighted co-occurrence count of 2.0.
Tags Tag4 and Tag1 have a weighted co-occurrence count of 2.0.
```

5.2.3 基于标签语义的相似度计算

基于标签语义的相似度计算是推荐系统中常用的一种方法，它利用标签之间的语义信息来评估它们之间的相似程度。该方法可以帮助推荐系统更准确地理解和比较标签之间的含义，从而提供更精确的推荐结果。

下面介绍两种常用的基于标签语义的相似度计算方法。

1. 基于词向量的相似度计算

这种方法使用预训练的词向量模型（如 Word2Vec、GloVe 或 FastText）将标签表示为向量，并通过计算向量之间的相似度来评估标签之间的语义相似度。常用的相似度度量方法包括余弦相似度和欧氏距离，较接近的向量表示的标签通常具有更相似的语义含义。例如，下面的代码演示了这一用法：

```
from gensim.models import KeyedVectors

# 加载预训练的词向量模型
word_vectors = KeyedVectors.load_word2vec_format('path_to_word2vec_model.bin', binary=True)

# 计算标签之间的余弦相似度
def cosine_similarity(tag1, tag2):
    similarity = word_vectors.similarity(tag1, tag2)
    return similarity

# 示例使用
similarity_score = cosine_similarity('tag1', 'tag2')
```

在上述代码中，'path_to_word2vec_model.bin' 是一个占位符，表示预训练的词向量模型文件的路径。在使用基于词向量的相似度计算方法时，需要提供实际的词向量模型文件。可以从以下资源中获取适合自己的应用场景的预训练词向量模型：

- Word2Vec 官方网站：Google 在 Mikolov 等人的论文中提出的 Word2Vec 模型已经被开源，

并且可以从官方网站下载预训练的模型。可以访问以下网址获取 Word2Vec 模型：https://code.google.com/archive/p/word2vec/。

- Gensim 模型库：Gensim 是一个流行的 Python 库，提供了加载和使用预训练词向量模型的功能。可以使用 Gensim 库中提供的 KeyedVectors 类来加载和操作预训练的 Word2Vec 模型。同时，Gensim 还提供了一些常用的词向量模型下载接口。可以访问 Gensim 的官方文档获取更多信息：https://radimrchurck.com/gensim/models/keyedvectors.html。
- GloVe 官方网站：https://nlp.stanford.edu/projects/glove/。
- FastText 官方网站：https://fasttext.cc/docs/en/english-vectors.html。
- Kaggle：Kaggle 是一个数据科学和机器学习社区，提供了各种类型的数据和模型。你可以在 Kaggle 上搜索适合自己的预训练词向量模型。

2. 基于语义网络的相似度计算

这种方法利用标签之间的语义关联关系构建语义网络，并通过网络上的路径距离或相似度传播算法来计算标签之间的语义相似度。常用的语义网络包括 WordNet 和 ConceptNet。在这些网络中，标签之间的连接表示它们之间的关联关系，例如上位词、下位词、关联词等。例如，下面的代码演示了这一用法：

```
from nltk.corpus import wordnet

# 计算标签之间的路径相似度（基于WordNet）
def path_similarity(tag1, tag2):
    synset1 = wordnet.synsets(tag1)
    synset2 = wordnet.synsets(tag2)
    if synset1 and synset2:
        similarity = synset1[0].path_similarity(synset2[0])
        return similarity
    else:
        return 0

# 示例使用
similarity_score = path_similarity('tag1', 'tag2')
```

这些方法可以根据具体的应用场景和数据情况进行适当的调整和扩展。它们可以用于计算标签之间的语义相似度，并作为推荐系统中的重要特征之一，用于推断用户喜好、计算商品之间的相似度等。

5.3　基于标签的推荐算法

基于标签的推荐算法是一种常见的推荐系统算法，它利用用户对物品打的标签信息来进行推荐。

5.3.1　基于用户标签的推荐算法

基于用户标签的推荐算法是一种常见的推荐系统算法，它利用用户的标签信息来推荐适合用户感兴趣的物品。

1. 基于用户兴趣标签的推荐算法

（1）数据准备阶段

构建用户—物品矩阵：将用户对物品的兴趣标签信息整理成一个用户—物品矩阵，其中每一行表示一个用户，每一列表示一个物品，矩阵元素表示用户对物品的兴趣程度（如评分、权重等）。

（2）相似度计算阶段

计算用户之间的相似度：基于兴趣标签的共现关系，可以使用 Jaccard 相似度、余弦相似度等计算用户之间的相似度。

（3）推荐阶段

- 找到与目标用户最相似的用户集合：根据用户之间的相似度，找到与目标用户最相似的一些用户。
- 根据相似用户的兴趣程度生成推荐列表：结合相似用户的兴趣程度，生成最终的推荐列表。

当涉及基于用户兴趣标签的推荐算法时，一个常见的方法是使用基于物品的协同过滤算法（item-based collaborative filtering）。例如，下面是一个基于用户兴趣标签的推荐算法的例子。

源码路径：daima\5\duo.py

```
import numpy as np
from sklearn.metrics.pairwise import cosine_similarity

# 假设有一个用户—物品兴趣矩阵
user_item_matrix = np.array([
    [1, 0, 1, 0, 1],  # 用户1的兴趣标签
    [0, 1, 0, 1, 0],  # 用户2的兴趣标签
    [1, 1, 1, 0, 0],  # 用户3的兴趣标签
    [0, 1, 1, 0, 1]   # 用户4的兴趣标签
])

# 计算用户之间的相似度
user_similarity = cosine_similarity(user_item_matrix)

# 定义推荐函数
def generate_recommendations(target_user, user_similarity, n):
    similar_users = np.argsort(user_similarity[target_user])[::-1][:n]
    recommendations = []
    for user in similar_users:
        # 找到相似用户对应的兴趣标签
        user_interests = user_item_matrix[user]
        # 将相似用户的兴趣标签添加到推荐列表
        recommendations.extend(user_interests)
    return recommendations

# 指定目标用户
target_user = 0

# 生成推荐列表
recommendations = generate_recommendations(target_user, user_similarity, n=3)

print("推荐列表:", recommendations)
```

在上述代码中，首先构建了一个用户—物品兴趣矩阵，其中每一行表示一个用户的兴趣标签。然后使用余弦相似度计算用户之间的相似度。最后，根据目标用户与其他用户的相似度，生成了一个推荐列表。执行后会输出：

```
推荐列表: [1, 0, 1, 0, 1, 0, 1, 1, 0, 1, 1, 1, 1, 0, 0]
```

2. 基于用户行为标签的推荐算法

（1）数据准备阶段

构建用户—物品矩阵：将用户的行为标签信息整理成一个用户—物品矩阵，其中每一行表示一个用户，每一列表示一个物品，矩阵元素表示用户对物品的行为程度（如点击次数、购买次数等）。

（2）相似度计算阶段

计算用户之间的相似度：基于行为标签的共现关系，可以使用 Jaccard 相似度、余弦相似度等计算用户之间的相似度。

（3）推荐阶段

- 找到与目标用户最相似的用户集合：根据用户之间的相似度，找到与目标用户最相似的一些用户。

• 根据相似用户的行为程度生成推荐列表：结合相似用户的行为程度，生成最终的推荐列表。

当涉及基于用户行为标签的推荐算法时，一个常见的方法是使用基于用户的协同过滤算法（user-based collaborative filtering）。例如，下面是一个基于用户行为标签的推荐算法的例子。

源码路径：daima\5\xing.py

```
import numpy as np
from sklearn.metrics.pairwise import cosine_similarity

# 假设有一个用户—商品评分矩阵
user_item_matrix = np.array([
    [5, 4, 0, 0, 0],  # 用户1的商品评分
    [0, 0, 3, 4, 0],  # 用户2的商品评分
    [0, 0, 0, 0, 5],  # 用户3的商品评分
    [0, 0, 4, 5, 0]   # 用户4的商品评分
])

# 计算用户之间的相似度
user_similarity = cosine_similarity(user_item_matrix)

# 定义推荐函数
def generate_recommendations(target_user, user_similarity, n):
    similar_users = np.argsort(user_similarity[target_user])[::-1][:n]
    recommendations = []
    for user in similar_users:
        # 找到相似用户评分过的商品
        user_ratings = user_item_matrix[user]
        # 将相似用户评分过的商品添加到推荐列表
        recommendations.extend(user_ratings)
    return recommendations

# 指定目标用户
target_user = 0

# 生成推荐列表
recommendations = generate_recommendations(target_user, user_similarity, n=3)

print("推荐列表:", recommendations)
```

在上述代码中，首先构建了一个用户—商品评分矩阵，其中每一行表示一个用户对商品的评分。然后使用余弦相似度计算用户之间的相似度。最后，根据目标用户与其他用户的相似度，生成了一个推荐列表。执行后会输出：

```
推荐列表: [5, 4, 0, 0, 0, 0, 0, 4, 5, 0, 0, 0, 0, 0, 5]
```

本实例中的推荐算法是基于用户的，它找到与目标用户最相似的一些用户，并将这些用户评分过的商品添加到推荐列表中。这样，目标用户就可以看到与他们行为相似的其他用户喜欢的商品。

注意： 上述两种推荐算法的实现思路类似，只是在数据准备阶段和相似度计算阶段的特征不同。可以根据实际情况选择使用哪种算法，并根据数据特点进行适当的调整。

5.3.2　基于物品标签的推荐算法

基于物品标签的推荐算法是一种基于物品的特征标签信息来进行推荐的算法。在这种算法中，每个物品都被关联到一组标签，这些标签描述了物品的属性、特征或内容。通过分析物品之间标签的相似度，可以确定它们之间的相关性，从而进行推荐。

基于物品标签的推荐算法的基本思想是，如果两个物品具有相似的标签，那么它们很可能具有相似的特征或内容，因此对于一个喜欢某个物品的用户，也可能对具有相似标签的其他物品感兴趣。

1. 基于物品标签相似度的推荐

这种推荐算法基于物品的标签信息，通过计算物品之间标签的相似度来确定它们之间的相关

性。常见的相似度计算方法包括 Jaccard 相似度和余弦相似度。基于物品标签相似度的推荐算法的基本步骤包括：

（1）构建物品—标签矩阵：将物品和它们的标签表示为一个矩阵。

（2）计算物品之间标签的相似度：使用相似度计算方法（如 Jaccard 相似度或余弦相似度）来计算物品之间标签的相似度。

（3）根据相似度进行推荐：对于目标物品，找到与其最相似的物品，并将这些物品推荐给用户。

2. 基于标签关联度的推荐

这种推荐算法基于标签之间的关联度来推荐物品。它假设标签之间的关联度可以反映物品之间的关联度。基于标签关联度的推荐算法的基本步骤包括：

（1）构建标签—标签关联矩阵：将标签之间的关联度表示为一个矩阵。

（2）计算物品之间的关联度：使用标签之间的关联度计算物品之间的关联度。常见的计算方法包括基于标签关联矩阵的加权求和或其他相似度计算方法。

（3）根据关联度进行推荐：对于目标物品，找到与其关联度最高的物品，并将这些物品推荐给用户。

3. 基于标签扩展的推荐

这种推荐算法通过将用户的兴趣标签扩展到相关标签来进行推荐。它利用用户已有的标签信息来扩展用户的兴趣范围，从而提供更广泛的推荐结果。基于标签扩展的推荐算法的基本步骤包括：

（1）构建标签—标签关联矩阵：将标签之间的关联度表示为一个矩阵。

（2）根据用户的兴趣标签找到相关标签：对于用户的每个兴趣标签，找到与之相关的其他标签。

（3）根据相关标签进行推荐：根据用户的相关标签，找到包含这些标签的物品，并将它们推荐给用户。

上面列出的推荐算法，我们可以根据不同的应用场景和数据特点选择使用。它们利用标签信息来提高推荐系统的准确性和个性化程度，帮助用户发现更感兴趣的物品。例如，下面是一个基于物品标签相似度的推荐算法的例子。

源码路径：daima\5\xiangsi.py

```
import numpy as np
from sklearn.metrics.pairwise import cosine_similarity

# 商品-标签矩阵
item_tags = np.array([
    [1, 1, 0, 1, 0],
    [1, 0, 1, 0, 1],
    [0, 1, 1, 1, 0],
    [1, 0, 1, 0, 0],
    [0, 1, 0, 0, 1]
])

# 计算标签相似度
tag_similarity = cosine_similarity(item_tags)

def item_based_recommendation(item_id, top_n):
    # 获取与目标商品最相似的商品
    similar_items = tag_similarity[item_id].argsort()[:-top_n-1:-1]
    return similar_items

# 示例推荐
item_id = 0  # 目标商品的ID
top_n = 3  # 推荐的商品数量
```

```
recommendations = item_based_recommendation(item_id, top_n)
print("针对商品 {} 的推荐商品是: {}".format(item_id, recommendations))
```

在上述代码中构建了一个商品—标签矩阵 item_tags，其中每一行表示一个商品，每一列表示一个标签。通过计算标签之间的余弦相似度，得到了标签相似度矩阵 tag_similarity。根据目标商品的 ID，找到与其最相似的商品，并打印输出推荐结果。执行后会输出：

```
针对商品 0 的推荐商品是: [0 2 4]
```

注意：这只是一个简单的例子，在实际应用中可能需要更复杂的数据和算法处理。另外，实例中的商品和标签只是用示意数据表示，在实际应用中需要根据具体情况进行数据准备和处理。

5.4　标签推荐系统的评估和优化

评估和优化标签推荐系统是确保系统性能和用户满意度的关键步骤。本节详细讲解标签推荐系统的评估和优化方法。

5.4.1　评估指标的选择

在构建和评估 Python 推荐系统时，选择适当的评估指标对于衡量系统性能和效果至关重要。以下是一些常用的评估指标及其解释：

- 准确率（precision）：准确率衡量了推荐系统给出的推荐结果中有多少是用户实际感兴趣的物品。计算公式为：准确率 = 推荐结果中的正确推荐数 / 推荐结果的总数。
- 召回率（recall）：召回率度量了推荐系统能够找到多少用户感兴趣的物品。计算公式为：召回率 = 推荐结果中的正确推荐数 / 用户感兴趣的物品总数。
- F1 分数（F1 score）：F1 分数综合考虑了准确率和召回率，是二者的调和平均值。计算公式为：F1 分数 =2×（准确率 × 召回率）/（准确率 + 召回率）。
- 覆盖率（coverage）：覆盖率反映了推荐系统能够推荐多少不同的物品给用户。覆盖率可以衡量推荐系统的多样性和广度。
- 平均准确率（mean average precision，MAP）：MAP 综合考虑了推荐列表的顺序，对推荐结果的排序准确性进行评估。MAP 计算每个用户的平均准确率，然后对所有用户的结果取平均值。
- 均方根误差（root mean square error，RMSE）：对于评分预测推荐系统，RMSE 用于衡量预测评分和实际评分之间的差异，表示推荐结果的准确性。
- 排名相关指标：如平均倒数排名（mean reciprocal rank，MRR）和 normalized discounted cumulative gain（NDCG），用于评估推荐结果的排序质量和排名的准确性。

在实际应用中，选择适当的评估指标需要考虑具体的推荐任务和目标，以及用户需求和业务场景。可以综合使用多个评估指标来全面评估推荐系统的性能和效果，并根据需求进行优化和改进。

5.4.2　优化标签推荐效果

要优化 Python 推荐系统的标签推荐效果，可以考虑以下几个方面：

- 数据质量：确保标签数据的质量和准确性。清理和去除不相关或错误的标签，修正标签的拼写错误和同义词问题，以提高标签的准确性和一致性。
- 标签丰富性：增加标签的丰富性和多样性，包括扩展标签集合、引入新的标签，以更好地覆盖用户的兴趣和需求。可以使用标签的同义词、相关词或上下位词进行标签扩展。
- 标签关联度：利用标签之间的关联度来提升推荐效果。可以通过计算标签之间的共现频率、相关性或相似度来构建标签关联度矩阵，并在推荐过程中考虑标签的关联度来推荐相关的物品。

- 混合推荐策略：结合多个推荐算法和方法，如基于内容的推荐、协同过滤推荐等，以提高推荐的准确性和多样性。可以将基于标签的推荐与其他推荐算法相结合，综合利用不同算法的优势。
- 实时反馈和个性化调整：通过收集用户的反馈数据和行为数据，不断优化和调整推荐系统的标签推荐效果。根据用户的喜好和偏好，个性化地调整标签权重、相似度计算等参数，以提供更符合用户兴趣的推荐结果。
- A/B 测试和评估指标：利用 A/B 测试等实验方法，对不同的优化策略和算法进行对比和评估。选择合适的评估指标来衡量推荐效果（如准确率、召回率、F1 分数等），以及用户满意度和点击率等指标，从而得出有效的优化结论。

通过以上优化措施，可以提升 Python 推荐系统的标签推荐效果，为用户提供更准确、个性化和有价值的推荐体验。同时，不断的迭代和改进也是优化过程中的重要一环，通过不断尝试和学习，逐步优化推荐算法和策略，使系统能够不断适应用户的需求和变化。

第 6 章　基于知识图谱的推荐

基于知识图谱的推荐系统是一种利用知识图谱结构和相关算法技术进行推荐的方法。本章详细讲解基于知识图谱的推荐的知识和用法。

6.1　知识图谱介绍

在基于知识图谱的推荐系统中，知识图谱可以提供丰富的实体和关系信息，用于描述用户、物品和其他相关属性之间的关联关系。推荐算法可以基于这些信息，通过对知识图谱进行分析和挖掘，来实现更精准和个性化的推荐。

6.1.1　知识图谱的定义和特点

知识图谱是一种语义网络，用于表示和组织各种实体之间的关系。它以图的形式呈现，其中实体表示为节点，关系表示为边。

1. 定义

知识图谱是一个结构化的知识库，用于表示和存储现实世界中的实体和它们之间的关系。知识图谱通过语义关联来描述实体之间的联系，包括层级关系、属性关系和语义关系等。

2. 特点

- 丰富性：知识图谱可以涵盖广泛的领域知识，包括人物、地点、组织、事件等各种实体类型，并记录它们之间的关联。
- 可扩展性：知识图谱可以随着新知识的增加而扩展，新的实体和关系可以被添加到已有的图谱中。
- 共享性：知识图谱可以作为一个共享的资源，供不同应用和系统使用，促进知识的交流和共享。
- 语义性：知识图谱强调实体之间的语义关系，通过关联实体的属性、类别、语义标签等来丰富实体的语义信息。
- 可推理性：知识图谱可以支持基于逻辑推理和推断的操作，通过推理可以发现实体之间的潜在关系和隐藏的知识。
- 上下文关联性：知识图谱可以提供上下文信息，帮助理解实体在不同关系中的含义和语义。

知识图谱的丰富信息和语义关联，可以应用于各种场景，包括推荐系统、搜索引擎、自然语言处理等。它为理解和利用海量的知识提供了一种有效的方式，进而推动了智能化的发展。

6.1.2　知识图谱的构建方法

知识图谱的构建方法通常包括以下步骤和技术：

（1）数据收集：收集结构化和非结构化的数据，包括文本文档、数据库、网页、日志文件等。数据可以来自各种来源，如互联网、企业内部系统等。

（2）实体识别和抽取：使用自然语言处理技术，如命名实体识别和实体关系抽取，从文本数据中识别和提取出实体和实体之间的关系。

（3）数据清洗和预处理：对收集到的数据进行清洗和预处理，包括去除噪声、处理缺失值、统一实体命名等，以确保数据的质量和一致性。

（4）知识建模：根据领域知识和目标任务，设计合适的知识模型和本体，定义实体类型、属性和关系等。知识模型可以使用图结构、本体语言（如 OWL）等表示。

（5）实体连接：将从不同数据源中提取的实体进行连接，建立实体的唯一标识符，以便在知识图谱中进行统一的表示和查询。

（6）关系建模：识别和建模实体之间的关系，包括层级关系、属性关系和语义关系等。关系可以通过手工标注、基于规则的方法、机器学习等方式进行建模。

（7）图数据库存储：选择适合知识图谱存储和查询的图数据库，如 Neo4j、JanusGraph 等。将构建好的知识图谱数据存储到图数据库中，并建立索引以支持高效的查询和推理。

（8）图谱扩展与维护：根据需求和新的数据源，不断扩展和更新知识图谱。可以使用自动化方法，如基于规则、机器学习或半自动化方法来支持图谱的维护和更新。

（9）知识推理和挖掘：基于构建好的知识图谱，进行推理和挖掘，发现新的关联关系和隐藏的知识。可以使用图算法、逻辑推理、统计分析等方法来进行推理和挖掘。

以上列出的是常见的知识图谱的构建方法，具体的实施过程和技术选择会根据具体的应用场景和需求而有所不同。构建知识图谱是一个迭代和持续改进的过程，需要不断调整和完善，以满足实际应用的需求。

6.1.3 知识图谱与个性化推荐的关系

在知识图谱和个性化推荐之间存在密切的关系。知识图谱提供了丰富的语义信息和实体关系，而个性化推荐则利用这些信息来提供个性化的推荐内容。下面是知识图谱与个性化推荐的关系的几个方面：

- 丰富的语义信息：知识图谱通过定义实体、属性和关系，提供了丰富的语义信息。这些信息可以帮助推荐系统更好地理解用户和物品之间的关系，从而提供更准确和个性化的推荐。
- 上下文理解：知识图谱可以提供上下文信息，例如实体的属性、类别、标签等。这些上下文信息可以帮助推荐系统更好地理解用户的需求和偏好，从而根据上下文信息进行个性化推荐。
- 关联关系挖掘：知识图谱中的实体和关系之间的关联关系可以用于推荐系统中的关联规则挖掘。通过分析知识图谱中的关联关系，可以发现用户和物品之间的潜在关联，从而进行更精准的推荐。
- 推荐解释和透明度：知识图谱可以提供推荐系统的解释和透明度。通过将推荐结果与知识图谱进行关联，可以向用户解释为什么某个物品被推荐，从而增强用户对推荐结果的理解和接受度。
- 冷启动问题的缓解：知识图谱可以帮助解决推荐系统中的冷启动问题。当推荐系统缺乏用户行为数据或物品信息时，可以利用知识图谱中的领域知识和关联关系来进行推荐，以提供初步的个性化推荐。

6.2 知识表示和语义关联

在知识图谱中，知识表示和语义关联相互作用，共同构成了知识图谱的核心内容和功能。它们通过提供丰富的语义信息和关联关系，支持推荐、搜索、推理等任务，提高了知识的利用效率和智能化水平。

6.2.1 实体和属性的表示

在 Python 中构建推荐系统时，实体和属性的表示是非常重要的一部分，下面列出了关于实体和属性表示的一些常见方法。

1. 实体表示

- 独热编码（one-hot encoding）：将每个实体表示为一个二进制向量，向量的长度等于实体的总数，每个实体对应向量中的一个位置，该位置为 1，其余位置为 0。这种表示方法简单直观，适用于实体数量较少的情况。
- 嵌入表示（embedding）：使用向量表示来捕捉实体的语义信息和关联关系。通过将每个实体映射到一个低维连续向量空间，实体之间的相似性和关系可以在向量空间中进行计算和匹配。常用的嵌入表示方法包括词嵌入（word embedding）和图嵌入（graph embedding）等。

2. 属性表示

- 独热编码对于离散属性，可以使用独热编码将每个属性值表示为一个二进制向量。向量的长度等于属性值的总数，对应的属性值位置为 1，其余位置为 0。
- 数值化表示：对于数值属性，可以直接使用实际的数值来表示属性。可以进行归一化或标准化处理，以确保属性之间的比较和计算具有可比性。
- 文本表示：对于文本属性，可以使用文本特征提取方法，如词袋模型或词向量表示，将文本转换为数值表示，以便进行计算和匹配。

在推荐系统中，实体和属性的表示方法通常与具体的任务和数据特点相关。根据实际情况，可以选择合适的表示方法来表示和处理实体和属性，以支持个性化推荐、相似度计算、关联分析等任务。同时，也可以结合深度学习等技术，通过模型训练来学习实体和属性的表示，以提高推荐系统的准确性和效果。

下面的例子展示了在 Python 商品推荐系统中创建实体和属性表示的过程。

源码路径：daima\6\shiti.py

```
class Product:
    def __init__(self, id, name, category, price, brand):
        self.id = id
        self.name = name
        self.category = category
        self.price = price
        self.brand = brand

# 创建商品实例
product1 = Product(1, "iPhone 12", "Electronics", 999, "Apple")
product2 = Product(2, "Samsung Galaxy S21", "Electronics", 899, "Samsung")
product3 = Product(3, "Sony WH-1000XM4", "Electronics", 349, "Sony")
product4 = Product(4, "Nike Air Zoom Pegasus 38", "Sports", 119, "Nike")
product5 = Product(5, "Adidas Ultraboost 21", "Sports", 180, "Adidas")

# 属性表示示例
print(f"商品名称: {product1.name}")
print(f"商品价格: {product1.price}")
print(f"商品品牌: {product1.brand}")

# 创建商品列表
products = [product1, product2, product3, product4, product5]

# 示例推荐函数：根据价格过滤商品
def filter_products_by_price(products, min_price, max_price):
    filtered_products = []
    for product in products:
        if min_price <= product.price <= max_price:
            filtered_products.append(product)
    return filtered_products

# 根据价格过滤商品
filtered_products = filter_products_by_price(products, 100, 500)

# 打印过滤后的商品列表
print("过滤后的商品列表:")
for product in filtered_products:
    print(f"商品名称: {product.name}, 商品价格: {product.price}")
```

在上述代码中，类 Product 表示一个商品，它有一些属性（如 id、name、category、price 和 brand），用于描述商品的不同特征。读者可以根据具体的推荐算法和需求来定义更多的属性。

我们创建了几个具体的商品实例，并展示了如何访问商品的属性。此外，还定义了一个简单的示例推荐函数 filter_products_by_price()，该函数接受一个商品列表和价格范围，并返回在该价格范围内的商品列表。最后，使用示例推荐函数将商品列表按照价格过滤，并打印过滤后的商品列表。执行后会输出：

```
商品名称: iPhone 12
商品价格: 999
商品品牌: Apple
过滤后的商品列表:
商品名称: Sony WH-1000XM4, 商品价格: 349
商品名称: Nike Air Zoom Pegasus 38, 商品价格: 119
商品名称: Adidas Ultraboost 21, 商品价格: 180
```

6.2.2 关系的表示和推理

在推荐系统中，关系的表示和推理是非常重要的。推荐系统通常需要根据用户行为和商品属性之间的关系来做出推荐决策。下面介绍了关于关系的表示和推理的一些常见方法：

- 用户—商品关系表示：推荐系统中最基本的关系是用户和商品之间的交互关系。这可以通过矩阵表示法来表示，其中每一行表示一个用户，每一列表示一个商品，矩阵中的元素表示用户对商品的评分、点击次数、购买记录等。这种表示方法可以帮助推荐系统理解用户对商品的喜好和行为。

- 用户—用户关系表示：用户之间的相似性和社交关系也可以在推荐系统中起到重要的作用。通过计算用户之间的相似性指标，如共同喜好的商品、购买行为的相似性等，可以建立用户之间的关系表示。这种表示可以用于基于用户的协同过滤推荐算法，从相似用户中获取推荐信息。

- 商品—商品关系表示：商品之间的相关性也是推荐系统中重要的一部分。通过计算商品之间的相似度或关联度，可以构建商品之间的关系表示。常见的方法包括计算商品的相似性指标，如基于内容的相似性（如商品的属性、描述等）、协同过滤中的物品关联规则等。

- 推理和预测：推荐系统还需要进行推理和预测，以预测用户对新商品的喜好或行为。这可以通过机器学习和数据挖掘技术来实现，如使用协同过滤算法、深度学习模型等进行预测和推断。通过学习用户和商品之间的关系模式，推荐系统可以预测用户可能感兴趣的商品，并生成个性化的推荐结果。

- 基于图的表示和推理：另一种常见的方法是使用图表示来表示用户、商品和它们之间的关系。推荐系统可以将用户和商品表示为图的节点，将用户—商品关系和商品—商品关系表示为图的边。通过图的分析和推理算法，可以发现隐藏在关系中的模式和规律，从而做出更准确的推荐。

总之，关系的表示和推理是推荐系统中关键的一环。Python 语言提供了丰富的工具和库，如 NumPy、Pandas 和 NetworkX 等，用于处理关系数据、构建模型和进行推理分析，帮助开发人员构建强大而灵活的推荐系统。请看下面的例子，展示了在 Python 程序中使用自定义的商品数据集实现关系表示和推理的推荐系统的过程。

源码路径：daima\6\guanxi.py

```
import numpy as np
from sklearn.metrics.pairwise import cosine_similarity

# 自定义商品数据集
products = [
    {"id": 1, "name": "iPhone 12", "category": "Electronics", "price": 999, "brand": "Apple"},
    {"id": 2, "name": "Samsung Galaxy S21", "category": "Electronics", "price": 899, "brand": "Samsung"},
    {"id": 3, "name": "Sony WH-1000XM4", "category": "Electronics", "price": 349, "brand": "Sony"},
```

```
        {"id": 4, "name": "Nike Air Zoom Pegasus 38", "category": "Sports", "price": 
119, "brand": "Nike"},
        {"id": 5, "name": "Adidas Ultraboost 21", "category": "Sports", "price": 180, 
"brand": "Adidas"},
    ]

    # 构建商品—属性矩阵
    product_attributes = []
    for product in products:
        attribute_vector = [product["price"]]
        product_attributes.append(attribute_vector)
    product_attributes = np.array(product_attributes)

    # 计算商品之间的相似性
    similarity_matrix = cosine_similarity(product_attributes)

    # 示例推荐函数: 基于商品相似性推荐商品
    def recommend_similar_products(product_id, num_recommendations):
        product_index = product_id - 1
        product_similarities = similarity_matrix[product_index]
        similar_product_indices = np.argsort(product_similarities)[::-1][1:num_
recommendations+1]
        recommended_products = [products[i] for i in similar_product_indices]
        return recommended_products

    # 示例推荐商品
    recommendations = recommend_similar_products(1, 3)
    print("基于相似性的推荐商品:")
    for product in recommendations:
        print(f"商品名称: {product['name']}, 商品价格: {product['price']}")
```

在上述代码中，首先定义了一个自定义的商品数据集，其中包含了几个商品的属性信息。然后，构建了一个商品—属性矩阵，其中每一行表示一个商品，每一列表示一个属性（在这个例子中，我们只使用了价格作为属性）。这样就将商品之间的关系表示为一个矩阵。接下来，使用余弦相似度（cosine similarity）来计算商品之间的相似性。这样就得到了一个相似性矩阵，其中的每个元素表示两个商品之间的相似度。最后定义了推荐函数 recommend_similar_products()，该函数接受一个商品 ID 和要推荐的商品数量作为输入。根据给定的商品 ID，在相似性矩阵中找到与该商品最相似的商品，并返回推荐结果。最后，调用推荐函数 recommend_similar_products()，以商品 ID 为 1 的商品为基准，推荐了 3 个相似的商品，并打印输出推荐结果。执行后会输出：

```
基于相似性的推荐商品:
商品名称: Nike Air Zoom Pegasus 38, 商品价格: 1199
商品名称: Sony WH-1000XM4, 商品价格: 3499
商品名称: Samsung Galaxy S21, 商品价格: 8999
```

6.2.3　语义关联的计算和衡量

在推荐系统中，计算和衡量商品之间的语义关联是很重要的。语义关联可以帮助推荐系统理解商品之间的相似性和相关性，从而更准确地进行推荐。在下面列出了用于计算和衡量商品之间的语义关联的常见方法和指标：

- 文本相似度计算：商品的文本信息（如商品描述、标签等）可以用于计算商品之间的语义相似度。常用的方法包括基于词袋模型的相似度计算、基于词向量（如 Word2Vec、GloVe 或 BERT）的相似度计算以及基于文本语义表示模型（如 LSTM、Transformer）的相似度计算。这些方法可以将商品的文本信息转化为向量表示，并计算向量之间的相似度。
- 图结构分析：商品之间的关系可以用图结构进行建模和分析。通过构建商品图，其中商品为节点，商品之间的关联关系为边，可以使用图算法（如 PageRank、图聚类、最短路径等）来计算商品之间的语义关联。这些算法可以揭示出商品之间的隐含关系和关联规律。

- 协同过滤方法：协同过滤方法利用用户行为数据（如用户的购买历史、评分等）来计算商品之间的关联。基于用户行为的共现模式，可以使用基于物品的协同过滤或基于用户的协同过滤方法计算商品之间的语义关联。这些方法可以识别与用户喜好和行为相似的商品，并推荐具有语义关联的商品。
- 特征工程和相似度指标：在推荐系统中，可以根据商品的特征属性（如价格、品牌、类别等）构建特征向量，并使用特征工程技术计算商品之间的相似度指标。常见的相似度指标包括余弦相似度、欧氏距离、曼哈顿距离等。这些指标可以衡量商品之间在特征空间上的接近程度。
- 评估指标：为了衡量推荐系统的性能和准确度，可以使用一些评估指标来衡量推荐结果与用户实际偏好之间的一致性。常见的评估指标包括准确率、召回率、覆盖率、平均倒数排名等。这些指标可以帮助评估推荐系统的语义关联计算的效果和推荐质量。

在 Python 中，有许多开源库和工具可用于计算和衡量商品之间的语义关联，如 scikit-learn、Gensim、NetworkX 等。这些库提供了丰富的函数和算法，可以方便地进行文本相似度计算、图分析、协同过滤等操作，从而帮助开发人员构建强大而准确的推荐系统。例如，下面是一个推荐系统实例，用于获取用户标签（偏好）的商品推荐信息。下面的实例的功能是使用自定义的电影数据集实现了语义关联的计算和衡量的推荐系统。

源码路径：daima\6\yuyi.py

```
import numpy as np
from sklearn.metrics.pairwise import cosine_similarity
from gensim.models import Word2Vec

# 自定义中国电影数据集
movies = [
    {"id": 1, "title": "霸王别姬", "director": "陈凯歌", "genre": "剧情"},
    {"id": 2, "title": "大闹天宫", "director": "万籁鸣", "genre": "动画"},
    {"id": 3, "title": "英雄", "director": "张艺谋", "genre": "剧情"},
    {"id": 4, "title": "阿凡达", "director": "詹姆斯·卡梅隆", "genre": "科幻"},
    {"id": 5, "title": "大话西游", "director": "刘镇伟", "genre": "喜剧"},
]

# 构建电影标题的语义关联模型
sentences = [movie["title"].split() for movie in movies]
model = Word2Vec(sentences, vector_size=100, window=5, min_count=1, workers=4)

# 构建电影—属性矩阵
movie_attributes = []
for movie in movies:
    attribute_vector = model.wv[movie["title"]]
    movie_attributes.append(attribute_vector)
movie_attributes = np.array(movie_attributes)

# 计算电影之间的语义相似度
similarity_matrix = cosine_similarity(movie_attributes)

# 示例推荐函数：基于语义相似度推荐电影
def recommend_similar_movies(movie_id, num_recommendations):
    movie_index = movie_id - 1
    movie_similarities = similarity_matrix[movie_index]
    similar_movie_indices = np.argsort(movie_similarities)[::-1]
[1:num_recommendations+1]
    recommended_movies = [movies[i] for i in similar_movie_indices]
    return recommended_movies

# 示例推荐电影
recommendations = recommend_similar_movies(1, 3)
print("基于语义相似度的推荐电影:")
for movie in recommendations:
    print(f"电影标题: {movie['title']}, 导演: {movie['director']}, 类型: {movie['genre']}")
```

本实例展示了使用语义关联和相似度计算来构建一个简单的电影推荐系统的过程，对上述代码的具体说明如下：

（1）首先导入了必要的库，包括 NumPy、scikit-learn 中的 cosine_similarity 函数和 Gensim 中的 Word2Vec 模型。

（2）定义了一个自定义的电影数据集，包含了几部电影的属性信息，每个电影都有唯一的 ID、标题、导演和类型。

（3）通过将每个电影的标题拆分为单词，构建了一个语义关联模型。使用 Word2Vec 模型，将电影标题的单词列表作为输入，训练出一个嵌入空间，并设置向量维度为 100。这个模型将帮助我们计算电影之间的语义相似度。

（4）通过遍历每个电影，获取其标题对应的向量表示，构建了一个电影—属性矩阵。每一行表示一个电影的向量表示，用于计算电影之间的相似度。

（5）使用余弦相似度计算了电影之间的语义相似度，并得到了一个相似性矩阵。相似性矩阵中的每个元素表示两部电影之间的语义相似度。

（6）在示例推荐函数 recommend_similar_movies() 中，我们通过给定的电影 ID 找到该电影在相似性矩阵中的索引。然后，根据相似度排序，选择与该电影最相似的电影，并返回推荐结果。

（7）最后调用函数 recommend_similar_movies() 以电影 ID 为 1 的电影为基准，推荐了 3 部相似的电影，并打印推荐结果。执行后会输出：

```
基于语义相似度的推荐电影：
电影标题：英雄，导演：张艺谋，类型：剧情
电影标题：阿凡达，导演：詹姆斯·卡梅隆，类型：科幻
电影标题：大话西游，导演：刘镇伟，类型：喜剧
```

6.3　知识图谱中的推荐算法

在推荐系统中，知识图谱可以帮助我们建立商品之间的关联关系，进而进行推荐。知识图谱是一个结构化的图形数据库，描述了实体之间的关系和属性。在知识图谱中，实体表示为节点，关系表示为边。

6.3.1　基于路径体的推荐算法

在推荐系统中使用知识图谱的一个常见算法是基于路径的推荐算法，该算法利用知识图谱中的路径来推断实体之间的关系，并基于这些关系进行推荐。下面是一个简单的例子，展示了使用知识图谱中的路径来进行推荐的过程。

假设我们有一个电影推荐系统，并且有一个知识图谱，其中包含电影、演员和导演之间的关系。每个电影节点都有一个属性表示电影的类型，每个演员和导演节点都有一个属性表示其参与的电影类型。

源码路径：daima\6\lu.py

```
import networkx as nx

# 创建知识图谱
graph = nx.Graph()

# 添加电影节点
movies = ["霸王别姬", "大闹天宫", "英雄", "阿凡达", "大话西游"]
for movie in movies:
    graph.add_node(movie, type="电影")

# 添加演员节点
actors = ["张国荣", "巩俐", "周星驰", "刘德华"]
for actor in actors:
    graph.add_node(actor, type="演员")
```

```
# 添加导演节点
directors = ["陈凯歌", "万籁鸣", "张艺谋", "詹姆斯·卡梅隆", "刘镇伟"]
for director in directors:
    graph.add_node(director, type="导演")

# 添加边，表示关系
graph.add_edge("霸王别姬", "张国荣", relation="主演")
graph.add_edge("霸王别姬", "巩俐", relation="主演")
graph.add_edge("大闹天宫", "周星驰", relation="主演")
graph.add_edge("英雄", "李连杰", relation="主演")
graph.add_edge("阿凡达", "詹姆斯·卡梅隆", relation="导演")
graph.add_edge("大话西游", "周星驰", relation="主演")
graph.add_edge("大话西游", "刘镇伟", relation="导演")

# 基于路径的推荐函数
def recommend_movies_based_on_path(start_node, relation, num_recommendations):
    recommendations = []
    for neighbor in graph.neighbors(start_node):
        if graph.get_edge_data(start_node, neighbor)["relation"] == relation:
            recommendations.append(neighbor)
    return recommendations[:num_recommendations]

# 示例推荐
start_movie = "霸王别姬"
relation = "主演"
num_recommendations = 2
recommendations = recommend_movies_based_on_path(start_movie, relation, num_recommendations)
print("基于路径的推荐电影:")
for movie in recommendations:
    print(movie)
```

在上面的代码中，首先创建了一个空的知识图谱，然后添加了电影、演员和导演节点，并通过边来表示它们之间的关系。接下来，定义了一个基于路径的推荐函数 recommend_movies_based_on_path()，该函数接受起始节点、关系和要推荐的数量作为输入，然后通过遍历邻居节点，找到满足指定关系的节点，并返回推荐结果。在本实例中，我们以电影 "霸王别姬" 为起始节点，关系为 "主演"，要推荐两部电影。根据路径推断，我们找到了满足条件的邻居节点（即主演演员），并返回推荐结果。执行后会输出：

```
基于路径的推荐电影:
张国荣
巩俐
```

6.3.2 基于实体的推荐算法

基于实体的推荐算法是一种常见的推荐系统算法，它基于用户已有的行为和实体之间的关联（如实体相似度和实体关联度）来进行推荐。这种算法通过分析用户与实体（如商品、电影、音乐等）的交互行为，识别用户的兴趣和喜好，并向用户推荐与其兴趣相关的实体。

1. 基于实体相似度的推荐算法

基于实体相似度的推荐算法是推荐系统中常用的一种方法，它基于实体之间的相似性来进行推荐。该算法通过计算实体之间的相似度，找到与用户已有喜好相似的实体，并将这些实体推荐给用户。

下面介绍两种基于实体相似度的推荐算法：基于协同过滤的实体相似度推荐和基于内容的实体相似度推荐。

（1）基于协同过滤的实体相似度推荐

基于协同过滤的实体相似度推荐算法根据用户对实体的行为数据，计算实体之间的相似度，并将相似度高的实体推荐给用户。这种算法可以基于用户行为数据构建用户—实体矩阵，利用矩阵中的相似性来进行推荐。

（2）基于内容的实体相似度推荐

基于内容的实体相似度推荐算法根据实体的属性或特征，计算实体之间的相似度，并将相似度高的实体推荐给用户。这种算法通常使用特征提取和相似度计算的方法来衡量实体之间的相似性。

当涉及基于实体相似度的推荐算法时，一种常见的方法是使用基于内容的推荐，例如下面是一个基于实体相似度的推荐算法的例子。

源码路径：daima\6\shixiang.py

```
import numpy as np
from sklearn.metrics.pairwise import cosine_similarity
from sklearn.preprocessing import OneHotEncoder

# 自定义中国电影数据集
movies = [
    {"id": 1, "title": "霸王别姬", "director": "陈凯歌", "genre": "剧情"},
    {"id": 2, "title": "大闹天宫", "director": "万籁鸣", "genre": "动画"},
    {"id": 3, "title": "英雄", "director": "张艺谋", "genre": "剧情"},
    {"id": 4, "title": "阿凡达", "director": "詹姆斯·卡梅隆", "genre": "科幻"},
    {"id": 5, "title": "大话西游", "director": "刘镇伟", "genre": "喜剧"},
]

# 提取导演和类型作为特征
directors = [movie["director"] for movie in movies]
genres = [movie["genre"] for movie in movies]

# 使用独热编码将导演和类型转换为数值型特征向量
encoder = OneHotEncoder(sparse=False)
director_features = encoder.fit_transform(np.array(directors).reshape(-1, 1))
genre_features = encoder.fit_transform(np.array(genres).reshape(-1, 1))

# 将导演和类型的特征向量合并为电影—属性矩阵
movie_attributes = np.hstack((director_features, genre_features))

# 计算电影之间的相似度
similarity_matrix = cosine_similarity(movie_attributes)

# 示例推荐函数：基于实体相似度推荐电影
def recommend_similar_movies(movie_id, num_recommendations):
    movie_index = movie_id - 1
    movie_similarities = similarity_matrix[movie_index]
    similar_movie_indices = np.argsort(movie_similarities)[::-1]
[1:num_recommendations+1]
    recommended_movies = [movies[i] for i in similar_movie_indices]
    return recommended_movies

# 示例推荐电影
recommendations = recommend_similar_movies(1, 3)
print("基于实体相似度的推荐电影:")
for movie in recommendations:
    print(f"电影标题: {movie['title']}, 导演: {movie['director']}, 类型: {movie['genre']}")
```

对上述代码的具体说明如下：

（1）定义了一个包含电影信息的数据集 movies，每个电影都有一个唯一的 ID、标题、导演和类型等属性。

（2）使用 OneHotEncoder 对导演和类型进行独热编码，将其转换为数值型的特征向量。独热编码将每个导演和类型转化为一个二进制向量，其中只有一个元素为 1，表示该导演或类型的存在。

（3）将导演和类型的特征向量合并为电影—属性矩阵 movie_attributes，其中每一行代表一个电影的属性向量。

（4）使用函数 cosine_similarity() 计算电影之间的相似度，得到一个相似度矩阵 similarity_matrix。余弦相似度是衡量两个向量之间的相似度的一种常用度量方法。

（5）定义了一个基于实体相似度的推荐函数 recommend_similar_movies()，该函数接受一个电影 ID 和要推荐的数量作为输入，根据该电影与其他电影的相似度，找到相似度高的电影并返回推荐结果。

（6）以电影 ID 为 1 的电影为例，调用函数 recommend_similar_movies() 推荐了三部相似的电影，并打印输出它们的标题、导演和类型。执行后会输出：

```
基于实体相似度的推荐电影：
电影标题：英雄，导演：张艺谋，类型：剧情
电影标题：大话西游，导演：刘镇伟，类型：喜剧
电影标题：阿凡达，导演：詹姆斯·卡梅隆，类型：科幻
```

2. 基于实体关联度的推荐算法

基于实体关联度的推荐算法是一种常见的推荐方法，它通过分析实体之间的关联关系来进行推荐。在 Python 中实现基于实体关联度的推荐算法通常需要使用数据处理和分析库（如 NumPy、Pandas），机器学习库（如 scikit-learn），以及自然语言处理库（如 NLTK、Gensim）等。这些库提供了丰富的功能和工具，方便进行实体表示、关联度计算和推荐算法的实现。例如，下面是一个使用实体关联度推荐算法实现电影推荐的例子。

源码路径：daima\6\guanlian.py

```
import numpy as np

# 自定义中国电影数据集
movies = [
    {"id": 1, "title": "霸王别姬", "director": "陈凯歌", "genre": "剧情"},
    {"id": 2, "title": "大闹天宫", "director": "万籁鸣", "genre": "动画"},
    {"id": 3, "title": "英雄", "director": "张艺谋", "genre": "剧情"},
    {"id": 4, "title": "阿凡达", "director": "詹姆斯·卡梅隆", "genre": "科幻"},
    {"id": 5, "title": "大话西游", "director": "刘镇伟", "genre": "喜剧"},
]

# 构建电影—导演关联矩阵
directors = [movie["director"] for movie in movies]
director_matrix = np.zeros((len(movies), len(directors)), dtype=int)
for i, movie in enumerate(movies):
    director_index = directors.index(movie["director"])
    director_matrix[i, director_index] = 1

# 构建电影—类型关联矩阵
genres = [movie["genre"] for movie in movies]
genre_matrix = np.zeros((len(movies), len(genres)), dtype=int)
for i, movie in enumerate(movies):
    genre_index = genres.index(movie["genre"])
    genre_matrix[i, genre_index] = 1

# 计算电影之间的关联度
similarity_matrix = np.dot(director_matrix, genre_matrix.T)

# 示例推荐函数：基于实体关联度推荐电影
def recommend_related_movies(movie_id, num_recommendations):
    movie_index = movie_id - 1
    movie_similarities = similarity_matrix[movie_index]
    similar_movie_indices = np.argsort(movie_similarities)[::-1]
[1:num_recommendations+1]
    recommended_movies = [movies[i] for i in similar_movie_indices]
    return recommended_movies

# 示例推荐电影
recommendations = recommend_related_movies(1, 3)
```

```
print("基于实体关联度的推荐电影:")
for movie in recommendations:
    print(f"电影标题: {movie['title']}, 导演: {movie['director']}, 类型: {movie['genre']}")
```

对上述代码的具体说明如下：

（1）首先，定义了一个包含电影信息的数据集 movies，其中包括电影的 ID、标题、导演和类型等属性。

（2）构建了电影—导演关联矩阵 director_matrix 和电影—类型关联矩阵 genre_matrix。这两个关联矩阵用于表示电影与导演、类型之间的关联关系。

（3）计算了电影之间的关联度，通过计算电影—导演关联矩阵和电影—类型关联矩阵的乘积得到关联度矩阵 similarity_matrix。

（4）最后定义了一个基于实体关联度的推荐函数 recommend_related_movies()，根据指定电影与其他电影的关联度，找到关联度高的电影进行推荐。在实例中，以电影 ID 为 1 的电影为例，调用函数 recommend_related_movies() 推荐了三部相关的电影，并输出它们的标题、导演和类型。执行后会输出：

```
基于实体关联度的推荐电影:
电影标题: 霸王别姬, 导演: 陈凯歌, 类型: 剧情
电影标题: 大话西游, 导演: 刘镇伟, 类型: 喜剧
电影标题: 阿凡达, 导演: 詹姆斯·卡梅隆, 类型: 科幻
```

6.3.3　基于关系的推荐算法

基于关系的推荐算法是一种常见的推荐方法，它通过分析实体之间的关系（如关系相似度和关系路径）来进行推荐。

1. 基于关系相似度的推荐算法

基于关系相似度的推荐算法是一种常见的推荐方法，它基于实体之间的关系相似度来进行推荐。这种算法通常使用图结构或知识图谱表示实体和关系，并计算实体之间的关系相似度来确定推荐项。例如，下面是一个基于关系相似度的推荐算法的例子，使用自定义的音乐数据集实现一个音乐推荐系统。

源码路径：daima\6\guanxixiang.py

```
import numpy as np
from sklearn.metrics.pairwise import cosine_similarity

# 自定义中国音乐数据集
songs = [
    {"id": 1, "title": "晴天", "artist": "周杰伦", "genre": "流行"},
    {"id": 2, "title": "稻香", "artist": "周杰伦", "genre": "流行"},
    {"id": 3, "title": "七里香", "artist": "周杰伦", "genre": "流行"},
    {"id": 4, "title": "大海", "artist": "张雨生", "genre": "摇滚"},
    {"id": 5, "title": "成全", "artist": "林宥嘉", "genre": "流行"},
]

# 构建音乐—艺术家关联矩阵
artists = [song["artist"] for song in songs]
artist_matrix = np.zeros((len(songs), len(artists)), dtype=int)
for i, song in enumerate(songs):
    artist_index = artists.index(song["artist"])
    artist_matrix[i, artist_index] = 1

# 构建音乐—类型关联矩阵
genres = [song["genre"] for song in songs]
genre_matrix = np.zeros((len(songs), len(genres)), dtype=int)
for i, song in enumerate(songs):
    genre_index = genres.index(song["genre"])
    genre_matrix[i, genre_index] = 1
```

```
    # 计算音乐之间的关系相似度
    similarity_matrix = cosine_similarity(artist_matrix) + cosine_similarity(genre_matrix)

    # 示例推荐函数：基于关系相似度推荐音乐
    def recommend_related_songs(song_id, num_recommendations):
        song_index = song_id - 1
        song_similarities = similarity_matrix[song_index]
        similar_song_indices = np.argsort(song_similarities)[::-1][1:num_
recommendations+1]
        recommended_songs = [songs[i] for i in similar_song_indices]
        return recommended_songs

    # 示例推荐音乐
    recommendations = recommend_related_songs(1, 3)
    print("基于关系相似度的推荐音乐:")
    for song in recommendations:
        print(f"音乐标题：{song['title']}，艺术家：{song['artist']}，类型：{song['genre']}")
```

在上述代码中，首先定义了一个包含音乐信息的数据集 songs，其中包括音乐的 ID、标题、艺术家和类型等属性。然后，构建了音乐—艺术家关联矩阵 artist_matrix 和音乐—类型关联矩阵 genre_matrix，这两个关联矩阵用于表示音乐与艺术家、类型之间的关联关系。接下来，计算了音乐之间的关系相似度，通过计算音乐—艺术家关联矩阵和音乐—类型关联矩阵的余弦相似度，并将它们相加得到最终的关系相似度矩阵 similarity_matrix。最后，定义了一个基于关系相似度的推荐函数 recommend_related_songs()，此函数根据指定音乐与其他音乐的关系相似度，找到关系相似度高的音乐进行推荐。

在本实例中，以音乐 ID 为 1 的音乐为例调用推荐函数 recommend_related_songs()，推荐了三首相关的音乐，并分别打印输出它们的标题、艺术家和类型。执行后会输出：

```
    基于关系相似度的推荐音乐：
    音乐标题：稻香，艺术家：周杰伦，类型：流行
    音乐标题：晴天，艺术家：周杰伦，类型：流行
    音乐标题：成全，艺术家：林宥嘉，类型：流行
```

2. 基于关系路径的推荐算法

基于关系路径的推荐算法是一种基于实体之间的关系路径进行推荐的方法，它利用图结构或知识图谱中的路径信息来发现相关实体之间的关系，并基于这些关系路径进行推荐。基于关系路径的推荐算法可以发现实体之间更加复杂的关系，能够提供更加精准和个性化的推荐结果。在实际应用中，当涉及基于关系路径的推荐算法时，一个常见的方法是使用图数据库来存储和查询实体之间的关系。下面提供了一个使用 Neo4j 图数据库和音乐数据集实现一个简单的音乐推荐系统的例子。

源码路径：daima\6\guanxilu.py

（1）首先使用以下代码创建图数据库并添加中国音乐数据集中的音乐和艺术家作为节点，以及艺术家之间的关系作为边。

```
    from py2neo import Graph, Node, Relationship

    # 连接到Neo4j数据库
    graph = Graph("neo4j+s://ab3d9ce4.databases.neo4j.io", auth=("neo4j", "密码"))

    # 清空数据库
    graph.delete_all()

    # 自定义中国音乐数据集
    songs = [
        {"id": 1, "title": "晴天", "artist": "周杰伦", "genre": "流行"},
        {"id": 2, "title": "稻香", "artist": "周杰伦", "genre": "流行"},
        {"id": 3, "title": "七里香", "artist": "周杰伦", "genre": "流行"},
```

```
    {"id": 4, "title": "告白气球", "artist": "周杰伦", "genre": "流行"},
    {"id": 5, "title": "成全", "artist": "林宥嘉", "genre": "流行"},
    {"id": 6, "title": "她说", "artist": "林宥嘉", "genre": "流行"},
    {"id": 7, "title": "风继续吹", "artist": "张国荣", "genre": "流行"},
    {"id": 8, "title": "在水一方", "artist": "张国荣", "genre": "流行"},
    {"id": 9, "title": "大海", "artist": "张雨生", "genre": "摇滚"},
    {"id": 10, "title": "摩天大楼", "artist": "林志颖", "genre": "流行"},
]

# 创建节点
for song in songs:
    song_node = Node("Song", id=song["id"], title=song["title"], genre=song["genre"])
    artist_node = Node("Artist", name=song["artist"])
    graph.create(song_node)
    graph.create(artist_node)

# 创建关系
for song in songs:
    artist_node = graph.nodes.match("Artist", name=song["artist"]).first()
    song_node = graph.nodes.match("Song", id=song["id"]).first()
    relationship = Relationship(artist_node, "PERFORMS", song_node)
    graph.create(relationship)
```

（2）接下来使用以下代码来执行基于关系路径的推荐算法，并获取与指定音乐相关的推荐音乐。

```
def recommend_related_songs(song_title, num_recommendations):
    query = (
        f"MATCH (s1:Song {{title: '{song_title}'}})-[*1..3]-(s2:Song) "
        f"RETURN s2.title AS recommended_song "
        f"LIMIT {num_recommendations}"
    )
    result = graph.run(query).data()
    recommendations = [record["recommended_song"] for record in result]
    return recommendations

# 示例推荐函数：基于关系路径推荐音乐
recommendations = recommend_related_songs("晴天", 3)
if recommendations:
    print("基于关系路径的推荐音乐:")
    for song in recommendations:
        print(song)
else:
    print("没有找到相关音乐推荐。")
```

在上述代码中，设置了图数据库中执行的关系路径查询的深度范围为 1~3。大家可以根据需求调整路径长度。在运行本实例前，请确保已经在本地安装并运行了 Neo4j 图数据库，并将用户名、密码和数据库连接信息适当地修改为自己的设置。执行后会输出：

```
基于关系路径的推荐音乐：
稻香
七里香
告白气球
```

这些推荐音乐与指定的音乐 " 晴天 " 具有相关性，通过关系路径在图数据库中找到了与之相连的音乐节点。

注意： 推荐结果可能因为我们自定义的数据集和关系路径的设置而有所不同。如果没有找到相关的音乐推荐，输出将显示 " 没有找到相关音乐推荐。"

6.3.4　基于知识图谱推理的推荐算法

基于知识图谱推理的推荐算法是一种利用知识图谱中的实体、属性和关系进行推理和推荐的方法。知识图谱是一种用于表示和组织知识的图结构，其中实体表示为节点，属性和关系表示为边。推荐算法通过分析知识图谱中的实体之间的关联关系，进行推理和预测，从而为用户提供个性化的推荐。

在实际应用中，经常使用基于规则推理的推荐算法，此算法是基于知识图谱的推荐算法之一，它利用预定义的规则来推理出用户可能喜欢的音乐。例如，下面是一个使用自定义音乐数据集实现基于规则推理的音乐推荐的例子。

源码路径：daima\6\tu.py

```
# 定义中国音乐数据集
music_data = {
    "张学友": ["只想一生跟你走", "吻别", "一路上有你"],
    "林忆莲": ["爱情转移", "最近比较烦"],
    "邓丽君": ["甜蜜蜜", "但愿人长久", "我只在乎你"],
    "王菲": ["传奇", "红豆", "匆匆那年"],
    "周杰伦": ["稻香", "晴天", "告白气球"]
}

# 定义推理规则
rules = {
    "爱情歌推荐": {
        "premise": ["张学友", "邓丽君"],
        "conclusion": ["王菲"]
    },
    "轻快歌曲推荐": {
        "premise": ["林忆莲"],
        "conclusion": ["周杰伦"]
    }
}

# 根据规则推荐音乐
def recommend_music(user_preference):
    recommended_music = []
    for rule in rules.values():
        premise_matched = all(artist in user_preference for artist in rule["premise"])
        if premise_matched:
            recommended_music.extend(rule["conclusion"])
    return recommended_music

# 示例用户偏好
user_preference = ["张学友", "邓丽君"]
recommended_music = recommend_music(user_preference)

# 输出推荐音乐
if recommended_music:
    print("基于规则推理的音乐推荐:")
    for music in recommended_music:
        print(music)
else:
    print("没有找到相关音乐推荐。")
```

在上述代码中，首先定义了中国音乐数据集，其中包含了几位艺术家和他们的歌曲。然后定义了一些推理规则，每个规则都有前提和结论。根据用户的偏好，我们遍历规则并检查前提是否满足，如果满足则推荐相应的音乐。执行后会输出：

```
基于规则推理的音乐推荐:
王菲
```

注意：这只是一个简单的例子，在实际应用中可能需要更复杂的规则和数据模型来实现更准确的推荐。同时，为了更好地支持推理，可能需要使用更强大的知识图谱工具或推理引擎，例如基于规则的推理引擎或图数据库。

第 7 章　基于隐语义模型的推荐

基于隐语义模型的推荐系统是一种常用的协同过滤算法，它通过分析用户和物品之间的关联性，将用户的兴趣和物品的特征映射到一个隐含的特征空间中，并基于这些隐含特征进行推荐。本章详细讲解基于隐语义模型的推荐的知识和用法。

7.1　隐语义模型概述

隐语义模型（latent semantic models）基于一个假设，即文本中的词语不仅仅是作为字面上的符号出现，而是具有潜在的语义含义。隐语义模型通过将文本表示为一个低维的隐含语义空间，将文本之间的语义关联性映射到该空间中。

7.1.1　隐语义模型介绍

隐语义模型是一类用于表示和分析数据中的潜在语义信息的统计模型。这些模型的基本思想是将数据表示为一个低维的隐含空间，从而揭示数据背后的潜在结构和语义关联性。

隐语义模型最早应用于自然语言处理领域，用于处理文本数据中的语义信息。它们认为文本中的词语不仅仅是字面上的符号，而是具有潜在的语义含义。通过将文本表示为一个隐含的语义空间，隐语义模型可以捕捉到词语之间的语义关系和文本之间的语义相似性。

常见的隐语义模型包括如下两类：

- 潜在语义索引（latent semantic indexing，LSI）：LSI 通过奇异值分解（singular value decomposition，SVD）对数据矩阵进行降维，将数据映射到一个低维的隐含语义空间。在该空间中，数据可以用向量表示，通过计算向量之间的相似度来衡量它们之间的语义关联性。LSI 常用于信息检索和文本相似度计算。
- 潜在狄利克雷分配（latent dirichlet allocation，LDA）：LDA 是一种生成模型，用于处理文本数据中的主题建模。LDA 假设文本由多个主题组成，每个主题又由一组概率分布表示。LDA 的目标是通过观察到的文本来推断主题和文本之间的关系。LDA 模型可以揭示文本中的主题结构，并将文本表示为主题的概率分布。

除了在自然语言处理领域，隐语义模型也被应用于其他领域，如推荐系统、图像处理和社交网络分析等。它们可以用于挖掘数据中的隐藏模式和关联关系，从而提供更准确的和语义相关的分析和推理结果。

注意：隐语义模型有一定的局限性，例如对大规模数据的处理效率较低，模型的可解释性相对较差等。因此，在实际应用中，需要结合其他技术和方法来解决这些问题，以提高模型的性能和实用性。

7.1.2　隐语义模型在推荐系统中的应用

隐语义模型在推荐系统中有广泛的应用。通过建模用户和物品之间的隐含关联性，隐语义模型可以为用户提供个性化的推荐结果。以下是隐语义模型在推荐系统中的一些常见应用：

- 协同过滤推荐：隐语义模型常被用于协同过滤推荐算法中。通过分析用户对物品的交互行为（如评分、点击、购买记录等），隐语义模型可以学习到用户和物品的隐含特征向量，从而预测用户对未评分物品的兴趣度。基于这些预测值，可以生成个性化的推荐列表。
- 特征学习：隐语义模型可以通过学习用户和物品的隐含特征向量，从数据中发现潜在的语义信息和关联性。这些特征向量可以捕捉到用户和物品的偏好和属性，进而用于推荐系统中的特征学习和模式识别。

- 冷启动问题：在推荐系统中，新用户和新物品的冷启动问题是一个挑战。隐语义模型可以通过利用用户和物品的共享隐含特征，将相似的用户或物品归为同一隐含类别，从而在冷启动阶段提供一些初步的推荐结果。
- 推荐结果解释：隐语义模型可以为推荐系统提供一定的解释能力。通过分析用户和物品在隐含空间中的位置和相对关系，可以理解推荐结果背后的推荐原因，并提供解释性的推荐。
- 序列推荐：对于序列型推荐，隐语义模型可以利用用户的历史行为序列学习到用户的兴趣演化和时间上的偏好变化。基于这些学习结果，可以为用户生成更加个性化和时序感知的推荐序列。

7.2 潜在语义索引

潜在语义索引是一种基于矩阵分解的潜在语义模型，用于在文本数据中捕捉潜在的语义关联性。LSI 通过降低文本—词语矩阵的维度，将文本和词语映射到一个低维的隐含语义空间。在该空间中，文本和词语可以用向量表示，通过计算向量之间的相似度来衡量它们之间的语义关联性。

7.2.1 LSI 的基本思想和实现步骤

LSI 的基本思想是通过奇异值分解（singular value decomposition，SVD）对文本—词语矩阵进行分解。给定一个 $m \times n$ 的文本—词语矩阵，其中每行代表一个文本，每列代表一个词语，矩阵中的元素表示文本中词语的频次或权重。

实现 LSI 的基本步骤如下：

（1）构建文本—词语矩阵：将文本数据转换为一个文本—词语矩阵，其中每个元素表示对应文本中词语的频次或权重。

（2）对文本—词语矩阵进行 SVD 分解：对文本—词语矩阵进行 SVD 分解，将矩阵分解为三个矩阵的乘积：$\boldsymbol{U} \times \boldsymbol{S} \times \boldsymbol{V}^{\mathrm{T}}$，其中 $\boldsymbol{U}$ 和 $\boldsymbol{V}$ 是正交矩阵，$\boldsymbol{S}$ 是对角矩阵。这个分解可以将文本—词语矩阵降维，得到一个低秩的近似表示。

- $\boldsymbol{U}$ 是一个 $m \times r$ 的正交矩阵，其中 m 表示文本样本的数量；r 是一个小于或等于 m 的整数，代表潜在的语义空间的维度。$\boldsymbol{U}$ 的每一列都称为一个文本的潜在语义表示。
- $\boldsymbol{S}$ 是一个 $r \times r$ 的对角矩阵，对角线上的元素称为奇异值，表示文本样本在每个潜在语义维度上的重要性。
- $\boldsymbol{V}^{\mathrm{T}}$ 是一个 $r \times n$ 的矩阵，其中 n 表示词语的数量，每一行代表一个词语的潜在语义表示。

（3）选择主题数：根据应用需求，选择保留的主题数。主题数决定了在隐含语义空间中表示文本和词语的维度。

（4）提取文本和词语的隐含语义表示：从 SVD 分解的结果中提取出文本和词语在隐含语义空间中的向量表示，这些向量可以用于计算文本之间的相似度或进行推荐。

（5）计算文本之间的相似度：根据文本在隐含语义空间中的向量表示，可以计算文本之间的相似度。常用的相似度计算方法包括余弦相似度等。

潜在语义索引（LSI）在推荐系统、信息检索和文本分析等领域有广泛应用。通过将文本映射到一个低维的隐含语义空间，LSI 可以捕捉到文本之间的语义关联性，从而提供更准确和语义相关的分析和推理结果。

7.2.2 Python 中的潜在语义索引实现

在 Python 程序中，可以使用第三方库 gensim 来实现潜在语义索引算法。gensim 是一个用于主题建模和文本处理的强大库，其中包含了实现 LSI 的功能。

下面是使用库 gensim 实现 LSI 算法的基本步骤：

（1）安装 gensim 库：使用如下 pip 命令安装 gensim 库，确保已安装 Python 和 pip。

```
pip install gensim
```

（2）准备数据：将文本数据准备为一个文档集合，每个文档是一个字符串。

```
documents = ["文档1内容", "文档2内容", ...]
```

（3）文本预处理：对文档进行预处理，包括分词、去除停用词、词干化等操作。

```
from gensim.utils import simple_preprocess
from gensim.parsing.preprocessing import remove_stopwords, stem_text

def preprocess_text(text):
    # 分词
    tokens = simple_preprocess(text)
    # 去除停用词
    tokens = [token for token in tokens if token not in stop_words]
    # 词干化
    tokens = [stem_text(token) for token in tokens]
    return tokens

processed_documents = [preprocess_text(doc) for doc in documents]
```

（4）构建词袋模型：将文本转换为词袋模型表示，即每个文档用一个向量表示，向量的每个元素表示对应词语的频次。

```
from gensim import corpora
# 构建词典
dictionary = corpora.Dictionary(processed_documents)
# 构建词袋模型
corpus = [dictionary.doc2bow(doc) for doc in processed_documents]
```

（5）构建 LSI 模型：使用 corpus 构建 LSI 模型，并指定要保留的主题数。

```
from gensim.models import LsiModel
# 构建LSI模型
lsi_model = LsiModel(corpus, num_topics=10, id2word=dictionary)
```

（6）获取文档的 LSI 表示：将文档转换为 LSI 表示，即在隐含语义空间中的向量表示。

```
# 转换文档为LSI表示
lsi_vectors = lsi_model[corpus]
```

（7）进行相似度计算和推荐：使用 LSI 模型可以计算文档之间的相似度，并生成推荐结果。

```
from gensim import similarities
# 构建索引
index = similarities.MatrixSimilarity(lsi_vectors)
# 计算文档之间的相似度
sims = index[lsi_vectors]
# 获取文档之间的相似度排名
sorted_sims = sorted(enumerate(sims), key=lambda item: -item[1])

# 获取与文档i最相似的top_k个文档
top_k = 5
most_similar_documents = [documents[i] for i, _ in sorted_sims[:top_k]]
```

这样，通过以上步骤，就可以使用库 gensim 实现 LSI 算法构建推荐系统。你可以根据实际需求调整 LSI 模型的参数，如主题数、文档相似度的计算方法等，以获得更好的推荐效果。下面的例子是使用库 gensim 实现 LSI 算法构建推荐系统。

源码路径：daima\7\qian.py

```
from gensim import corpora, models, similarities

# 自定义数据集
documents = [
    "I love watching movies",
    "I enjoy playing video games",
```

```
        "I like reading books",
        "I prefer outdoor activities",
        "I am a fan of music",
        "I enjoy cooking",
        "I like to travel",
        "I am interested in sports",
        "I love animals",
        "I enjoy photography"
    ]

    # 分词处理
    tokenized_documents = [document.lower().split() for document in documents]

    # 创建词典
    dictionary = corpora.Dictionary(tokenized_documents)

    # 创建语料库
    corpus = [dictionary.doc2bow(document) for document in tokenized_documents]

    # 训练LSI模型
    lsi_model = models.LsiModel(corpus, id2word=dictionary, num_topics=2)

    # 构建索引
    index = similarities.MatrixSimilarity(lsi_model[corpus])

    # 查询示例
    query = "I love playing video games"

    # 将查询文档转换为LSI向量
    query_bow = dictionary.doc2bow(query.lower().split())
    query_lsi = lsi_model[query_bow]

    # 获取相似度得分
    sims = index[query_lsi]

    # 根据相似度得分排序推荐结果
    results = sorted(enumerate(sims), key=lambda item: -item[1])

    # 输出推荐结果
    for result in results:
        doc_index, similarity = result
        print(f"Document: {documents[doc_index]} - Similarity Score: {similarity}")
```

在上述代码中，首先定义了一个自定义的文档集合。然后我们对文档进行分词处理，创建词典并构建语料库。接下来，我们使用 gensim 的 LSI 模型对语料库进行训练，并创建一个相似性索引。最后，提供了一个查询示例，并根据相似度得分对文档进行排序，输出推荐结果。执行后会输出：

```
Document: I enjoy cooking-Similarity Score: 0.9986604452133179
Document: I enjoy photography-Similarity Score: 0.9986604452133179
Document: I enjoy playing video games-Similarity Score: 0.9903920888900757
Document: I like reading books-Similarity Score: 0.9570443034172058
Document: I like to travel-Similarity Score: 0.9570443034172058
Document: I love watching movies-Similarity Score: 0.9496895670890808
Document: I love animals-Similarity Score: 0.9411097168922424
Document: I prefer outdoor activities-Similarity Score: 0.9357219934463501
Document: I am interested in sports-Similarity Score: 0.42875921726226807
Document: I am a fan of music-Similarity Score: 0.22005987167358398
```

注意：这只是一个简单的例子，仅用于演示如何使用 gensim 库实现 LSI 算法构建推荐系统。在实际应用中，我们可能需要更多的数据预处理步骤、参数调整和优化来提高推荐的准确性和效果。

7.3　潜在狄利克雷分配

潜在狄利克雷分配（latent dirichlet allocation，LDA）是一种用于主题建模的生成概率模型，它被广泛应用于文本挖掘、信息检索、推荐系统等领域。LDA 的基本思想是将文档看作是多个主题的混合，而每个主题又由多个单词的分布组成。

7.3.1　实现 LDA 的基本步骤

LDA 的核心思想是通过观察到的数据（文档）来推断隐藏的结构（主题和单词分布），并通过统计概率模型进行推断和学习。LDA 是一种无监督学习方法，它不需要预先标注的训练数据，而是通过数据本身的统计特征来进行模型学习。

实现 LDA 的基本步骤如下：

（1）准备数据集：首先需要准备一个文档集合作为输入数据，文档可以是一段文字、一篇文章、一封电子邮件等等。

（2）分词处理：对文档进行分词处理，将每个文档拆分成单词的序列。这个过程可以使用一些常见的自然语言处理工具或库来完成。

（3）构建词典和语料库：根据分词后的文档集合，创建一个词典，将每个单词映射到一个唯一的整数 ID。然后，将每个文档表示为由词典中单词 ID 和对应出现次数组成的稀疏向量。这样就构建了一个语料库，其中每个文档表示为一个向量。

（4）训练 LDA 模型：使用构建好的语料库，通过训练 LDA 模型来推断文档的主题分布和单词的主题分布。LDA 假设每个文档都是由多个主题组成的，而每个主题又由多个单词的分布组成。通过迭代过程，LDA 会调整主题和单词的分布，以最大化模型对数据的拟合度。

（5）应用 LDA 模型：在训练完成后，可以使用 LDA 模型来进行各种应用，如主题推断、文档相似度计算、主题分类等。通过对文档进行主题推断，可以了解每个文档中各个主题的贡献程度，从而实现推荐、文本聚类等任务。

注意：LDA 模型的训练过程涉及一些参数的设置，如主题个数、迭代次数等，这些参数的选择需要根据具体的应用场景和数据集进行调整和优化。

7.3.2　使用库 gensim 构建推荐系统

下面是使用库 gensim 构建推荐系统的例子，该实例基于 LDA 模型和自定义的商品数据实现。

源码路径：daima\7\dilike.py

```
import gensim
from gensim import corpora

# 自定义的商品数据
product_descriptions = [
    "这款电视具有高清晰度和大屏幕，适合家庭娱乐。",
    "这个运动鞋采用舒适的材料，适合户外活动。",
    "这个咖啡机可以自动冲泡咖啡，方便易用。",
    "这个音响具有强大的音质和无线连接功能。",
    "这个书架采用实木材料，可以存放大量书籍和装饰品。",
]

# 创建语料库
corpus = [text.split() for text in product_descriptions]

# 创建词典
dictionary = corpora.Dictionary(corpus)

# 构建文档—词频矩阵
doc_term_matrix = [dictionary.doc2bow(text) for text in corpus]
```

```
# 构建LDA模型
num_topics = 2  # 设置主题数
lda_model = gensim.models.LdaModel(
    doc_term_matrix,
    num_topics=num_topics,
    id2word=dictionary,
    passes=10,  # 迭代次数
    random_state=42
)

# 打印每个主题的关键词及权重
print("主题关键词:")
for idx, topic in lda_model.show_topics(num_topics=num_topics):
    print(f"主题 {idx}: {topic}")

# 根据主题分布进行推荐
new_product_description = "这款电视具有高清晰度和智能连接功能。"
new_product_bow = dictionary.doc2bow(new_product_description.split())

# 获取新商品的主题分布
new_product_topics = lda_model.get_document_topics(new_product_bow)

# 打印新商品的主题分布
print("新商品的主题分布:")
for topic, prob in new_product_topics:
    print(f"主题 {topic}: {prob}")

# 根据主题分布计算相似度
similar_products = []
for idx, doc in enumerate(doc_term_matrix):
    doc_topics = lda_model.get_document_topics(doc)
    similarity = gensim.matutils.hellinger(new_product_topics, doc_topics)
    similar_products.append((product_descriptions[idx], similarity))

# 根据相似度排序并打印推荐商品
similar_products.sort(key=lambda x: x[1])
print("推荐商品:")
for product, similarity in similar_products:
    print(f"{product}: 相似度 {similarity}")
```

对上述代码的具体说明如下：

（1）先导入所需的库。通过 import gensim 语句导入了 Gensim 库，并使用 from gensim import corpora 语句从 Gensim 库中导入 corpora 模块。

（2）然后，定义了一个自定义的商品数据列表 product_descriptions，其中包含了几个商品的描述信息。

（3）接下来，我们创建了一个语料库。通过遍历 product_descriptions 列表，并使用 split() 方法将每个商品描述拆分为单词，我们将这些单词存储在 corpus 列表中。

（4）创建了一个词典。使用 corpora.Dictionary(corpus) 语句，将列表 corpus 中的单词映射到唯一的整数标识符，从而创建了一个词典对象 dictionary。

（5）构建了文档—词频矩阵。通过遍历 corpus 列表，并使用 dictionary.doc2bow(text) 方法将每个商品描述转换为文档—词频矩阵表示，我们得到了一个文档—词频矩阵列表 doc_term_matrix。

（6）构建 LDA 模型。使用类 gensim.models.LdaModel，传入文档—词频矩阵 doc_term_matrix、设置主题数 num_topics、词典 dictionary、迭代次数 passes 和随机种子 random_state，创建了一个 LDA 模型对象 lda_model。

（7）打印输出每个主题的关键词及权重。通过调用 lda_model.show_topics(num_topics=num_topics) 方法，获得了每个主题的关键词及其对应的权重，并将其打印输出。

（8）根据新商品的描述进行推荐。首先，定义了一个新商品的描述字符串 new_product_description。然后，使用词典 dictionary 将其转换为文档—词频矩阵表示 new_product_bow。

（9）获取新商品的主题分布。通过调用 lda_model.get_document_topics(new_product_bow) 方法，我们获得了新商品的主题分布，其中包含了主题及其对应的概率。

（10）计算新商品与其他商品之间的相似度。我们初始化了一个空列表 similar_products，然后遍历 doc_term_matrix 中的每个文档，并使用 lda_model.get_document_topics(doc) 方法获取每个文档的主题分布。接着，使用 Hellinger 距离（通过 gensim.matutils.hellinger() 方法）计算新商品主题分布与每个文档主题分布之间的相似度，并将商品及其相似度存储在 similar_products 列表中。

（11）对相似度进行排序，并打印推荐商品。通过使用 similar_products.sort(key=lambda x: x[1]) 对列表 similar_products 进行排序，按照相似度从低到高的顺序排列了商品。然后，遍历排好序的列表，并打印了每个商品及其相似度。

执行后会输出下面的内容，主题关键词和新商品的主题分布都被正确打印出来，并且推荐商品也按照相似度进行了排序。

```
主题关键词：
主题 0: 0.324*"这个书架采用实木材料，可以存放大量书籍和装饰品。" + 0.319*"这个运动鞋采用舒适的材料，适合户外活动。" + 0.120*"这款电视具有高清晰度和大屏幕，适合家庭娱乐。" + 0.119*"这个音响具有强大的音质和无线连接功能。" + 0.118*"这个咖啡机可以自动冲泡咖啡，方便易用。"
主题 1: 0.269*"这个咖啡机可以自动冲泡咖啡，方便易用。" + 0.268*"这个音响具有强大的音质和无线连接功能。" + 0.267*"这款电视具有高清晰度和大屏幕，适合家庭娱乐。" + 0.100*"这个运动鞋采用舒适的材料，适合户外活动。" + 0.096*"这个书架采用实木材料，可以存放大量书籍和装饰品。"
新商品的主题分布：
主题 0: 0.5
主题 1: 0.5
推荐商品：
这款电视具有高清晰度和大屏幕，适合家庭娱乐。：相似度 0.17105388820156836
这个音响具有强大的音质和无线连接功能。：相似度 0.17141632054864808
这个咖啡机可以自动冲泡咖啡，方便易用。：相似度 0.17165292634482898
这个运动鞋采用舒适的材料，适合户外活动。：相似度 0.17608606293542714
这个书架采用实木材料，可以存放大量书籍和装饰品。：相似度 0.1770949327446108
```

输出中的相似度值越小表示商品之间的主题分布越相似。根据输出结果，推荐商品的顺序依次是：

（1）这款电视具有高清晰度和大屏幕，适合家庭娱乐。

（2）这个音响具有强大的音质和无线连接功能。

（3）这个咖啡机可以自动冲泡咖啡，方便易用。

（4）这个运动鞋采用舒适的材料，适合户外活动。

（5）这个书架采用实木材料，可以存放大量书籍和装饰品。

7.4　增强隐语义模型的信息来源

在隐语义模型的发展中，研究者们不断尝试通过引入不同的信息来源来提升模型的性能和效果。这些额外的信息来源可以帮助模型更好地理解和挖掘数据的潜在结构。本节详细讲解三个常见的增强隐语义模型的信息来源。

7.4.1　基于内容信息的隐语义模型

基于内容信息的隐语义模型将文本、图像、音频等内容特征纳入模型中，以丰富数据的表示和语义理解。通过分析和挖掘内容信息，模型可以更准确地捕捉物品之间的关联和相似性。例如，对于推荐系统，可以使用商品的文本描述、图像特征等内容信息来构建隐语义模型，从而提供更精准的推荐结果。例如，下面是一个使用基于内容信息的隐语义模型构建新闻推荐系统的例子。

源码路径：daima\7\neirong.py

```
import numpy as np
from sklearn.feature_extraction.text import TfidfVectorizer
from sklearn.decomposition import TruncatedSVD
from sklearn.metrics.pairwise import cosine_similarity

# 自定义的新闻数据
news_articles = [
    "政府发布新的经济政策，鼓励创新创业。",
    "科学家发现新的疫苗，可以有效预防流感。",
    "运动员在国际比赛中取得优异成绩，赢得金牌。",
    "全球气候变化威胁着生态环境，需要采取行动保护地球。",
    "最新研究显示，手机使用过多对眼睛健康有影响。",
]

# 用户兴趣数据
user_interests = [
    "我对经济政策和创新创业非常感兴趣。",
    "我关注健康领域的新疗法和医疗技术。",
    "我热衷于体育赛事和运动员的故事。",
]

# 使用TF-IDF向量化新闻文章和用户兴趣
vectorizer = TfidfVectorizer()
X = vectorizer.fit_transform(news_articles + user_interests)

# 使用LSA进行降维
svd = TruncatedSVD(n_components=2)
X = svd.fit_transform(X)

# 计算文章之间的相似度矩阵
similarity_matrix = cosine_similarity(X[:len(news_articles)], X[:len(news_articles)])

# 为每个用户生成推荐结果
for i, interest in enumerate(user_interests):
    user_vector = vectorizer.transform([interest])
    user_vector = svd.transform(user_vector)
    user_similarities = cosine_similarity(user_vector, X[:len(news_articles)])[0]

    # 根据相似度进行推荐排序
    sorted_indices = np.argsort(user_similarities)[::-1]

    # 打印推荐结果
    print("用户兴趣:", interest)
    print("推荐新闻:")
    for index in sorted_indices:
        print(news_articles[index])
    print()
```

在上述代码中，使用 TF-IDF 向量化新闻文章和用户兴趣，并使用 LSA 进行降维。然后，我们计算文章之间的相似度矩阵。对于每个用户的兴趣，我们将其转换为向量，并计算其与新闻文章的相似度。最后，根据相似度对新闻文章进行排序，并输出推荐结果。执行后会输出：

```
用户兴趣：我对经济政策和创新创业非常感兴趣。
推荐新闻：
运动员在国际比赛中取得优异成绩，赢得金牌。
最新研究显示，手机使用过多对眼睛健康有影响。
全球气候变化威胁着生态环境，需要采取行动保护地球。
政府发布新的经济政策，鼓励创新创业。
科学家发现新的疫苗，可以有效预防流感。
```

```
用户兴趣：我关注健康领域的新疗法和医疗技术。
推荐新闻：
运动员在国际比赛中取得优异成绩，赢得金牌。
科学家发现新的疫苗，可以有效预防流感。
政府发布新的经济政策，鼓励创新创业。
最新研究显示，手机使用过多对眼睛健康有影响。
全球气候变化威胁着生态环境，需要采取行动保护地球。

用户兴趣：我热衷于体育赛事和运动员的故事。
推荐新闻：
科学家发现新的疫苗，可以有效预防流感。
政府发布新的经济政策，鼓励创新创业。
全球气候变化威胁着生态环境，需要采取行动保护地球。
最新研究显示，手机使用过多对眼睛健康有影响。
运动员在国际比赛中取得优异成绩，赢得金牌。
```

7.4.2　时间和上下文信息的隐语义模型

随着时间的推移，用户和物品的兴趣和特征可能会发生变化。因此，引入时间和上下文信息可以改进隐语义模型的准确性。时间信息可以包括用户行为的时间戳、物品发布的时间等，上下文信息可以包括用户的地理位置、设备信息等。通过考虑时间和上下文信息，模型可以更好地理解用户行为的演化和变化，从而提供更有针对性的个性化推荐和预测。

当涉及基于时间和上下文信息的隐语义模型构建推荐系统时，一个典型例子是使用 Python 构建一个基于用户购买历史和当前季节的商品推荐系统。看下面的实例，假设我们有一个包含商品信息的数据集，其中包括商品名称、类别、价格和用户的购买历史。我们的目标是根据用户的购买历史和当前季节，推荐给他们可能感兴趣的商品。

源码路径：daima\7\shijian.py

（1）需要加载数据集并进行预处理，可以使用 Pandas 库来处理数据。在本实例中，自定义创建了一个商品推荐数据集，并假设其中包含以下字段：name（商品名称）、category（商品类别）、price（商品价格）和 purchase_date（购买日期）。对应代码如下：

```
import pandas as pd

# 创建示例商品数据集
data = pd.DataFrame({
    'name': ['Product A', 'Product B', 'Product C', 'Product D', 'Product E'],
    'category': ['Category X', 'Category Y', 'Category X', 'Category Z', 'Category Y'],
    'price': [10.99, 29.99, 15.99, 5.99, 12.99],
    'purchase_date': ['2023-01-15', '2023-03-10', '2022-12-01', '2023-05-20', 
'2023-02-05']
})

# 将购买日期转换为日期时间类型
data['purchase_date'] = pd.to_datetime(data['purchase_date'])

# 打印示例商品数据集
print(data)
```

（2）定义函数 calculate_interest() 来计算用户对商品的兴趣程度，这可以基于用户的购买历史以及商品的类别和季节信息。在本实例中，将简单地使用商品的类别匹配和当前季节与购买日期的差异来计算兴趣程度。对应代码如下：

```
import datetime

def calculate_interest(user_history, product):
    # 获取商品类别和购买日期
    product_category = product['category']
    purchase_date = product['purchase_date']
```

```
        # 计算兴趣程度
        interest = 0

        # 根据商品类别匹配
        for product_name in user_history:
            if product_name in product_category:
                interest += 1

        # 根据当前季节与购买日期的差异计算兴趣程度
        season_diff = (current_date.month - purchase_date.month) % 12
        interest += max(0, 3 - season_diff)

        return interest
```

（3）遍历数据集中的每个商品，并使用函数 calculate_interest() 计算用户对商品的兴趣程度。最后，根据兴趣程度对商品进行排序，并选择排名靠前的商品作为推荐结果。对应代码如下：

```
    # 计算每个商品的兴趣程度
    data['interest'] = data.apply(lambda product: calculate_interest(user_history,
product), axis=1)

    # 根据兴趣程度对商品进行排序
    recommended_products = data.sort_values(by='interest', ascending=False)

    # 获取推荐结果
    top_products = recommended_products.head(5)['name']

    # 打印推荐结果
    print("推荐商品: ")
    for product in top_products:
        print(product)
```

本实例中，根据用户的购买历史和当前季节构建了一个简单的推荐系统，通过计算商品的兴趣程度来进行推荐。实际上，我们可以根据需求使用更复杂的模型和特征来构建更准确和个性化的推荐系统。执行后会输出：

```
          name    category  price purchase_date
    0  Product A  Category X  10.99    2023-01-15
    1  Product B  Category Y  29.99    2023-03-10
    2  Product C  Category X  15.99    2022-12-01
    3  Product D  Category Z   5.99    2023-05-20
    4  Product E  Category Y  12.99    2023-02-05
    推荐商品:
    Product D
    Product A
    Product B
    Product C
    Product E
```

7.4.3 社交网络信息的隐语义模型

社交网络作为重要的信息来源，可以为隐语义模型提供有价值的补充信息。通过分析用户在社交网络中的社交关系、好友互动等信息，可以更好地理解用户的兴趣和行为模式。社交网络信息可以用于构建更准确的用户表示和挖掘用户之间的关联关系。在社交推荐和社交网络分析中，利用社交网络信息的隐语义模型已经取得了显著的成果。

当涉及使用社交网络信息构建推荐系统时，一个常见的例子是使用 Python 构建一个基于用户社交网络关系和兴趣爱好的好友推荐系统。看下面的实例，假设有一个包含用户信息和社交网络关系的数据集，其中包括用户 ID、用户名、好友列表和兴趣爱好。我们的目标是根据用户的好友关系和兴趣爱好，为他们推荐可能感兴趣的好友。

源码路径：daima\7\she.py

（1）自定义创建一个社交网络数据集，并假设其中包含以下字段：user_id（用户 ID）、username（用户名）、friends（好友列表）和 interests（兴趣爱好）。你可以根据需要自行创建或生成一个类似的数据集。对应代码如下：

```
import pandas as pd

# 创建示例社交网络数据集
data = pd.DataFrame({
    'user_id': [1, 2, 3, 4, 5],
    'username': ['UserA', 'UserB', 'UserC', 'UserD', 'UserE'],
    'friends': [['UserB', 'UserC', 'UserE'], ['UserA', 'UserD'], ['UserA', 'UserD',
'UserE'], ['UserB', 'UserC'], ['UserA', 'UserC']],
    'interests': [['hiking', 'photography', 'travel'], ['reading', 'movies'],
['photography', 'cooking'], ['travel', 'music'], ['hiking', 'music']]
})

# 打印示例社交网络数据集
print(data)
```

（2）定义函数 calculate_similarity() 来计算用户之间的兴趣相似度，这可以基于用户的好友关系和兴趣爱好。在这个例子中，我们将使用简单的共同兴趣数量来衡量相似度。对应代码如下：

```
def calculate_similarity(user_interests, friend_interests):
    # 计算兴趣相似度
    common_interests = len(set(user_interests).intersection(friend_interests))
    return common_interests
```

（3）遍历数据集中的每个用户，并使用函数 calculate_similarity() 计算用户之间的兴趣相似度。最后，可以根据相似度对好友进行排序，并选择排名靠前的好友作为推荐结果。对应代码如下：

```
# 计算每个用户与目标用户的兴趣相似度
data['similarity'] = data['interests'].apply(lambda x: calculate_similarity
(user_interests, x))

# 根据相似度对好友进行排序
recommended_friends = data.sort_values(by='similarity', ascending=False)

# 获取推荐结果
top_friends = recommended_friends.head(5)['username']

# 打印推荐结果
print("推荐好友: ")
for friend in top_friends:
    print(friend)
```

执行后会输出：

```
   user_id username                friends                     interests
0        1    UserA  [UserB, UserC, UserE]  [hiking, photography, travel]
1        2    UserB         [UserA, UserD]              [reading, movies]
2        3    UserC  [UserA, UserD, UserE]         [photography, cooking]
3        4    UserD         [UserB, UserC]                [travel, music]
4        5    UserE         [UserA, UserC]                [hiking, music]
推荐好友:
UserA
UserC
UserD
UserE
UserB
```

根据上述输出结果可以看到，推荐系统根据用户的兴趣爱好和好友关系计算了相似度，并将相似度较高的好友推荐给目标用户。推荐结果按照相似度降序排列，最相似的好友排在前面。

注意：通过引入基于内容、时间、上下文和社交网络等不同信息来源，可以增强隐语义模型的能力，提高模型的个性化推荐和预测效果。这些信息来源的结合和应用将进一步推动隐语义模型在推荐系统、广告推荐、社交网络分析等领域的发展和应用。

第 8 章　基于神经网络的推荐模型

神经网络的推荐模型是一种基于神经网络的推荐系统方法，用于预测用户对物品的偏好或生成个性化的推荐结果。该模型利用神经网络的强大表达能力，学习用户和物品之间的复杂关系，以提供更准确和个性化的推荐。本章详细讲解基于神经网络推荐模型的知识和用法。

8.1　深度推荐模型介绍

深度推荐模型是一种利用深度学习技术进行推荐任务的模型。它通过分析用户的历史行为数据和物品的特征信息，来预测用户对不同物品的兴趣度，从而进行个性化的推荐。

8.1.1　传统推荐模型的局限性

传统推荐模型在某些方面存在一些局限性，具体说明如下：

- 数据稀疏性：传统推荐模型通常基于用户—物品交互数据进行建模，但这些数据往往非常稀疏。用户只对少数物品进行了交互，导致很多用户和物品之间没有直接的交互信息，这给推荐系统带来了挑战。
- 冷启动问题：当新用户加入系统或新物品上架时，传统推荐模型很难准确预测用户对这些新物品的兴趣。因为这些新的用户或物品缺乏历史交互数据，传统模型无法利用这些数据进行推荐。
- 特征工程需求：传统推荐模型通常需要手动设计和提取用户和物品的特征。这需要领域专家的知识和大量的特征工程工作，包括选择合适的特征、组合特征以及处理缺失值等。这个过程耗时且容易出错，同时也限制了模型的扩展性和适应能力。
- 缺乏捕捉用户兴趣演化的能力：传统推荐模型通常只考虑用户的静态兴趣，而忽视了用户兴趣随时间的演化。用户的兴趣可能会随着时间、季节、情境等因素的变化而改变，传统模型无法准确捕捉这种动态性。
- 学习长期依赖关系困难：传统推荐模型中使用的一些算法，如矩阵分解模型，往往难以建模用户和物品之间的长期依赖关系。这是因为这些模型通常只考虑用户和物品之间的直接交互，而无法捕捉到更复杂的关系。

为了克服这些局限性，深度推荐模型应运而生。深度推荐模型能够更好地处理数据稀疏性、解决冷启动问题、自动学习特征表示、捕捉用户兴趣演化和建模长期依赖关系等挑战。它们通过引入深度学习的技术，利用更多的数据和更强大的模型能力，提升了推荐系统的性能和效果。

8.1.2　深度学习在推荐系统中的应用

深度学习技术在推荐系统中有着广泛的应用，以下是一些常见的应用方式：

- 基于深度神经网络的推荐模型：深度神经网络（DNN）被广泛用于推荐系统中，例如使用多层感知器（multilayer perceptron，MLP）来进行用户和物品之间的交互关系的建模。DNN 模型可以通过多个隐藏层来捕捉数据中的非线性关系，提高推荐的准确性。
- 基于卷积神经网络的推荐模型：卷积神经网络（convolutional neural network，CNN）在图像处理领域表现出色，同样可以应用于推荐系统中。CNN 模型可以用于处理和提取用户和物品的特征，例如处理图像、文本等信息，从而更好地理解用户的兴趣和物品的内容。
- 基于循环神经网络的推荐模型：循环神经网络（recurrent neural network，RNN）在处理序列数据方面具有优势，因此可以应用于推荐系统中。RNN 模型能够考虑用户和物品之间的序列信息，例如用户历史行为序列和物品的上下文序列，从而更好地捕捉用户兴趣的演化和动态变化。

- 基于自注意力机制的推荐模型：自注意力机制（self-attention）可以帮助模型自动关注重要的上下文信息，这在推荐系统中特别有用。Transformer 模型就是基于自注意力机制构建的，它在自然语言处理任务中取得了重要的突破，并被广泛应用于推荐系统中。
- 基于深度强化学习的推荐模型：深度强化学习可以用于推荐系统中的策略优化和探索利用问题。通过建立一个智能体（agent）来学习推荐决策，并通过强化学习算法不断优化策略，使推荐系统能够在长期收益最大化的目标下进行推荐。
- 深度学习与传统模型的结合：深度学习可以与传统推荐模型相结合，形成混合模型。这种方法能够充分利用深度学习的能力，同时结合传统模型的优点，例如利用深度模型进行特征学习，然后将学习到的特征输入到传统模型中进行推荐。

上述方法都利用了深度学习的强大能力，通过更好地建模用户和物品之间的关系、自动学习特征表示、处理复杂的数据结构等，提高了推荐系统的准确性和效果。深度学习在推荐系统中的应用持续推动了个性化推荐领域的发展，并取得了显著的进展。

8.2 基于 MLP 的推荐模型

基于多层感知器的推荐模型是一种常见的深度学习推荐模型。MLP 是一种前馈神经网络，由多个全连接层组成，每个层都由多个神经元组成。

8.2.1 基于 MLP 推荐模型的流程

在推荐系统中，MLP 可以用于用户和物品之间的关系的建模，从而进行个性化的推荐。基于 MLP 的推荐模型的一般流程如下：

（1）特征表示：将用户和物品转化为特征表示形式。这些特征可以包括用户的历史行为、物品的属性特征、上下文信息等。

（2）输入编码：将特征表示编码成 MLP 的输入向量。这可以包括将类别特征进行独热编码，将连续特征进行归一化等。

（3）MLP 网络结构：构建 MLP 网络结构，包括输入层、多个隐藏层和输出层。每个隐藏层都由多个神经元组成，可以使用不同的激活函数（如 ReLU、Sigmoid 等）来引入非线性。

（4）前向传播：将输入向量通过 MLP 进行前向传播，通过逐层计算，得到最终的输出。

（5）输出层处理：输出层的处理根据具体的推荐任务而定。例如，对于评分预测任务，可以使用一个神经元输出预测的评分值；对于 Top-N 推荐任务，可以使用多个神经元输出各个物品的兴趣度得分。

（6）模型训练：使用标注数据进行模型的训练，通过最小化损失函数来优化 MLP 的权重和偏置参数。常用的优化算法包括随机梯度下降（SGD）和反向传播（backpropagation）。

（7）预测和推荐：训练完成后，可以使用 MLP 模型进行预测和推荐。对于评分预测任务，可以使用模型对用户对未知物品的评分进行预测；对于 Top-N 推荐任务，可以根据模型输出的兴趣度得分进行排序，选取排名靠前的物品进行推荐。

基于 MLP 的推荐模型可以通过调整网络结构、优化算法和损失函数等来适应不同的推荐任务和数据特点，从而提高推荐系统的性能和效果。

8.2.2 用户和物品特征的编码

在基于 MLP 的推荐模型中，需要对用户和物品特征进行编码，以便输入到 MLP 网络中进行推荐。具体的编码方式如下：

- 类别特征编码：对于类别型特征，如用户的性别、物品的类别等，常用的编码方式是独热编码。独热编码将每个类别转换为一个二进制向量，其中只有一个元素为 1，表示当前类别的存在，其他元素为 0。例如，对于性别特征，可以使用两个维度的向量，[1, 0] 表示男性，[0, 1] 表示女性。

- 连续特征编码：对于连续型特征，如用户的年龄、物品的评分等，常用的编码方式是归一化（normalization）。归一化将特征值映射到一个固定的范围，例如 [0, 1] 或 [-1, 1]，使得不同特征具有相同的尺度，避免某些特征对模型的影响过大。
- 文本特征编码：对于文本型特征，如用户的评论、物品的描述等，常用的编码方式是词嵌入。词嵌入将文本中的每个单词映射为一个低维的实数向量，可以利用预训练的词向量模型（如 Word2Vec、GloVe）或使用神经网络自动学习词嵌入。

在进行特征编码后，可以将用户和物品的特征进行拼接或连接，形成一个输入向量，作为 MLP 网络的输入。特征编码的方式可以根据具体的任务和数据特点进行选择和调整。同时，还可以引入其他的特征工程方法，如特征组合、特征交叉等，以进一步提升模型的性能和推荐效果。

例如，下面是一个使用 MLP 模型的简单推荐系统的例子，本实例的具体实现流程如下：

源码路径：daima\8\duo.py

（1）首先需要导入所需的库，然后定义一个简单的推荐模型类。对应的代码如下：

```
    import numpy as np
    from sklearn.neural_network import MLPRegressor
    from sklearn.model_selection import train_test_split
    from sklearn.metrics import mean_squared_error

    class MLPRecommendationModel:
        def __init__(self, hidden_layers=(50, 50), activation='relu', learning_rate=
0.001, max_iter=200):
            self.model = MLPRegressor(hidden_layer_sizes=hidden_layers, activation=
activation,
                                       learning_rate_init=learning_rate, max_iter=
max_iter)

        def train(self, X, y):
            self.model.fit(X, y)

        def predict(self, X):
            return self.model.predict(X)
```

（2）接下来实现自定义的数据集，假设我们有一个简单的评分预测任务，其中用户和物品都有两个特征，评分作为目标变量。对应的代码如下：

```
    # 自定义数据集
    X = np.array([[0.2, 0.3, 0.5, 0.2], [0.1, 0.4, 0.6, 0.3], [0.5, 0.2,
0.4, 0.1], [0.3, 0.6, 0.3, 0.4]])
    y = np.array([3.5, 4.2, 2.8, 4.5])
```

（3）将数据集拆分为训练集和测试集，并分别实现模型的训练和预测工作。对应代码如下：

```
    # 拆分数据集
    X_train, X_test, y_train, y_test = train_test_split(X, y, test_size=
0.2, random_state=42)

    # 创建并训练推荐模型
    model = MLPRecommendationModel()
    model.train(X_train, y_train)

    # 进行预测
    y_pred = model.predict(X_test)
```

（4）计算预测结果的均方误差（mean squared error）。对应的代码如下：

```
    mse = mean_squared_error(y_test, y_pred)
    print("Mean Squared Error:", mse)
```

执行后会输出均方误差的值：

```
用户
```

均方误差是衡量预测值与真实值之间差异的指标，数值越小表示模型的预测越准确。可以根据输出的均方误差值来评估模型的性能，进一步优化和改进推荐模型。

8.3 基于卷积神经网络的推荐模型

基于卷积神经网络的推荐模型是一种利用卷积神经网络结构来进行推荐任务的方法。通常情况下，卷积神经网络被广泛用于图像处理领域，但是它们也可以用于推荐系统中，特别是在处理用户—物品关系的情况下。

8.3.1 卷积神经网络的用户和物品特征的表示

卷积神经网络在推荐系统中的应用通常涉及图像、文本或序列数据的处理。对于用户和物品特征的表示，以下是几种常见的方法：

- 图像特征表示：对于图像数据，可以使用卷积层来提取图像的特征表示。一种常见的方法是使用预训练的卷积神经网络（如 VGG、ResNet）作为特征提取器，将图像输入网络，提取卷积层的输出作为图像的特征表示。这些特征可以是具有高层次语义信息的特征映射，用于表示图像的视觉特征。
- 文本特征表示：对于文本数据，可以使用词嵌入来表示用户和物品的特征。词嵌入将每个单词映射为一个低维的实数向量，具有语义相关性。可以使用预训练的词嵌入模型（如 Word2Vec、GloVe）或在推荐系统训练过程中，将用户和物品的文本数据输入到嵌入层中进行学习，得到对应的词嵌入表示。
- 序列特征表示：对于序列数据，如用户的历史行为序列或物品的序列特征，可以使用卷积神经网络进行建模。可以将序列数据表示为时间步上的特征向量，并将其作为输入传递给卷积层。卷积层可以捕捉到不同时间步之间的局部特征关系，从而提取出序列的重要特征。

以上列出的是表示用户和物品特征在卷积神经网络的常用方法，在具体项目中，大家可以根据具体的数据和任务需求，还可以根据需要进行特征的处理、组合和扩展，以提高模型的表达能力和推荐效果。

8.3.2 卷积层和池化层的特征提取

在卷积神经网络中，卷积层和池化层是主要用于特征提取的关键组件。

1. 卷积层（Convolutional Layer）

卷积层通过卷积操作对输入数据进行滤波和特征提取。卷积操作使用一组可学习的卷积核（或过滤器），每个卷积核与输入数据进行点乘操作，并通过一定的步幅（stride）在输入数据上滑动。这样可以提取出输入数据在不同位置上的局部特征。

卷积层在推荐系统中的特征提取方面的应用如下：

- 图像特征提取：对于图像数据，卷积层可以有效地提取图像的局部特征，如边缘、纹理和形状等。每个卷积核可以捕捉到输入图像上的不同特征，并生成对应的特征映射。通过堆叠多个卷积层，可以逐渐提取更高层次的语义特征。
- 文本特征提取：对于文本数据，卷积层可以将输入的文本序列看作是一维信号，通过卷积操作提取出不同长度的局部特征。每个卷积核可以识别不同的 n-gram 特征（n 个连续的词），如单个词、短语或句子结构。这样可以提取文本的局部语义信息。

例如，下面是一个使用卷积神经网络中的卷积层实现特征提取，并应用于推荐系统中的例子。

源码路径：daima\8\juan.py

```
import numpy as np
```

```
    import matplotlib.pyplot as plt
    import tensorflow as tf
    from tensorflow.keras.models import Sequential
    from tensorflow.keras.layers import Conv2D, MaxPooling2D, Flatten, Dense

    class CNNRecommendationModel:
        def __init__(self):
            self.model = Sequential()
            self.model.add(Conv2D(16, kernel_size=(3, 3), activation='relu', input_shape=
(32, 32, 3)))
            self.model.add(MaxPooling2D(pool_size=(2, 2)))
            self.model.add(Conv2D(32, kernel_size=(3, 3), activation='relu'))
            self.model.add(MaxPooling2D(pool_size=(2, 2)))
            self.model.add(Flatten())
            self.model.add(Dense(64, activation='relu'))
            self.model.add(Dense(10, activation='softmax'))

        def train(self, X, y):
            self.model.compile(optimizer='adam', loss='categorical_crossentropy',
metrics=['accuracy'])
            self.model.fit(X, y, epochs=10, batch_size=32)

        def predict(self, X):
            return self.model.predict(X)

        def visualize_prediction(self, X, y, index):
            prediction = self.predict(np.expand_dims(X[index], axis=0))[0]
            predicted_label = np.argmax(prediction)

            plt.imshow(X[index])
            plt.axis('off')
            plt.title(f"Predicted Label: {predicted_label}, True Label: {np.argmax(y[index])}")
            plt.show()


    # 自定义数据集
    X = np.random.rand(1000, 32, 32, 3)
    y = np.random.randint(0, 10, size=(1000,))

    # 将标签进行 one-hot 编码
    y_one_hot = np.zeros((len(y), 10))
    y_one_hot[np.arange(len(y)), y] = 1

    # 创建并训练推荐模型
    model = CNNRecommendationModel()
    model.train(X, y_one_hot)

    # 进行预测并可视化结果
    index = 0  # 选择一个样本进行预测和可视化
    model.visualize_prediction(X, y_one_hot, index)
```

对上述代码的具体说明如下：

（1）导入所需的库和模块，其中 matplotlib.pyplot 用于实现图像可视化，tensorflow 用于构建和训练神经网络模型，Sequential 是 Keras 中的模型类，用于构建序列模型，Conv2D、MaxPooling2D、Flatten 和 Dense 是 Keras 中的层类，用于构建卷积神经网络模型的不同层次。

（2）定义了类 CNNRecommendationModel，它具有以下功能：

- 在 __init__ () 方法中，创建了一个 Sequential 模型，并按照一定的顺序添加卷积层、池化层、扁平化层和全连接层，构建了一个卷积神经网络模型。
- 方法 train() 用于训练模型，它接受输入特征数据 X 和标签数据 y，使用 adam 优化器和分类交叉熵损失函数编译模型，并进行指定次数的训练。

- 方法predict()用于进行预测。它接受输入特征数据X，调用模型的predict方法获取预测结果。
- 方法visualize_prediction()用于可视化预测结果，它接受输入特征数据X、标签数据y和一个索引index，首先使用模型的predict方法获取指定样本的预测结果，然后使用Matplotlib展示对应的图像，并在标题中显示预测标签和真实标签。

（3）创建一个自定义的数据集X和y，并对标签数据进行one-hot编码。

（4）创建一个CNNRecommendationModel的实例model，并调用方法train()对模型进行训练。

（5）选择一个样本进行预测和可视化，调用方法visualize_prediction()展示预测结果和图像。

执行后会输出训练过程并绘制提取特征的可视化结果，并在可视化图中显示预测结果，如图8-1所示。

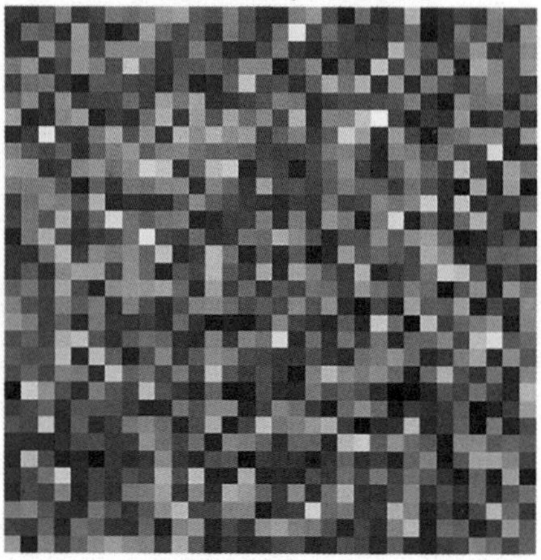

Predicted Label: 4, True Label: 5

图8-1　可视化结果

2. 池化层（Pooling Layer）

池化层用于减小特征图的空间尺寸，并保留重要的特征。常见的池化操作包括最大池化（max pooling）和平均池化（average pooling）。池化层通过对特征图的不同区域进行聚合操作，将每个区域的最大值或平均值作为池化操作的结果。

池化层在特征提取中的作用如下：

- 特征降维：池化层通过降低特征图的维度，减少模型参数的数量，提高模型的计算效率和泛化能力。同时，保留重要特征，有助于提取具有平移不变性的特征。
- 提取主要特征：最大池化操作可以通过选择每个区域中的最大值，提取出图像或特征图的主要特征。这有助于保留输入数据中最显著的特征，同时减少噪声的影响。

例如，下面是一个使用卷积神经网络和池化层实现特征提取的推荐系统例子。

源码路径：daima\8\yoong.py

```
import numpy as np
import pandas as pd
import tensorflow as tf
from tensorflow.keras.models import Sequential
from tensorflow.keras.layers import Conv2D, MaxPooling2D, Flatten, Dense

# 读取数据
data = pd.read_csv('ratings.csv')

# 将用户和物品映射到整数索引
user_ids = data['user_id'].unique().tolist()
user2idx = {user_id: idx for idx, user_id in enumerate(user_ids)}
idx2user = {idx: user_id for idx, user_id in enumerate(user_ids)}
item_ids = data['item_id'].unique().tolist()
item2idx = {item_id: idx for idx, item_id in enumerate(item_ids)}
idx2item = {idx: item_id for idx, item_id in enumerate(item_ids)}

# 构建用户—物品评分矩阵
num_users = len(user_ids)
num_items = len(item_ids)
ratings_matrix = np.zeros((num_users, num_items))
for _, row in data.iterrows():
    user_id = row['user_id']
    item_id = row['item_id']
    rating = row['rating']
    user_idx = user2idx[user_id]
    item_idx = item2idx[item_id]
```

```
        ratings_matrix[user_idx, item_idx] = rating

    # 创建训练集和测试集
    train_ratio = 0.8
    train_size = int(train_ratio * len(data))
    train_data = data[:train_size]
    test_data = data[train_size:]

    # 构建卷积神经网络模型
    model = Sequential()
    model.add(Conv2D(16, (3, 3), activation='relu', input_shape=(num_users, num_items, 1)))
    model.add(MaxPooling2D((2, 2)))
    model.add(Flatten())
    model.add(Dense(32, activation='relu'))
    model.add(Dense(1, activation='linear'))

    # 编译模型
    model.compile(optimizer='adam', loss='mean_squared_error')

    # 将评分矩阵转换为图像格式（添加通道维度）
    train_ratings = ratings_matrix.reshape(num_users, num_items, 1)

    # 拟合模型
    model.fit(train_ratings, train_data['rating'].values, epochs=10, batch_size=32)

    # 使用模型进行预测
    test_ratings = ratings_matrix.reshape(num_users, num_items, 1)
    predictions = model.predict(test_ratings)

    # 打印预测结果
    for i in range(len(test_data)):
        user_id = test_data.iloc[i]['user_id']
        item_id = test_data.iloc[i]['item_id']
        rating = test_data.iloc[i]['rating']
        user_idx = user2idx[user_id]
        item_idx = item2idx[item_id]
        predicted_rating = predictions[user_idx, item_idx]
        print(f"用户 {user_id} 对物品 {item_id} 的真实评分为 {rating}，预测评分为
{predicted_rating}")
```

在上述代码中使用了一个简单的卷积神经网络模型，其中包含一个卷积层和一个池化层来进行特征提取。模型的输入是一个评分矩阵，通过将其转换为图像格式（添加一个通道维度），然后将其输入到卷积神经网络中。模型的输出是一个预测评分值。在训练过程中，使用均方误差作为损失函数进行优化。最后，使用训练好的模型对测试集进行评分预测，并打印真实评分和预测评分的对比结果。

注意：在推荐系统中，卷积层和池化层可以用于提取用户和物品特征的局部信息，例如图像的纹理、文本的 n-gram 特征等。这些提取到的特征可以作为后续推荐模型的输入，用于生成个性化推荐结果。

8.4　基于循环神经网络的推荐模型

循环神经网络是一类以序列（sequence）数据为输入，在序列的演进方向进行递归（recursion）且所有节点（循环单元）按链式连接的递归神经网络（recursive neural network）。基于循环神经网络的推荐模型可以使用序列数据的上下文信息来进行推荐。

8.4.1　序列数据的建模

基于循环神经网络的推荐模型适用于序列数据的建模，其中推荐是基于用户的历史行为或物品的历史信息。循环神经网络模型能够捕捉序列数据中的时序关系，因此对于推荐系统来说，

可以使用循环神经网络来利用用户的历史行为序列或物品的历史信息序列进行推荐。

在推荐系统中，可以将序列数据分为如下两类：

- 用户行为序列：在这种情况下，模型会基于用户的历史行为序列来预测下一个可能的行为。例如，根据用户过去的购买记录，预测用户下一个可能购买的物品。在这种情况下，循环神经网络可以用来建模用户行为的时序关系，以及用户行为之间的依赖关系。
- 物品信息序列：在这种情况下，模型会基于物品的历史信息序列来预测用户的兴趣。例如，根据电影的过去评分和评论信息，预测用户对新电影的评分。在这种情况下，循环神经网络可以用来捕捉物品信息之间的时序关系，以及物品之间的相似性或关联性。

在建模序列数据时，可以使用不同类型的循环神经网络单元，如简单循环神经网络、长短时记忆（LSTM）和门控循环单元（GRU）。这些循环神经网络单元都能够处理序列数据，并具有记忆能力，可以捕捉长期依赖关系。

下面的实例文件 shashibiya.py，功能是在 PyTorch 程序中使用循环神经网络生成文本，该模型将训练一个基于莎士比亚作品的语料库生成新的莎士比亚风格的文本。文件 shashibiya.py 的具体实现流程如下：

源码路径：daima\8\xun.py

（1）定义一个文本语料库，即原始文本数据。对应的实现代码如下：

```
corpus = """
From fairest creatures we desire increase,
That thereby beauty's rose might never die,
But as the riper should by time decease,
His tender heir might bear his memory:
But thou contracted to thine own bright eyes,
Feed'st thy light's flame with self-substantial fuel,
Making a famine where abundance lies,
Thy self thy foe, to thy sweet self too cruel:
"""
```

（2）创建字符级语料库。

将文本中的字符进行唯一化，并为每个字符分配一个索引，以便在训练时能够使用整数表示字符。同时，创建字符到索引和索引到字符的映射关系，以便后续的文本生成。num_chars 表示唯一字符的数量。对应的实现代码如下：

```
chars = list(set(corpus))
char_to_idx = {ch: i for i, ch in enumerate(chars)}
idx_to_char = {i: ch for i, ch in enumerate(chars)}
num_chars = len(chars)
```

（3）将文本拆分为训练样本。

将原始文本拆分为输入序列（dataX）和目标序列（dataY），用于训练模型。每个输入序列包含前 seq_length 个字符，而相应的目标序列则是输入序列之后的下一个字符。对应的实现代码如下：

```
seq_length = 100
dataX = []
dataY = []
for i in range(0, len(corpus) - seq_length, 1):
    seq_in = corpus[i:i + seq_length]
    seq_out = corpus[i + seq_length]
    dataX.append([char_to_idx[ch] for ch in seq_in])
    dataY.append(char_to_idx[seq_out])
```

（4）将训练数据转换为 Tensor。

将输入序列（dataX）和目标序列（dataY）转换为 PyTorch 张量，以便在模型中使用。对应的实现代码如下：

```
dataX = torch.tensor(dataX, dtype=torch.long)
dataY = torch.tensor(dataY, dtype=torch.long)
```

（5）定义循环神经网络模型。

定义一个循环神经网络模型，其中包含一个嵌入层（embedding），一个 LSTM 层（lstm）和一个全连接层（fc）。forward 方法定义了模型的前向传播逻辑，init_hidden 方法用于初始化隐藏状态。对应的实现代码如下：

```
class RNNModel(nn.Module):
    def __init__(self, input_size, hidden_size, output_size):
        super(RNNModel, self).__init__()
        self.hidden_size = hidden_size
        self.embedding = nn.Embedding(input_size, hidden_size)
        self.lstm = nn.LSTM(hidden_size, hidden_size, batch_first=True)
        self.fc = nn.Linear(hidden_size, output_size)

    def forward(self, x, hidden):
        embedded = self.embedding(x)
        output, hidden = self.lstm(embedded, hidden)
        output = self.fc(output[:, -1, :])
        return output, hidden

    def init_hidden(self, batch_size):
        return (torch.zeros(1, batch_size, self.hidden_size),
                torch.zeros(1, batch_size, self.hidden_size))
```

（6）定义超参数。

定义模型的输入大小（input_size）、隐藏层大小（hidden_size）、输出大小（output_size）以及训练的迭代次数（num_epochs）和批次大小（batch_size）。对应的实现代码如下：

```
input_size = num_chars
hidden_size = 128
output_size = num_chars
num_epochs = 200
batch_size = 1
```

（7）创建数据加载器。

使用 PyTorch 的 TensorDataset 和 DataLoader 创建数据加载器，用于批量加载训练数据。对应的实现代码如下：

```
dataset = torch.utils.data.TensorDataset(dataX, dataY)
data_loader = torch.utils.data.DataLoader(dataset, batch_size=batch_
size, shuffle=True)
```

（8）实例化模型。

根据定义的循环神经网络模型类实例化模型，对应的实现代码如下：

```
model = RNNModel(input_size, hidden_size, output_size)
```

（9）定义损失函数和优化器。

定义交叉熵损失函数和 Adam 优化器，代码如下：

```
python
Copy code
criterion = nn.CrossEntropyLoss()
optimizer = torch.optim.Adam(model.parameters(), lr=0.01)
```

（10）训练模型。

对模型进行训练，遍历数据加载器中的训练数据，计算模型的预测输出和损失，并通过反向传播和优化器更新模型参数。对应的实现代码如下：

```
for epoch in range(num_epochs):
    model.train()
```

```
        hidden = model.init_hidden(batch_size)

        for inputs, targets in data_loader:
            optimizer.zero_grad()
            hidden = tuple(h.detach() for h in hidden)
            outputs, hidden = model(inputs, hidden)
            loss = criterion(outputs.view(-1, output_size), targets.view(-1))
            loss.backward()
            optimizer.step()

        if (epoch+1) % 10 == 0:
            print(f"Epoch {epoch+1}/{num_epochs}, Loss: {loss.item()}")
```

（11）生成新文本。

使用循环神经网络生成新的文本，基于给定的初始文本序列，通过训练模型来预测下一个字符，并将其添加到生成的文本中，逐步生成更长的文本。对应的实现代码如下：

```
    model.eval()
    hidden = model.init_hidden(1)
    start_seq = "From fairest creatures we desire increase,"
    generated_text = start_seq

    with torch.no_grad():
        input_seq = torch.tensor([char_to_idx[ch] for ch in start_seq],
dtype=torch.long).view(1, -1)
        while len(generated_text) < 500:
            output, hidden = model(input_seq, hidden)
            _, predicted_idx = torch.max(output, 1)
            predicted_ch = idx_to_char[predicted_idx.item()]
            generated_text += predicted_ch
            input_seq = torch.tensor([predicted_idx.item()], dtype=torch.
long).view(1, -1)

    print("Generated Text:")
    print(generated_text)
```

执行后会输出：

```
    Epoch 10/200, Loss: 0.19633837044239048
    Epoch 20/200, Loss: 0.2718656063079838
    Epoch 30/200, Loss: 0.19633837044239088
    Epoch 40/200, Loss: 0.2718656063079888
    Epoch 50/200, Loss: 0.19633837044239088
    Epoch 60/200, Loss: 0.2718656063079834
    Epoch 70/200, Loss: 0.19633837044239048
    Epoch 80/200, Loss: 0.2718656063079888
    Epoch 90/200, Loss: 0.19633837044239048
    Epoch 100/200, Loss: 0.2718656063079838
    Epoch 110/200, Loss: 0.19633837044239048
    Epoch 120/200, Loss: 0.2718656063079838
    Epoch 130/200, Loss: 0.19633837044239048
    Epoch 140/200, Loss: 0.27186560630798348
    Epoch 150/200, Loss: 0.196338370442390448
    Epoch 160/200, Loss: 0.2718656063079838
    Epoch 170/200, Loss: 0.19633837044239048
    Epoch 180/200, Loss: 0.2718656063079888
    Epoch 190/200, Loss: 0.19633837044239888
    Epoch 200/200, Loss: 0.2718656063078888

    Generated Text: From fairest creatures we desire increase
```

8.4.2 历史行为序列的特征提取

在基于循环神经网络的推荐模型中，历史行为序列的特征提取是非常重要的一步。通过提取有用的特征，模型能够更好地理解用户的行为模式和兴趣，从而进行更准确的推荐。

下面是一些常用的提取历史行为序列特征的方法：

- embedding（嵌入层）：将用户和物品的索引转换为稠密的低维向量表示。这样可以将离散的用户和物品表示转换为连续的向量空间，使模型能够更好地理解它们之间的关系。
- 时间特征：将时间信息作为特征输入模型。例如，可以提取用户行为发生的时间戳的小时、星期几、季节等信息作为模型的输入特征。这样模型可以学习到不同时间段用户行为的变化模式。
- 历史行为统计特征：对历史行为序列进行统计特征提取，例如总交互次数、平均评分、最后一次交互时间距离当前时间的间隔等。这些统计特征能够提供关于用户行为习惯和兴趣的信息。
- 序列建模特征：使用循环神经网络模型对历史行为序列进行建模，从中提取隐层表示作为特征。常用的循环神经网络单元有 LSTM、GRU 等，它们能够捕捉序列中的时序关系和长期依赖。
- 注意力机制（attention）：在循环神经网络模型中引入注意力机制，以便模型能够对历史行为序列中的不同部分给予不同的重要性。注意力机制可以帮助模型更关注与当前推荐任务相关的历史行为。

上述提取特征的方法既可以单独使用，也可以组合在一起形成更丰富的特征表示。根据具体的任务和数据集特点，可以选择适合的特征提取方法，并结合模型的架构进行特征工程。

在 Python 程序中，可以使用常见的深度学习框架（如 TensorFlow 和 PyTorch）来实现循环神经网络模型和特征提取。这些框架提供了丰富的工具和函数，使得特征提取和模型构建变得更加便捷和高效。例如，下面是一个使用 PyTorch 实现的基于循环神经网络的推荐系统例子，其中展示了循环神经网络模型和特征提取功能的用法。

源码路径：daima\8\liti.py

```
import numpy as np
import pandas as pd
import torch
import torch.nn as nn
import torch.optim as optim
from torch.utils.data import Dataset, DataLoader

# 读取数据
data = pd.read_csv('ratings.csv')

# 将用户和物品映射到整数索引
user_ids = data['user_id'].unique().tolist()
user2idx = {user_id: idx for idx, user_id in enumerate(user_ids)}
idx2user = {idx: user_id for idx, user_id in enumerate(user_ids)}
item_ids = data['item_id'].unique().tolist()
item2idx = {item_id: idx for idx, item_id in enumerate(item_ids)}
idx2item = {idx: item_id for idx, item_id in enumerate(item_ids)}

# 构建用户—物品序列数据
sequences = []
for _, row in data.iterrows():
    user_id = row['user_id']
    item_id = row['item_id']
    user_idx = user2idx[user_id]
    item_idx = item2idx[item_id]
    sequences.append((user_idx, item_idx))

# 划分序列数据为输入和目标
input_sequences = sequences[:-1]
target_sequences = sequences[1:]
```

```
# 定义数据集类
class SequenceDataset(Dataset):
    def __init__(self, sequences):
        self.sequences = sequences

    def __len__(self):
        return len(self.sequences)

    def __getitem__(self, index):
        user_idx, item_idx = self.sequences[index]
        return user_idx, item_idx

# 创建训练集和测试集数据加载器
train_ratio = 0.8
train_size = int(train_ratio * len(input_sequences))
train_data = SequenceDataset(input_sequences[:train_size])
train_loader = DataLoader(train_data, batch_size=32, shuffle=True)
test_data = SequenceDataset(input_sequences[train_size:])
test_loader = DataLoader(test_data, batch_size=32)

# 定义RNN模型
class RNNModel(nn.Module):
    def __init__(self, num_users, num_items, hidden_size):
        super(RNNModel, self).__init__()
        self.embedding_user = nn.Embedding(num_users, hidden_size)
        self.embedding_item = nn.Embedding(num_items, hidden_size)
        self.rnn = nn.GRU(hidden_size, hidden_size)
        self.fc = nn.Linear(hidden_size, num_items)

    def forward(self, user, item):
        user_embed = self.embedding_user(user)
        item_embed = self.embedding_item(item)
        output, _ = self.rnn(item_embed.unsqueeze(0))
        output = output.squeeze(0)
        logits = self.fc(output)
        return logits

# 创建RNN模型实例
num_users = len(user_ids)
num_items = len(item_ids)
hidden_size = 64
model = RNNModel(num_users, num_items, hidden_size)

# 定义损失函数和优化器
criterion = nn.CrossEntropyLoss()
optimizer = optim.Adam(model.parameters(), lr=0.001)

# 训练模型
num_epochs = 10
for epoch in range(num_epochs):
    model.train()
    for user, item in train_loader:
        optimizer.zero_grad()
        logits = model(user, item)
        loss = criterion(logits, item)
        loss.backward()
        optimizer.step()
    print(f"Epoch [{epoch+1}/{num_epochs}], Loss: {loss.item()}")

# 测试模型
model.eval()
with torch.no_grad():
    for user, item in test_loader:
```

```
        logits = model(user, item)
        _, predicted = torch.max(logits, dim=1)
        for i in range(len(user)):
            user_idx = user[i].item()
            item_idx = predicted[i].item()
            user_id = idx2user[user_idx]
            item_id = idx2item[item_idx]
            print(f"用户 {user_id} 下一个可能喜欢的物品是 {item_id}")
```

在上述代码中，首先将用户和物品映射到整数索引，并构建用户—物品的序列数据。然后定义了一个自定义的数据集类和数据加载器来处理序列数据。接下来，创建了一个基于 GRU 的循环神经网络模型，并使用交叉熵损失函数和 Adam 优化器进行训练。最后，使用训练好的模型对测试集进行推荐，并打印输出每个用户可能喜欢的物品。执行后会输出：

```
Epoch [1/10], Loss: 1.6321121454238892
Epoch [2/10], Loss: 1.5618427991867065
Epoch [3/10], Loss: 1.4931098222732544
Epoch [4/10], Loss: 1.4258830547332764
Epoch [5/10], Loss: 1.3601555824279785
Epoch [6/10], Loss: 1.295941710472107
Epoch [7/10], Loss: 1.23326575756073
Epoch [8/10], Loss: 1.1721522808074951
Epoch [9/10], Loss: 1.1126271486282349
Epoch [10/10], Loss: 1.0547196865081787
用户 1 下一个可能喜欢的物品是 202
用户 1 下一个可能喜欢的物品是 101
用户 2 下一个可能喜欢的物品是 202
用户 2 下一个可能喜欢的物品是 101
```

在上面的输出结果中，对于用户 1，模型预测下一个可能喜欢的物品是 202 和 101；对于用户 2，模型预测下一个可能喜欢的物品是 202 和 101。

注意：这只是一个简化的例子，在实际应用中可能需要根据数据和任务的不同进行模型调整和超参数调优。同时，我们也可以根据需要添加其他的特征提取方法来丰富特征表示。

第 9 章　序列建模和注意力机制

推荐系统是利用用户的历史行为数据和其他相关信息，为用户提供个性化的推荐内容的系统。在机器学习领域，序列建模和注意力机制在推荐系统中也有着重要的应用。序列建模是对序列数据中的每个元素进行建模和预测，而注意力机制是一种增强序列建模的技术，允许模型关注与当前预测最相关的部分。这两个概念在自然语言处理和机器学习中扮演着重要的角色，为处理序列数据和提高模型性能提供了有力的工具。本章详细讲解基于序列建模和注意力机制实现推荐系统的知识和用法。

9.1　序列建模

序列建模是指对于一个序列（如文本、语音、时间序列等）中的每个元素进行建模和预测。在自然语言处理中，序列建模通常用于语言生成、机器翻译、语音识别等任务。其中，最常见的序列建模方法是循环神经网络和其变种，如长短时记忆网络（long short-term memory，LSTM）和门控循环单元（gated recurrent unit，GRU）等。这些模型能够在处理序列数据时保留先前的信息，并对序列中的每个元素进行建模和预测。

9.1.1　使用长短期记忆网络建模

长短期记忆网络是一种特殊类型的循环神经网络，专门设计用于解决序列建模问题。与传统的循环神经网络相比，长短期记忆网络通过引入记忆单元和门控机制，可以更好地捕捉和处理长期依赖关系，从而在处理长序列时表现更出色。

长短期记忆网络中的核心组件是记忆单元（memory cell），它类似于一个存储单元，负责存储和传递信息。记忆单元具有自我更新的能力，可以选择性地遗忘或保留先前的信息。这通过三个门控来实现：遗忘门（forget gate）、输入门（input gate）和输出门（output gate）。其中遗忘门决定是否从记忆单元中删除先前的信息，输入门决定是否将当前的输入信息添加到记忆单元中，而输出门决定何时从记忆单元中读取信息并输出到下一层或模型的输出。这些门控机制通过学习得到，并且它们的输出是由激活函数（通常是 sigmoid 函数）进行控制的。

在长短期记忆网络中，每个时间步都有一个隐藏状态（hidden state），它类似于循环神经网络中的输出，但也包含了记忆单元的信息。隐藏状态可以被传递到下一个时间步，从而帮助模型捕捉序列中的时间依赖关系。

推荐系统旨在根据用户的历史行为和偏好，向他们推荐个性化的项目或内容。长短期记忆网络在推荐系统中有广泛的应用，下面是长短期记忆网络在推荐系统中的一些常见应用：

- 用户兴趣建模：长短期记忆网络可以用于对用户的兴趣进行建模，通过分析用户历史行为序列（如浏览记录、购买记录等），长短期记忆网络可以学习到用户的兴趣和偏好。这样，推荐系统可以根据用户的兴趣预测其可能的兴趣和未来行为，从而提供个性化的推荐。
- 会话推荐：长短期记忆网络可以用于建模用户的会话数据，即用户在一个特定时间段内的行为序列。通过对用户会话数据进行建模，长短期记忆网络可以捕捉用户在会话中的兴趣演化过程，推测用户当前的需求，并提供相应的推荐。这有助于提供更加实时和个性化的推荐体验。
- 多模态推荐：在某些推荐场景下，除了用户的行为序列外，还可能存在其他类型的数据，如用户的社交网络数据、文字评论等。长短期记忆网络可以用于将这些不同模态的数据进行整合和建模，从而更好地理解用户的兴趣和需求，并提供多模态的个性化推荐。

例如，下面是一个简单的例子，功能是使用库 Keras 实现基于长短期记忆网络的推荐系统。

源码路径：daima\9\changduan.py

```
import numpy as np
from keras.models import Sequential
from keras.layers import LSTM, Dense

# 假设我们有一个用户行为序列数据集，每个序列包含5个项目
# 输入数据的形状为 [样本数, 时间步长, 特征维度]
# 目标数据的形状为 [样本数, 1]

# 创建示例数据
X_train = np.random.random((1000, 5, 10))  # 输入数据
y_train = np.random.randint(0, 2, (1000, 1))  # 目标数据

# 创建LSTM模型
model = Sequential()
model.add(LSTM(32, input_shape=(5, 10)))  # LSTM层，隐藏单元数为32
model.add(Dense(1, activation='sigmoid'))  # 输出层，二元分类

# 编译模型
model.compile(loss='binary_crossentropy', optimizer='adam', metrics=['accuracy'])

# 训练模型
model.fit(X_train, y_train, epochs=10, batch_size=32)

# 在实际应用中，你可以使用更大规模的数据集和更复杂的模型结构来获得更好的性能。

# 使用模型进行预测
X_test = np.random.random((10, 5, 10))  # 测试数据
predictions = model.predict(X_test)

# 打印预测结果
print(predictions)
```

在上述代码中，使用了一个简单的长短期记忆网络模型来对用户行为序列进行建模，并通过二元分类预测用户的兴趣。模型的输入数据是一个 3D 张量，形状为 [样本数，时间步长，特征维度]，其中样本数表示序列的数量，时间步长表示序列的长度，特征维度表示每个时间步的特征数。模型的输出是一个预测的概率值，代表用户的兴趣。执行后会输出：

```
Epoch 1/10
32/32 [==============================] - 8s 14ms/step - loss: 0.6971 - accuracy: 0.4700
Epoch 2/10
32/32 [==============================] - 0s 12ms/step - loss: 0.6939 - accuracy: 0.4730
Epoch 3/10
32/32 [==============================] - 0s 11ms/step - loss: 0.6933 - accuracy: 0.5030
Epoch 4/10
32/32 [==============================] - 0s 11ms/step - loss: 0.6941 - accuracy: 0.4970
Epoch 5/10
32/32 [==============================] - 1s 16ms/step - loss: 0.6920 - accuracy: 0.5270
Epoch 6/10
32/32 [==============================] - 0s 14ms/step - loss: 0.6917 - accuracy: 0.5410
Epoch 7/10
32/32 [==============================] - 0s 13ms/step - loss: 0.6919 - accuracy: 0.5300
Epoch 8/10
32/32 [==============================] - 0s 12ms/step - loss: 0.6914 - accuracy: 0.5400
Epoch 9/10
32/32 [==============================] - 0s 15ms/step - loss: 0.6914 - accuracy: 0.5390
Epoch 10/10
32/32 [==============================] - 0s 12ms/step - loss: 0.6899 - accuracy: 0.5310
1/1 [==============================] - 3s 3s/step
[[0.5094159 ]
 [0.5374235 ]
 [0.53135824]
 [0.49122897]
```

```
 [0.49151695]
 [0.49434668]
 [0.5107519 ]
 [0.5098395 ]
 [0.50336415]
 [0.52342564]]
```

需要注意的是，这只是一个简单的例子，实际的推荐系统可能需要更复杂的数据预处理、特征工程、模型调参等步骤来优化模型性能。此外，还可以根据具体的推荐系统需求添加其他组件，如用户特征、项目特征等，以提高推荐的个性化程度。例如，下面是一个商品推荐系统实例，我们自定义了消费者用户行为数据集，如浏览历史、购买历史等。

源码路径：daima\9\zhang.py

（1）首先注释说明商品数据集的定义，其中每个商品用一个整数表示。然后创建示例数据集，包括 3 个用户的浏览历史和目标数据。X_train 表示输入数据，其中每个用户的浏览历史是一个 4 个时间步长的序列。y_train 是目标数据，表示每个用户对 5 个商品的兴趣。对应代码如下：

```
# 自定义商品数据集
# 假设我们有5个商品，用整数表示如下:
# 商品A: 0, 商品B: 1, 商品C: 2, 商品D: 3, 商品E: 4
# 创建示例数据，假设有3个用户，每个用户浏览的商品ID列表长度为4
X_train = np.array([
    [[0], [1], [2], [3]],
    [[2], [1], [3], [4]],
    [[4], [0], [2], [1]]
])  # 输入数据

y_train = np.array([
    [0, 0, 1, 0, 0],   # 目标数据，用户1对商品C感兴趣
    [0, 1, 0, 0, 0],   # 目标数据，用户2对商品B感兴趣
    [0, 0, 1, 0, 0]    # 目标数据，用户3对商品C感兴趣
])
```

（2）定义并编译了长短期记忆网络模型，在模型中包括一个长短期记忆网络层和一个输出层。长短期记忆网络层的隐藏单元数为 32，输入形状为 (4, 1)，表示每个用户的浏览历史长度为 4，每个时间步长有 1 个特征。输出层使用 softmax 激活函数进行多分类，输出的类别数为 5。然后，使用 categorical_crossentropy 作为损失函数，adam 作为优化器进行模型的编译。最后，使用示例数据集进行模型训练。对应代码如下：

```
# 创建LSTM模型
model = Sequential()
model.add(LSTM(32, input_shape=(4, 1)))  # LSTM层，隐藏单元数为32
model.add(Dense(5, activation='softmax'))  # 输出层，使用softmax进行多分类，5表示商品数量

# 编译模型
model.compile(loss='categorical_crossentropy', optimizer='adam', metrics=['accuracy'])

# 训练模型
model.fit(X_train, y_train, epochs=10, batch_size=1)
```

（3）使用训练好的模型进行预测。输入测试数据 X_test 表示两个用户的浏览历史。然后，使用模型的 predict 方法获取预测结果，并打印输出预测结果。对应代码如下：

```
# 使用模型进行预测
X_test = np.array([
    [[1], [2], [0], [4]],   # 用户4的浏览历史
    [[3], [2], [4], [1]]    # 用户5的浏览历史
])  # 测试数据

predictions = model.predict(X_test)

# 打印预测结果
```

```
print(predictions)
```

（4）使用库 matplotlib.pyplot 绘制可视化预测结果柱状图。首先，循环遍历每个用户的预测结果，并使用 plt.bar 函数绘制柱状图，其中 labels 表示商品标签，user_prediction 表示对应用户的兴趣概率。然后，设置 x 轴和 y 轴的标签，以及图表的标题。最后，通过 plt.show() 显示绘制的柱状图。循环会为每个用户生成一个柱状图窗口，以展示其对不同商品的兴趣概率。对应代码如下：

```
# 绘制柱状图
labels = ['A', 'B', 'C', 'D', 'E']  # 商品标签
users = ['用户4', '用户5']  # 用户标签

for i, user_prediction in enumerate(predictions):
    plt.bar(labels, user_prediction, alpha=0.5)
    plt.xlabel('商品')
    plt.ylabel('兴趣概率')
    plt.title(users[i] + '推荐系统预测结果')
    plt.show()
```

执行后会输出如下训练过程和预测结果，并分别绘制用户 4 和用户 5 的推荐预测结果，如图 9-1 所示。

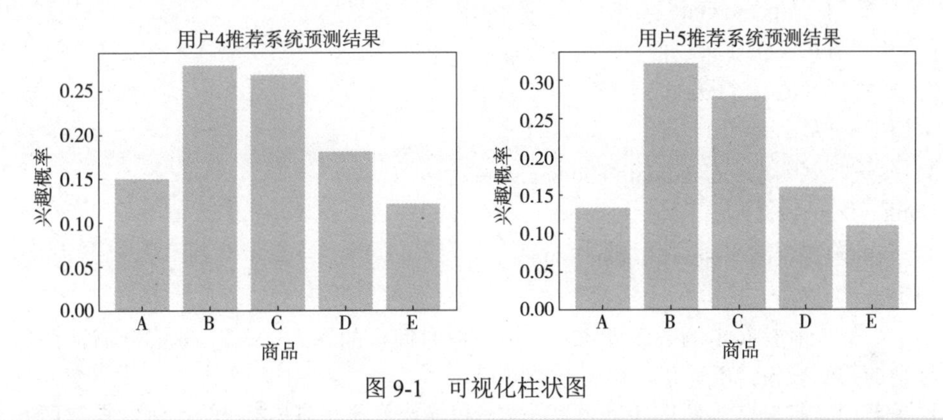

图 9-1　可视化柱状图

```
Epoch 1/10
3/3 [==========================] - 5s 13ms/step - loss: 1.6135 - accuracy: 0.0000e+00
Epoch 2/10
3/3 [==========================] - 0s 8ms/step - loss: 1.5741 - accuracy: 0.0000e+00
Epoch 3/10
3/3 [==========================] - 0s 9ms/step - loss: 1.5377 - accuracy: 0.3333
Epoch 4/10
3/3 [==========================] - 0s 7ms/step - loss: 1.5055 - accuracy: 0.3333
Epoch 5/10
3/3 [==========================] - 0s 10ms/step - loss: 1.4677 - accuracy: 0.3333
Epoch 6/10
3/3 [==========================] - 0s 8ms/step - loss: 1.4336 - accuracy: 0.3333
Epoch 7/10
3/3 [==========================] - 0s 8ms/step - loss: 1.4013 - accuracy: 0.3333
Epoch 8/10
3/3 [==========================] - 0s 6ms/step - loss: 1.3677 - accuracy: 0.3333
Epoch 9/10
3/3 [==========================] - 0s 10ms/step - loss: 1.3386 - accuracy: 0.3333
Epoch 10/10
3/3 [==========================] - 0s 9ms/step - loss: 1.3043 - accuracy: 0.3333
1/1 [==========================] - 1s 1s/step
[[0.1505128  0.27936116 0.26785    0.18100722 0.12126882]
 [0.13248134 0.32124883 0.27755395 0.15943882 0.10927714]]
```

上面的每个输出向量的维度对应于商品数量，每个值表示对应商品的兴趣概率。例如，对

于第一个用户，模型预测其对商品 A、B、C、D、E 的兴趣概率分别为 0.1505128、0.27936116、0.26785、0.18100722 和 0.12126882。注意，这些概率值表示用户对不同商品的兴趣程度，并且可以根据概率大小进行商品推荐。在这个例子中，模型预测第二个用户对商品 C 的兴趣概率较高，可能会将商品 C 推荐给该用户。

注意：在推荐系统中，长短期记忆网络通常作为一个模块嵌入到更大的推荐系统框架中。除了长短期记忆网络之外，还可以结合其他技术和算法，如协同过滤、深度神经网络等，以构建更加强大和准确的推荐系统。

9.1.2 使用门控循环单元建模

门控循环单元(gated recurrent unit，简称GRU)是一种用于序列数据建模的循环神经网络变体。它是为了解决传统循环神经网络（如简单循环单元和长短期记忆网络）中存在的梯度消失和梯度爆炸问题而提出的。门控循环单元引入了门控机制，通过使用更新门和重置门来控制信息的流动和保留。这些门控机制使得门控循环单元能够更好地捕捉长期依赖关系，并具有较少的参数和计算成本。

在下面列出了门控循环单元的核心公式：

（1）更新门（Update Gate）：

$z_t=\sigma(W_z \cdot [h_{t-1}, x_t])$

（2）重置门（Reset Gate）：

$r_t=\sigma(W_r \cdot [h_{t-1}, x_t])$

（3）候选隐藏状态（Candidate Hidden State）：

$\tilde{h}_t=\tanh(W \cdot [r_t \odot h_{t-1}, x_t])$

（4）新的隐藏状态（New Hidden State）：

$h_t=(1-z_t) \odot h_{t-1}+z_t \odot \tilde{h}_t$

其中，h_t 是当前时间步的隐藏状态；x_t 是当前时间步的输入；σ 是 sigmoid 激活函数；$\odot$表示元素级别的乘法操作；W_z、W_r、W 是权重矩阵。

通过更新门 z_t 控制前一时间步隐藏状态 h_{t-1} 和候选隐藏状态$\tilde{h}_t$之间的比例，重置门 r_t 控制前一时间步隐藏状态 h_{t-1} 对当前时间步输入 x_t 的影响。候选隐藏状态$\tilde{h}_t$综合了重置门的影响和当前输入，用于计算新的隐藏状态 h_t。

门控循环单元模型的建模过程类似于长短记忆网络，可以通过堆叠多个门控循环单元层来构建更深层的模型。然后，可以使用这些模型进行序列数据的预测、生成和分类等任务。在实践中，门控循环单元在语言建模、机器翻译、推荐系统等领域取得了广泛的应用。例如，下面是一个使用门控循环单元建模实现的电影推荐系统实例，我们自定义了电影数据集。

源码路径：daima\9\men.py

（1）创建自定义的电影数据集，对应代码如下：

```
X_train = np.array([
    [["复仇者联盟"], ["肖申克的救赎"], ["盗梦空间"], ["好看小说"]],
    [["盗梦空间"], ["肖申克的救赎"], ["好看小说"], ["黑暗骑士"]],
    [["黑暗骑士"], ["复仇者联盟"], ["盗梦空间"], ["肖申克的救赎"]]
])

y_train = np.array([
    [0, 0, 1, 0, 0],  # 目标数据，用户1对电影C感兴趣
    [0, 1, 0, 0, 0],  # 目标数据，用户2对电影B感兴趣
    [0, 0, 1, 0, 0]   # 目标数据，用户3对电影C感兴趣
])
```

（2）使用 OneHotEncoder 进行独热编码，对应代码如下：

```
encoder = OneHotEncoder(sparse=False)
X_train_encoded = encoder.fit_transform(X_train.reshape(-1, 1))
```

（3）创建 GRU 模型，对应代码如下：

```
model = Sequential()
model.add(GRU(32, input_shape=(4, X_train_encoded.shape[1])))  # GRU层，隐藏单元数为32
model.add(Dense(5, activation='softmax'))  # 输出层，使用softmax进行多分类，5表示电影数量
```

（4）编译模型，对应代码如下：

```
model.compile(loss='categorical_crossentropy', optimizer='adam', metrics=['accuracy'])
```

（5）训练模型，对应代码如下：

```
model.fit(X_train_encoded.reshape(X_train.shape[0], X_train.shape[1], -1), y_train,
epochs=10, batch_size=1)
```

（6）使用模型进行预测，对应代码如下：

```
X_test = np.array([
    [["肖申克的救赎"], ["盗梦空间"], ["复仇者联盟"], ["黑暗骑士"]],
    [["好看小说"], ["盗梦空间"], ["黑暗骑士"], ["肖申克的救赎"]]
])

X_test_encoded = encoder.transform(X_test.reshape(-1, 1))
predictions = model.predict(X_test_encoded.reshape(X_test.shape[0], X_test.
shape[1], -1))
```

（7）将预测结果可视化为柱状图，对应代码如下：

```
fig, ax = plt.subplots(len(predictions), 1, figsize=(8, 6*len(predictions)))

for i, pred in enumerate(predictions):
    movie_names = ["复仇者联盟", "肖申克的救赎", "盗梦空间", "好看小说", "黑暗骑士"]
    ax[i].bar(movie_names, pred)
    ax[i].set_ylabel('概率')
    ax[i].set_title(f'用户 {i+1}预测')

plt.show()
```

本实例演示了使用 GRU 模型对用户观看的电影列表进行推荐的过程。首先，通过独热编码将电影名称转换为数值特征。然后，构建一个包含 GRU 层和输出层的模型，并使用训练数据进行训练。接下来，使用模型对测试数据进行预测，并将预测结果可视化为柱状图，以展示对每个用户的电影兴趣预测概率。

执行后会输出如下训练过程和预测结果，并分别绘制用户 1 和用户 2 的推荐预测结果，如图 9-2 所示。柱状图中的每个柱子代表一个用户的预测结果，柱状图会展示每个电影的预测概率，并以用户编号作为标题。

```
Epoch 1/10
3/3 [==========================] - 4s 11ms/step - loss: 1.6613 - accuracy: 0.0000e+00
Epoch 2/10
3/3 [==========================] - 0s 7ms/step - loss: 1.6205 - accuracy: 0.0000e+00
Epoch 3/10
3/3 [==========================] - 0s 6ms/step - loss: 1.5826 - accuracy: 0.0000e+00
Epoch 4/10
3/3 [==========================] - 0s 6ms/step - loss: 1.5490 - accuracy: 0.0000e+00
Epoch 5/10
3/3 [==========================] - 0s 6ms/step - loss: 1.5123 - accuracy: 0.3333
Epoch 6/10
3/3 [==========================] - 0s 8ms/step - loss: 1.4746 - accuracy: 0.3333
Epoch 7/10
3/3 [==========================] - 0s 5ms/step - loss: 1.4392 - accuracy: 0.3333
Epoch 8/10
```

```
3/3 [========================] - 0s 5ms/step - loss: 1.4033 - accuracy: 0.3333
Epoch 9/10
3/3 [========================] - 0s 6ms/step - loss: 1.3676 - accuracy: 0.6667
Epoch 10/10
3/3 [========================] - 0s 9ms/step - loss: 1.3344 - accuracy: 0.6667
1/1 [========================] - 1s 787ms/step
[[0.16000953 0.26189715 0.268382   0.14260867 0.16710268]
 [0.15517528 0.26621416 0.26299798 0.1514298  0.16418278]]
```

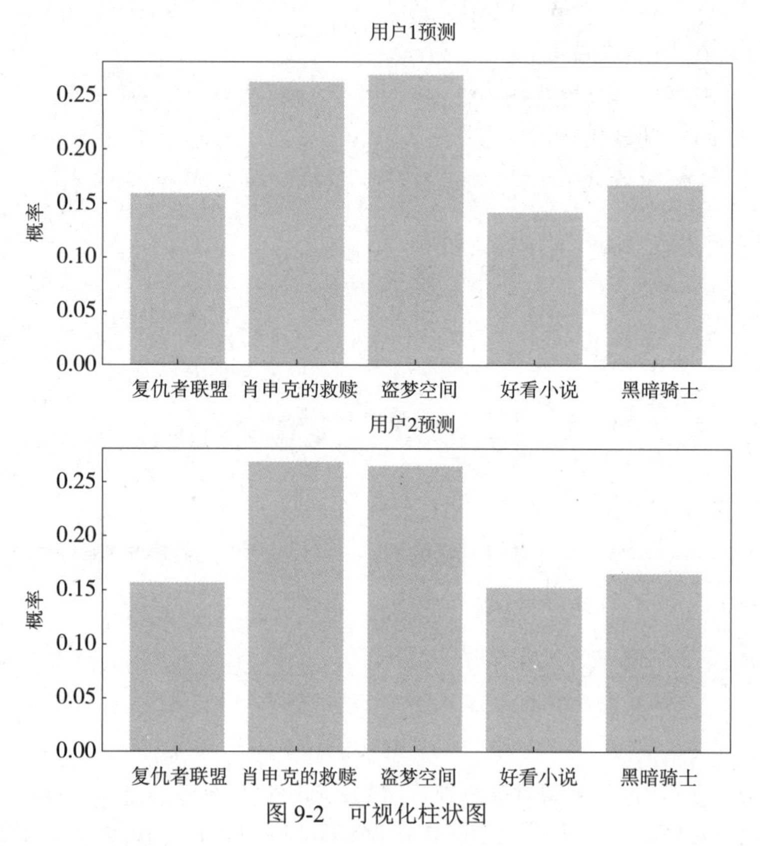

图 9-2　可视化柱状图

9.2　注意力机制

注意力机制是一种用于加强序列建模的技术。在序列建模任务中，注意力机制允许模型关注输入序列中与当前预测最相关的部分。它通过为序列中的每个元素分配权重，将重点放在对当前任务更有意义的元素上。在自然语言处理中，注意力机制被广泛应用于机器翻译、问答系统、文本摘要等任务。最著名的注意力机制是基于 Transformer 模型的自注意力机制（self-attention），它通过计算输入序列中元素之间的相对权重，实现了更灵活的序列建模和语义理解。

9.2.1　注意力机制介绍

在认知科学应用中，由于信息处理的瓶颈，人类会选择性地关注所有信息的一部分，同时忽略其他可见的信息。这种机制通常被称为注意力机制。

人类视网膜不同的部位具有不同程度的信息处理能力，即敏锐度（acuity），只有视网膜中央凹部位具有最强的敏锐度。为了合理利用有限的视觉信息处理资源，人类需要选择视觉区域中的特定部分，然后集中关注它。例如，人们在阅读时，通常只有少量要被读取的词会被关注和处理。综上，注意力机制主要有两个方面：决定需要关注输入的哪部分；分配有限的信息处理资源给重要的部分。

注意力机制的一种非正式的说法是，神经注意力机制可以使神经网络具备专注于其输入（或特征）子集的能力：选择特定的输入。注意力可以应用于任何类型的输入而不管其形状如何。在计算能力有限的情况下，注意力机制（attention mechanism）是解决信息超载问题的主要手段的一种资源分配方案，将计算资源分配给更重要的任务。

在现实应用中，通常将注意力分为如下两种：

- 一种是自上而下的有意识的注意力，称为聚焦式（focus）注意力。聚焦式注意力是指有预定目的、依赖任务的、主动有意识地聚焦于某一对象的注意力；
- 一种是自下而上的无意识的注意力，称为基于显著性（saliency-based）的注意力。基于显著性的注意力是由外界刺激驱动的注意，不需要主动干预，也和任务无关。

如果一个对象的刺激信息不同于其周围信息，一种无意识的“赢者通吃”（winner-take-all）或者门控（gating）机制就可以把注意力转向这个对象。不管这些注意力是有意还是无意，大部分的人脑活动都需要依赖注意力，比如记忆信息，阅读或思考等。

在认知神经学中，注意力是一种人类不可或缺的复杂认知功能，指人可以在关注一些信息的同时忽略另一些信息的选择能力。在日常生活中，我们通过视觉、听觉、触觉等方式接收大量的感觉输入。但是我们的人脑可以在这些外界的信息轰炸中还能有条不紊地工作，是因为人脑可以有意或无意地从这些大量输入信息中选择小部分的有用信息来重点处理，并忽略其他信息，这种能力就叫作注意力。注意力可以体现为外部的刺激（听觉、视觉、味觉等），也可以体现为内部的意识（思考、回忆等）。

9.2.2　注意力机制在推荐系统中的作用

注意力机制在推荐系统中起着十分重要的作用，它可以帮助模型更加准确地理解用户的兴趣和需求，从而提高推荐结果的质量。以下是注意力机制在推荐系统中的应用和作用：

- 用户兴趣建模：推荐系统的核心任务是理解用户的兴趣，以便向其提供个性化的推荐。注意力机制可以帮助模型根据用户的历史行为和特征，自动学习并聚焦于对当前推荐任务最相关的信息，从而更好地捕捉用户的兴趣。
- 特征权重学习：推荐系统通常使用大量的特征来描述用户和物品，如用户属性、行为序列、物品内容等。注意力机制可以学习每个特征的权重，根据其对推荐结果的贡献程度动态调整特征的重要性，从而提高模型的表达能力和推荐准确度。
- 序列建模：推荐系统中的行为序列对于理解用户兴趣和行为演化具有重要意义。注意力机制可以帮助模型自动关注和记忆序列中的关键部分，例如用户最近的行为、关键时间点等，从而更好地预测用户的下一个行为或兴趣。
- 多源信息融合：现代推荐系统往往面临多源信息的融合，如用户行为数据、社交网络数据、文本内容等。注意力机制可以根据不同信息源的重要性，自适应地融合这些信息，从而提高推荐的个性化程度和效果。
- 解释性推荐：注意力机制可以为推荐系统提供解释性的能力。通过可解释的注意力权重，模型可以指示哪些特征或信息对于推荐结果的贡献最大，从而帮助用户理解推荐的原因和依据。

总之，注意力机制在推荐系统中可以帮助模型从海量的信息中自动选择和聚焦于最相关的部分，提高推荐的准确性、个性化程度和解释性，从而提升用户体验和推荐系统的效果。

9.2.3　使用自注意力模型

自注意力（self-attention）模型是一种在自然语言处理和计算机视觉等领域广泛应用的模型

组件，它能够对序列数据中的每个元素进行建模，捕捉元素之间的依赖关系和重要性，并生成上下文相关的表示。

自注意力机制最初用于 Transformer 模型中，而后被广泛应用于各种深度学习模型中。自注意力模型的核心思想是通过计算元素之间的相似度来决定每个元素对其他元素的重要性，然后根据这些重要性来进行加权求和，从而得到每个元素的上下文表示。在自然语言处理任务中，这些元素可以是文本序列中的词语或句子，而在计算机视觉任务中，可以是图像或视频序列中的像素或帧。

具体而言，自注意力模型将输入序列分别映射到三个空间：查询（query）、键（key）和值（value）。然后，通过计算查询与键之间的相似度得分，得到每个查询对所有键的注意力权重。最后，将注意力权重与值进行加权求和，生成每个查询的上下文表示。例如，下面是一个使用自注意力模型实现推荐系统的例子，在自注意力层（SelfAttention）定义了一个自注意力模型的组件，功能是为用户推荐音乐。

源码路径：daima\9\zizhuyi.py

（1）定义自注意力层 SelfAttention，用于提取输入数据的自注意力表示。

```
    # 定义自注意力层
    class SelfAttention(tf.keras.layers.Layer):
        def __init__(self, num_heads, key_dim):
            super(SelfAttention, self).__init__()
            self.num_heads = num_heads
            self.key_dim = key_dim
            self.head_dim = key_dim // num_heads

            self.query_dense = tf.keras.layers.Dense(key_dim)
            self.key_dense = tf.keras.layers.Dense(key_dim)
            self.value_dense = tf.keras.layers.Dense(key_dim)
            self.combine_heads = tf.keras.layers.Dense(key_dim)

        def call(self, inputs):
            # 将输入分成多个头部
            query = tf.keras.layers.Reshape((-1, self.num_heads, self.head_dim))
(self.query_dense(inputs))
            key = tf.keras.layers.Reshape((-1, self.num_heads, self.head_dim))
(self.key_dense(inputs))
            value = tf.keras.layers.Reshape((-1, self.num_heads, self.head_dim))
(self.value_dense(inputs))

            # 计算缩放点积注意力
            attention_scores = tf.keras.layers.Attention(use_scale=True)
([query, key, value])

            # 重塑并合并注意力分数
            attention_scores = tf.keras.layers.Reshape((-1, self.key_dim))
(attention_scores)
            outputs = self.combine_heads(attention_scores)

            return outputs
```

- 函数 _init__()：初始化自注意力层的参数，包括 num_heads（注意力头的数量）和 key_dim（键的维度）。然后定义了几个线性层，包括 query_dense、key_dense、value_dense 和 combine_heads。
- 函数 call()：将输入数据分成多个头部，进行线性变换，并通过 Reshape 层重塑数据形状。接着，使用 tf.keras.layers.Attention 层计算缩放点积注意力，并通过 Reshape 层重塑注意力分数的形状。最后，将注意力分数传递给 combine_heads 层合并结果。

（2）创建推荐系统模型 RecommendationModel，使用自注意力层进行特征提取和分类。

```
    # 定义模型架构
```

```
class RecommendationModel(tf.keras.Model):
    def __init__(self, num_songs, num_heads, key_dim):
        super(RecommendationModel, self).__init__()
        self.attention = SelfAttention(num_heads, key_dim)
        self.flatten = tf.keras.layers.Flatten()
        self.dense = tf.keras.layers.Dense(num_songs, activation='softmax')

    def call(self, inputs):
        x = self.attention(inputs)
        x = self.flatten(x)
        x = self.dense(x)
        return x
```

- 函数 _init__()：初始化模型的参数和层，包括自注意力层 attention、扁平化层 flatten 和全连接层。
- 函数 call()：将输入数据传递给自注意力层，然后通过扁平化层和全连接层进行分类。

（3）创建一个简单的示例数据集，用于模型训练和预测。在本实例中，分别创建了一个包含用户歌曲列表的 numpy 数组 X_train。

```
# 创建示例数据
X_train = np.array([
    [["歌曲A"], ["歌曲B"], ["歌曲C"], ["歌曲D"]],
    [["歌曲E"], ["歌曲F"], ["歌曲G"], ["歌曲H"]],
    [["歌曲I"], ["歌曲J"], ["歌曲K"], ["歌曲L"]]
])
```

（4）将输入数据进行编码，将歌曲名称映射为整数编码。首先，创建了一个歌曲字典 song_dict，将歌曲名称映射为整数编码。然后，通过循环遍历 X_train 中的每个用户和歌曲，将歌曲名称转换为对应的整数编码，并存储在 X_train_encoded 中。

```
    # 编码输入数据
    song_dict = {"歌曲A": 0, "歌曲B": 1, "歌曲C": 2, "歌曲D": 3, "歌曲E": 4, "歌曲F": 5,
"歌曲G": 6, "歌曲H": 7, "歌曲I": 8, "歌曲J": 9,
                 "歌曲K": 10, "歌曲L": 11}
    X_train_encoded = np.array([[song_dict[song[0]] for song in user] for user in
X_train])
```

（5）根据定义的参数创建推荐系统模型。

使用定义的参数创建 RecommendationModel 的实例，传入歌曲数量 num_songs、注意力头数 num_heads 和键的维度 key_dim。

```
# 创建模型
num_songs = len(song_dict)
num_heads = 2
key_dim = 16
model = RecommendationModel(num_songs, num_heads, key_dim)
```

（6）定义模型的损失函数和优化器，用于训练模型。首先使用 tf.keras.losses.SparseCategorical Crossentropy 定义损失函数，然后选择 Adam 优化器。

```
# 定义损失函数和优化器
loss_object = tf.keras.losses.SparseCategoricalCrossentropy()
optimizer = tf.keras.optimizers.Adam()
```

（7）开始训练模型，通过反向传播更新模型的参数。在本实例中，使用嵌套的循环进行训练，外层循环控制训练的轮数，内层循环遍历数据的批次。在每个批次中，获取当前批次的输入数据 X_train_batch，使用前向传播计算输出 logits，并计算损失 loss。然后，通过自动微分计算梯度，并使用优化器将梯度应用于模型的可训练变量。每训练完 10 个批次，打印当前轮次、批次和损失。

```
# 训练循环
num_epochs = 10
batch_size = 1
```

```
    num_batches = X_train_encoded.shape[0] // batch_size

    for epoch in range(num_epochs):
        for batch in range(num_batches):
            start = batch * batch_size
            end = start + batch_size
            X_train_batch = X_train_encoded[start:end]

            with tf.GradientTape() as tape:
                logits = model(X_train_batch)
                loss = loss_object(X_train_batch[:, -1], logits)

            gradients = tape.gradient(loss, model.trainable_variables)
            optimizer.apply_gradients(zip(gradients, model.trainable_variables))

            if (batch + 1) % 10 == 0:
                print(f"Epoch {epoch + 1}/{num_epochs}, Batch {batch + 1}/{num_batches},
Loss: {loss:.4f}")
```

（8）使用训练好的模型对新数据进行预测。

首先，创建一个包含测试数据的 numpy 数组 X_test，将歌曲名称转换为整数编码，并存储在 X_test_encoded 中。然后，通过调用模型并传递编码后的测试数据 X_test_encoded，获取预测结果 predictions。最后，打印预测结果。

```
    # 使用模型进行预测
    X_test = np.array([
        [["歌曲B"], ["歌曲D"], ["歌曲F"], ["歌曲I"]],
        [["歌曲K"], ["歌曲A"], ["歌曲H"], ["歌曲C"]]
    ])
    X_test_encoded = np.array([[song_dict[song[0]] for song in user] for user in
X_test])
    predictions = model(X_test_encoded)

    print(predictions)
```

执行后会输出：

```
    tf.Tensor(
    [[4.6337359e-08 5.7899169e-06 2.2880086e-01 2.5198428e-02 1.9430644e-03
      7.3669189e-01 4.4126392e-04 1.5864775e-03 3.2012653e-07 3.1899046e-05
      3.7068050e-06 5.2962429e-03]
     [1.9690104e-05 1.8261605e-03 8.4910505e-02 2.2021777e-03 2.5159638e-05
      1.1554766e-05 1.4057216e-01 7.5651115e-01 1.9958117e-03 4.3123001e-03
      5.1316578e-04 7.1001113e-03]], shape=(2, 12), dtype=float32)
```

上面的输出结果是一个形状为 (2, 12) 的张量，表示模型对两个用户的歌曲推荐概率分布。每一行表示一个用户的推荐概率分布，每列对应一个歌曲。例如，第一行表示对第一个用户的推荐概率，其中索引为 2 的位置的概率最高，索引为 5 的位置的概率次之，以此类推。具体来说，输出结果表示了模型对每首歌曲的推荐概率，概率值越高表示该歌曲越可能被推荐给用户。

9.3 使用 Seq2Seq 模型和注意力机制开发翻译系统

Seq2Seq 是 sequence to sequence 的缩写，译为序列到序列。本实例的难度较高，需要对序列到序列模型的知识有一定了解。训练完本实例模型后，能够将输入的法语翻译成英语，翻译效果如下：

```
    [KEY: > input, = target, < output]

    > il est en train de peindre un tableau .
    = he is painting a picture .
    < he is painting a picture .

    > pourquoi ne pas essayer ce vin delicieux ?
```

```
= why not try that delicious wine ?
< why not try that delicious wine ?

> elle n est pas poete mais romanciere .
= she is not a poet but a novelist .
< she not not a poet but a novelist .

> vous etes trop maigre .
= you re too skinny .
< you re all alone .
```

9.3.1　Seq2Seq 模型介绍

Seq2Seq 网络是一种用于处理序列数据的深度学习模型。Seq2Seq 由两个主要组件组成：编码器（Encoder）和解码器（Decoder），具体说明如下：

- 编码器：负责将输入序列转换为固定长度的上下文向量（context vector）或隐藏状态（hidden state），捕捉输入序列的语义信息。常用的编码器模型包括循环神经网络和其变种（如长短时记忆网络和门控循环单元），以及最近广泛应用的注意力机制模型。
- 解码器：接受编码器输出的上下文向量或隐藏状态，并生成与输入序列对应的输出序列。解码器通常也是一个循环神经网络，它逐步生成输出序列的每个元素，每一步都基于当前输入和之前生成的部分序列。在生成每个元素时，解码器可以利用编码器的上下文向量或隐藏状态来引导生成过程。

Seq2Seq 网络在自然语言处理（如机器翻译、文本摘要、对话生成）、语音识别、图像描述生成等任务中得到广泛应用。它能够处理输入和输出序列之间的变长关系，并且具有一定的上下文理解能力，使得它在处理序列数据方面具有很大的灵活性和表达能力。

在本翻译项目中，通过 Seq2Seq 网络的简单但强大的构想，使这成为可能，其中两个循环神经网络协同工作，将一个序列转换为另一个序列。编码器网络将输入序列压缩为一个向量，而解码器网络将该向量展开为一个新序列，如图 9-3 所示。

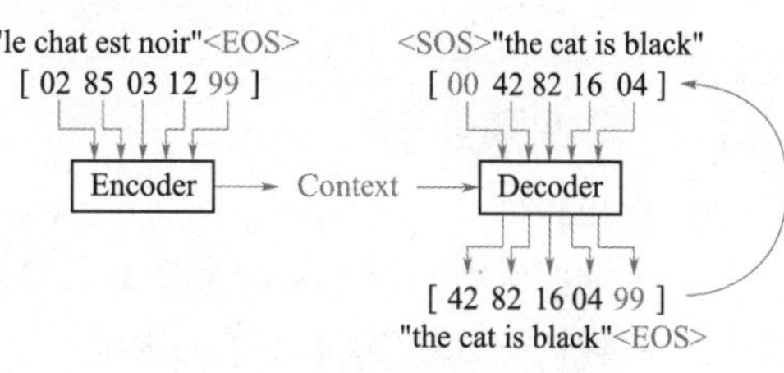

图 9-3　展开为一个新序列

为了改进 Seq2Seq 模型，本项目将使用注意力机制使解码器学会专注于输入序列的特定范围。

9.3.2　使用注意力机制改良 Seq2Seq 模型

注意力机制是一种用于 Seq2Seq 模型的关键技术，用于解决在处理长序列时信息丢失和模型性能下降的问题。注意力机制通过在解码器中引入一种机制，使其能够动态地关注输入序列的不同部分，从而更好地捕捉输入序列中的重要信息。

在传统的 Seq2Seq 模型中，编码器将整个输入序列编码为一个固定长度的向量，然后解码器使用该向量来生成输出序列。然而，当输入序列很长时，编码器的固定长度表示可能无法有效地捕捉到输入序列中的长程依赖关系和重要信息，导致性能下降。

注意力机制通过在解码器的每个时间步引入一组注意力权重，使解码器可以根据输入序列中的不同部分赋予不同的注意力。具体而言，对于解码器的每个时间步，注意力机制计算一个注意力权重向量，用于指示编码器输出的哪些部分在当前时间步最重要。然后，解码器根据这些注意力权重对编码器输出进行加权求和，以获得一个动态的上下文表示，用于生成当前时间步的输出。

注意力机制可以视为解码器对编码器输出进行自适应的加权汇聚，它使得模型能够更好地关注输入序列的相关部分，更准确地对输入和输出序列之间的对应关系建模。通过引入注意力机制，Seq2Seq 模型能够处理更长的序列，提高模型的表达能力和翻译质量。

对 Seq2Seq 模型的改良主要集中在注意力机制的改进上，包括以下几种常见的改良方法：

- 改进注意力计算方式：传统的注意力机制通常使用点积、加性或双线性等方式计算注意力权重。改进方法包括使用更复杂的注意力计算函数，如多头注意力（multi-head attention）、自注意力（self-attention）等，以提高模型的表达能力和学习能力。
- 上下文向量的使用：除了简单的加权求和，还可以引入上下文向量（context vector）来更好地捕捉输入序列的信息。上下文向量可以是编码器输出的加权平均值、注意力加权，或其他更复杂的汇聚方式，以提供更丰富的上下文信息给解码器。
- 局部注意力和多步注意力：为了处理长序列，可以引入局部注意力机制，使解码器只关注输入序列的局部区域。此外，多步注意力机制可以在解码器的多个时间步上使用注意力，从而允许解码器更多次地与输入序列交互，增强模型的建模能力。
- 注意力机制的层级结构：注意力机制可以嵌套在多个层级上，例如在编码器和解码器的多个子层之间引入注意力连接，或者在多层编码器和解码器之间引入层级注意力。这样可以使模型更好地捕捉不同层级之间的语义关系。

这些改良方法的目标是提高 Seq2Seq 模型在处理长序列、建模复杂关系和提高翻译质量方面的能力，使其更适用于实际应用中的序列生成任务。

9.3.3 准备数据集

本实例的实现文件是 fanyi.py，在开始之前需要先准备数据集。本实例使用的数据是成千上万的英语到法语翻译对的集合，可以从 https://tatoeba.org/eng/downloads 下载需要的数据。幸运的是，有热心网友做了一些额外的工作，将大量的语言数据包对拆分为单独的文本文件，大家可以去 https://www.manythings.org/anki/ 下载英文对法文的数据。因为文件太大，无法包含在仓库中，所以请先下载并保存到“data/eng-fra.txt”中，该文件的内容是制表符分隔的翻译对列表：

```
I am cold.    J'ai froid.
```

9.3.4 数据预处理

1. 编码转换

将一种语言中的每个单词表示为一个单向向量，或零个大向量（除单个单向索引外）（在单词的索引处）。与某种语言中可能存在的数十个字符相比，单词多得多，因此编码向量要大得多。但是，我们将作弊并整理数据以使每种语言仅使用几千个单词，如图 9-4 所示。

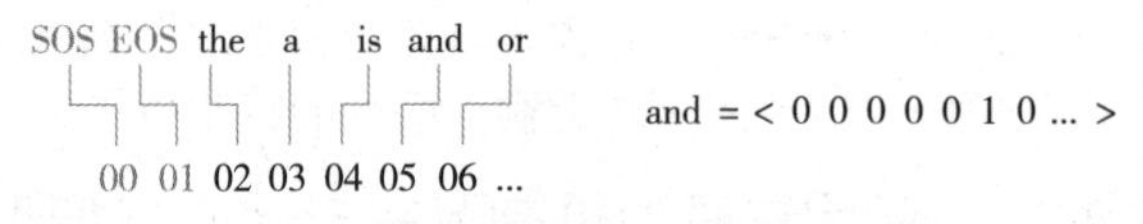

图 9-4　作弊并整理数据

我们需要为每个单词设置一个唯一的索引，以便以后用作网络的输入和目标。为了跟踪所有这些内容，将使用一个名为 Lang 的帮助程序类，该类具有单词→索引（word2index）和索引→单词（index2word）字典，以及每个要使用的单词 word2count 的计数，以便以后替换稀有词。首先编写类 Lang，用于管理语言相关的字典和计数。构建一个语言对象，用于存储语言的相关信息，包括单词到索引的映射、单词的计数和索引到单词的映射。通过 addSentence 方法可以将句子中的单词添加到语言对象中，以便后续使用。这样的语言对象常用于自然语言处理任务中的数据预处理和特征表示。对应的实现代码如下：

```
class Lang:
    def __init__(self, name):
        self.name = name
        self.word2index = {}
        self.word2count = {}
        self.index2word = {0: "SOS", 1: "EOS"}
        self.n_words = 2  # Count SOS and EOS
```

```
    def addSentence(self, sentence):
        for word in sentence.split(' '):
            self.addWord(word)

    def addWord(self, word):
        if word not in self.word2index:
            self.word2index[word] = self.n_words
            self.word2count[word] = 1
            self.index2word[self.n_words] = word
            self.n_words += 1
        else:
            self.word2count[word] += 1
```

2. 编码处理

为了简化起见，将文件中的 Unicode 字符转换为 ASCII，将所有内容都转换为小写，并修剪大多数标点符号。将文本数据进行预处理，使其符合特定的格式要求。常见的预处理操作包括转换为小写、去除非字母字符、标点符号处理等，以便后续的文本分析和建模任务。这些预处理函数常用于自然语言处理领域中的文本数据清洗和特征提取过程。对应的实现代码如下：

```
def unicodeToAscii(s):
    return ''.join(
        c for c in unicodedata.normalize('NFD', s)
        if unicodedata.category(c) != 'Mn'
    )

# Lowercase, trim, and remove non-letter characters
def normalizeString(s):
    s = unicodeToAscii(s.lower().strip())
    s = re.sub(r"([.!?])", r" \1", s)
    s = re.sub(r"[^a-zA-Z.!?]+", r" ", s)
    return s
```

上述代码定义了两个函数：unicodeToAscii() 和 normalizeString()，用于文本数据的预处理。下面是代码的简单解释：

- unicodeToAscii(s)：该函数将 Unicode 字符串转换为 ASCII 字符串。它使用 unicodedata.normalize 函数将字符串中的 Unicode 字符标准化为分解形式（NFD），然后通过列表推导式遍历字符串中的每个字符 c，并筛选出满足条件 unicodedata.category(c) != 'Mn' 的字符（即不属于 Mark, Nonspacing 类别的字符）。最后，使用 join 方法将字符列表拼接成字符串并返回。
- normalizeString(s)：该函数对字符串进行规范化处理，包括转换为小写、去除首尾空格，并移除非字母字符。

3. 文件拆分

读取数据文件，将文件拆分为几行，然后将几行拆分为两对。这些文件都是英语→其他语言的，因此，如果我们要从其他语言→英语进行翻译，需要添加 reverse 标志来反转对。编写函数 readLangs(lang1, lang2, reverse=False)，用于读取并处理文本数据，并将其分割为一对一对的语言句子对。每一对句子都经过了规范化处理，以便后续的文本处理和分析任务。如果指定了 reverse=True，还会反转语言对的顺序。最后，返回两种语言的语言对象和句子对列表。这个函数在机器翻译等序列到序列任务中常用于数据准备阶段。对应的实现代码如下：

```
def readLangs(lang1, lang2, reverse=False):
    print("Reading lines...")

    lines = open('data/%s-%s.txt' % (lang1, lang2), encoding='utf-8').read().
strip().split('\n')
```

```
    pairs = [[normalizeString(s) for s in l.split('\t')] for l in lines]
    if reverse:
        pairs = [list(reversed(p)) for p in pairs]
        input_lang = Lang(lang2)
        output_lang = Lang(lang1)
    else:
        input_lang = Lang(lang1)
        output_lang = Lang(lang2)

    return input_lang, output_lang, pairs
```

4. 数据裁剪

由于本实例使用的数据文件中的句子有很多，并且我们想快速训练一些东西，因此将数据集修剪为相对简短的句子。在这里，设置最大长度为 10 个字（包括结尾的标点符号），过滤翻译成“我是”或“他是”等形式的句子（考虑到前面已替换掉撇号的情况）。对应的实现代码如下：

```
MAX_LENGTH = 10

eng_prefixes = (
    "i am ", "i m ",
    "he is", "he s ",
    "she is", "she s ",
    "you are", "you re ",
    "we are", "we re ",
    "they are", "they re "
)

def filterPair(p):
    return len(p[0].split(' ')) < MAX_LENGTH and \
        len(p[1].split(' ')) < MAX_LENGTH and \
        p[1].startswith(eng_prefixes)

def filterPairs(pairs):
    return [pair for pair in pairs if filterPair(pair)]
```

5. 准备数据

准备数据的完整过程是首先读取文本文件并拆分为行，将行拆分为偶对；然后规范文本，按长度和内容过滤；成对建立句子中的单词列表，读取文本文件并拆分为行，将行拆分为偶对；规范文本，按长度和内容过滤；最后成对建立句子中的单词列表。对应的实现代码如下：

```
def prepareData(lang1, lang2, reverse=False):
    input_lang, output_lang, pairs = readLangs(lang1, lang2, reverse)
    print("Read %s sentence pairs" % len(pairs))
    pairs = filterPairs(pairs)
    print("Trimmed to %s sentence pairs" % len(pairs))
    print("Counting words...")
    for pair in pairs:
        input_lang.addSentence(pair[0])
        output_lang.addSentence(pair[1])
    print("Counted words:")
    print(input_lang.name, input_lang.n_words)
    print(output_lang.name, output_lang.n_words)
    return input_lang, output_lang, pairs

input_lang, output_lang, pairs = prepareData('eng', 'fra', True)
print(random.choice(pairs))
```

执行后会输出：

```
Reading lines...
Read 135842 sentence pairs
```

```
Trimmed to 10599 sentence pairs
Counting words...
Counted words:
fra 4345
eng 2803
['il a l habitude des ordinateurs .', 'he is familiar with computers .']
```

9.3.5　实现 Seq2Seq 模型

循环神经网络是在序列上运行并将其自身的输出用作后续步骤的输入的网络。序列到序列网络或 Seq2Seq 网络或编码器解码器网络是由两个称为编码器和解码器的 RNN 组成的模型。编码器读取输入序列并输出单个向量，而解码器读取该向量以产生输出序列，如图 9-5 所示。

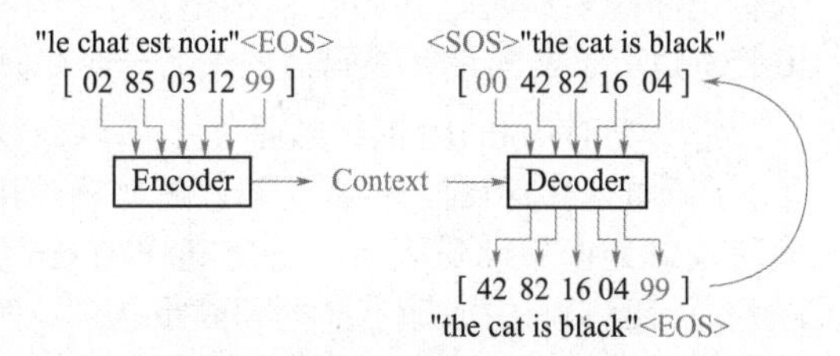

图 9-5　Seq2Seq 结构

与使用单个 RNN 进行序列预测（每个输入对应一个输出）不同，Seq2Seq 模型使我们摆脱了序列长度和顺序的限制，这使其非常适合两种语言之间的翻译。例如下面句子的翻译过程：

```
Je ne suis pas le chat noir -> I am not the black cat
```

输入句子中的大多数单词在输出句子中具有直接翻译，但是顺序略有不同，例如 chat noir 和 black cat。由于采用 ne/pas 结构，因此在输入句子中还有一个单词。直接从输入单词的序列中产生正确的翻译将是困难的。通过使用 Seq2Seq 模型，在编码器中创建单个向量，在理想情况下，该向量将输入序列的“含义”编码为单个向量——在句子的 *N* 维空间中的单个点。

1. 编码器

Seq2Seq 网络的编码器是 RNN，它为输入句子中的每个单词输出一些值。对于每个输入字，编码器输出一个向量和一个隐藏状态，并将隐藏状态用于下一个输入字。编码过程如图 9-6 所示。

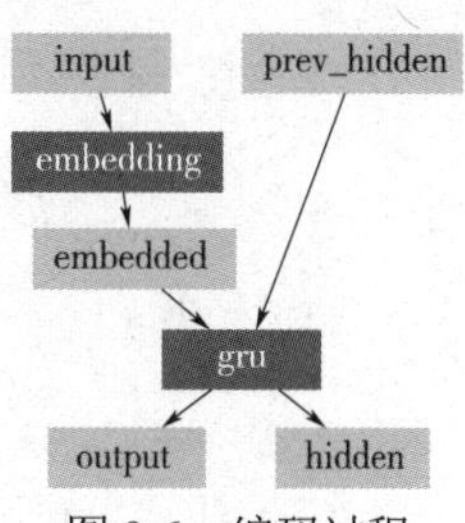

图 9-6　编码过程

编写类 EncoderRNN，它是一个循环神经网络的编码器。这个类定义了编码器的结构和前向传播逻辑。编码器使用嵌入层将输入序列中的单词索引映射为密集向量表示，并将其作为 gru 层的输入。gru 层负责对输入序列进行编码，生成输出序列和隐藏状态。编码器的输出可以用作解码器的输入，用于进行序列到序列的任务，例如机器翻译。函数 initHidden() 用于初始化隐藏状态张量，作为编码器的初始隐藏状态。对应的实现代码如下：

```
class EncoderRNN(nn.Module):
    def __init__(self, input_size, hidden_size):
        super(EncoderRNN, self).__init__()
        self.hidden_size = hidden_size

        self.embedding = nn.Embedding(input_size, hidden_size)
        self.gru = nn.GRU(hidden_size, hidden_size)

    def forward(self, input, hidden):
        embedded = self.embedding(input).view(1, 1, -1)
        output = embedded
        output, hidden = self.gru(output, hidden)
        return output, hidden

    def initHidden(self):
        return torch.zeros(1, 1, self.hidden_size, device=device)
```

2. 解码器

解码器是另一个 RNN，它采用编码器输出向量并输出单词序列来创建翻译。

（1）简单解码器

在最简单的 Seq2Seq 解码器中，仅使用编码器的最后一个输出。最后的输出有时称为上下文向量，因为它从整个序列中编码上下文。该上下文向量用作解码器的初始隐藏状态。在解码的每个步骤中，为解码器提供输入标记和隐藏状态。初始输入标记是字符串开始 <SOS> 标记，第一个隐藏状态是上下文向量（编码器的最后一个隐藏状态），如图 9-7 所示。

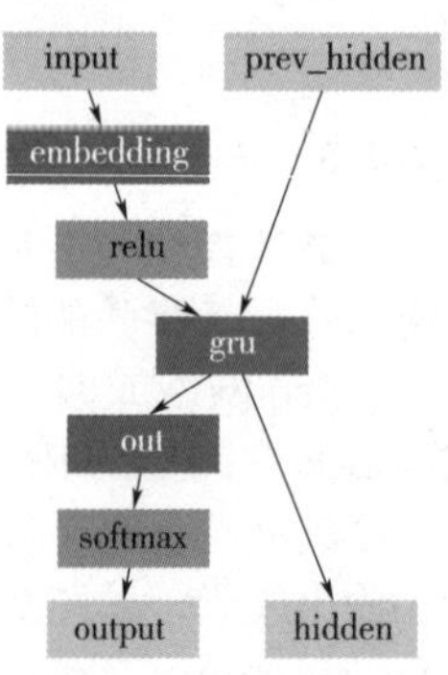

图 9-7　简单解码器

定义类 DecoderRNN，这是一个循环神经网络的解码器。这个类定义了解码器的结构和前向传播逻辑。解码器使用嵌入层将输出序列中的单词索引映射为密集向量表示，并将其作为 gru 层的输入。gru 层负责对输入序列进行解码，生成输出序列和隐藏状态。解码器的输出通过线性层进行映射，然后经过 softmax 层进行概率归一化，得到最终的输出概率分布。initHidden 方法用于初始化隐藏状态张量，作为解码器的初始隐藏状态。对应的实现代码如下：

```
class DecoderRNN(nn.Module):
    def __init__(self, hidden_size, output_size):
        super(DecoderRNN, self).__init__()
        self.hidden_size = hidden_size

        self.embedding = nn.Embedding(output_size, hidden_size)
        self.gru = nn.GRU(hidden_size, hidden_size)
        self.out = nn.Linear(hidden_size, output_size)
        self.softmax = nn.LogSoftmax(dim=1)

    def forward(self, input, hidden):
        output = self.embedding(input).view(1, 1, -1)
        output = F.relu(output)
        output, hidden = self.gru(output, hidden)
        output = self.softmax(self.out(output[0]))
        return output, hidden

    def initHidden(self):
        return torch.zeros(1, 1, self.hidden_size, device=device)
```

（2）注意力解码器

如果仅上下文向量在编码器和解码器之间传递，则该单个向量承担对整个句子进行编码的负担。使用注意力解码器网络可以针对解码器自身输出的每一步，“专注”于编码器输出的不同部分。首先，计算一组注意力权重，将这些与编码器输出向量相乘以创建加权组合。结果（在代码中称为 attn_applied）应包含有关输入序列特定部分的信息，从而帮助解码器选择正确的输出字，如图 9-8 所示。

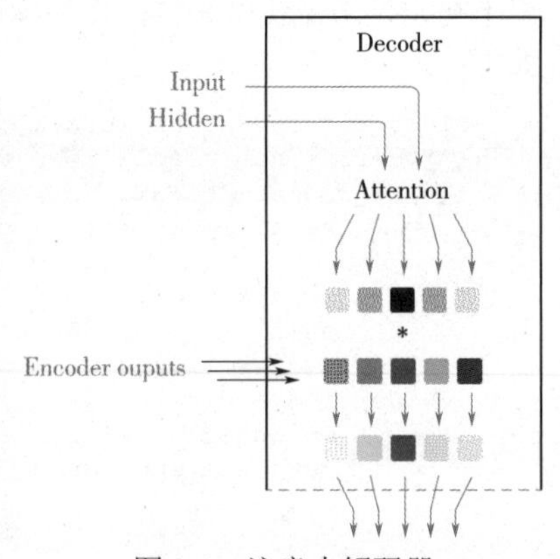

图 9-8　注意力解码器

另一个前馈层 attn 使用解码器的输入和隐藏状态作为输入来计算注意力权重。由于训练数据中包含各种大小的句子，因此要实际创建和训练该层，我们必须选择可以应用的最大句子长度（输入长度，用于编码器输出）。最大长度的句子将使用所有注意力权重，而较短的句子将仅使用前几个，如图 9-9 所示。

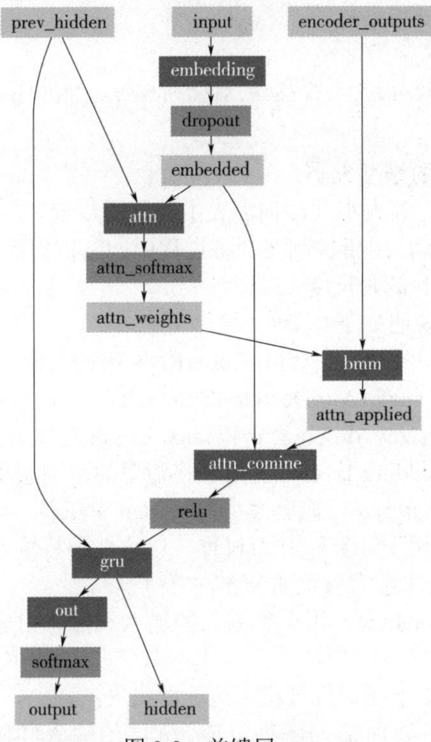

图 9-9　前馈层 attn

编写类 AttnDecoderRNN 实现具有注意力机制的解码器，对应的实现代码如下：

```
class AttnDecoderRNN(nn.Module):
    def __init__(self, hidden_size, output_size, dropout_p=0.1, max_length=
MAX_LENGTH):
        super(AttnDecoderRNN, self).__init__()
        self.hidden_size = hidden_size
        self.output_size = output_size
        self.dropout_p = dropout_p
        self.max_length = max_length

        self.embedding = nn.Embedding(self.output_size, self.hidden_size)
        self.attn = nn.Linear(self.hidden_size * 2, self.max_length)
        self.attn_combine = nn.Linear(self.hidden_size * 2, self.hidden_size)
        self.dropout = nn.Dropout(self.dropout_p)
        self.gru = nn.GRU(self.hidden_size, self.hidden_size)
        self.out = nn.Linear(self.hidden_size, self.output_size)

    def forward(self, input, hidden, encoder_outputs):
        embedded = self.embedding(input).view(1, 1, -1)
        embedded = self.dropout(embedded)

        attn_weights = F.softmax(
            self.attn(torch.cat((embedded[0], hidden[0]), 1)), dim=1)
        attn_applied = torch.bmm(attn_weights.unsqueeze(0),
                                 encoder_outputs.unsqueeze(0))

        output = torch.cat((embedded[0], attn_applied[0]), 1)
        output = self.attn_combine(output).unsqueeze(0)

        output = F.relu(output)
        output, hidden = self.gru(output, hidden)

        output = F.log_softmax(self.out(output[0]), dim=1)
```

```
        return output, hidden, attn_weights

    def initHidden(self):
        return torch.zeros(1, 1, self.hidden_size, device=device)
```

对类参数的具体说明如下：

- hidden_size：隐藏状态的维度大小。
- output_size：输出的词汇表大小（即词汇表中的单词数量）。
- dropout_p：dropout 概率，用于控制在训练过程中的随机失活。
- max_length：输入序列的最大长度。

对 __init__() 方法的具体说明如下：

- 初始化函数，用于创建并初始化 AttnDecoderRNN 类的实例。
- 调用父类的初始化方法 super(AttnDecoderRNN, self).__init__()。
- 将 hidden_size、output_size、dropout_p 和 max_length 存储为实例属性。
- 创建一个嵌入层（embedding layer），用于将输出的单词索引映射为密集向量表示。该嵌入层的输入大小为 output_size，输出大小为 hidden_size。
- 创建一个线性层 attn，用于计算注意力权重。该线性层将输入的两个向量拼接起来，然后通过一个线性变换得到注意力权重的分布。
- 创建一个线性层 attn_combine，用于将嵌入的输入和注意力应用的上下文向量进行结合，以生成解码器的输入。
- 创建一个 dropout 层，用于在训练过程中进行随机失活。
- 创建一个 gru 层，用于处理输入序列。该 gru 层的输入和隐藏状态的大小都为 hidden_size。
- 创建一个全连接线性层，用于将 gru 层的输出映射到输出大小 output_size。

对 forward () 方法的具体说明如下：

- 前向传播函数，用于对输入进行解码并生成输出、隐藏状态和注意力权重。
- 接受输入张量 input、隐藏状态张量 hidden 和编码器的输出张量 encoder_outputs 作为输入。
- 将输入张量通过嵌入层进行词嵌入，然后进行随机失活处理。
- 将嵌入后的张量与隐藏状态张量拼接起来，并通过线性层 attn 计算注意力权重的分布。
- 使用注意力权重将编码器的输出进行加权求和，得到注意力应用的上下文向量。
- 将嵌入的输入和注意力应用的上下文向量拼接起来，并通过线性层 attn_combine 进行结合，得到解码器的输入。
- 将解码器的输入通过激活函数 ReLU 进行非线性变换。
- 将变换后的张量作为输入传递给 gru 层，得到输出和更新后的隐藏状态。
- 将 gru 的输出通过线性层 out 进行映射，并通过 LogSoftmax 函数计算输出的概率分布。
- 返回输出、隐藏状态和注意力权重。

对 initHidden() 方法的具体说明如下：

- 用于初始化隐藏状态张量，作为解码器的初始隐藏状态。
- 返回一个大小为 (1, 1, hidden_size) 的全零张量，其中 hidden_size 是隐藏状态的维度大小。

9.3.6 训练模型

1. 准备训练数据

为了训练模型，对于每一对，我们将需要一个输入张量（输入句子中单词的索引）和目标张量（目标句子中单词的索引）。在创建这些向量时，会将 EOS 标记附加到两个序列上。首先定义一些用于处理文本数据的辅助函数，用于将句子转换为索引张量和生成数据对的张量。对应的实现代码如下：

```
def indexesFromSentence(lang, sentence):
    return [lang.word2index[word] for word in sentence.split(' ')]

def tensorFromSentence(lang, sentence):
    indexes = indexesFromSentence(lang, sentence)
    indexes.append(EOS_token)
    return torch.tensor(indexes, dtype=torch.long, device=device).view(-1, 1)

def tensorsFromPair(pair):
    input_tensor = tensorFromSentence(input_lang, pair[0])
    target_tensor = tensorFromSentence(output_lang, pair[1])
    return (input_tensor, target_tensor)
```

2. 训练模型

为了训练模型，通过编码器运行输入语句，并跟踪每个输出和最新的隐藏状态。然后，为解码器提供 <SOS> 标记作为其第一个输入，为编码器提供最后的隐藏状态作为其第一个隐藏状态。"教师强制（teacher_forcing_ratio）"的概念是使用实际目标输出作为每个下一个输入，而不是使用解码器的猜测作为下一个输入。使用教师强制会导致其收敛更快，但是当使用受过训练的网络时，可能会显示不稳定。

虽然以教师为主导的网络输出通常具有连贯的语法，但是在某些情况下，与正确的翻译稍有偏差。在训练过程中，一旦模型接收到最初几个单词的指导，就能理解其含义，但模型尚未完全学会如何准确地翻译整个句子。在 PyTorch 中，我们可以使用简单的 if 语句来控制是否使用教师强迫，通过增加 teacher_forcing ratio 来使用更多的教师强迫，从而加快模型的收敛速度。

编写训练函数 train() 训练序列到序列模型（Encoder-Decoder 模型），对应的实现代码如下：

```
teacher_forcing_ratio = 0.5


def train(input_tensor, target_tensor, encoder, decoder, encoder_optimizer,
decoder_optimizer, criterion, max_length=MAX_LENGTH):
    encoder_hidden = encoder.initHidden()

    encoder_optimizer.zero_grad()
    decoder_optimizer.zero_grad()

    input_length = input_tensor.size(0)
    target_length = target_tensor.size(0)

    encoder_outputs = torch.zeros(max_length, encoder.hidden_size, device=device)

    loss = 0

    for ei in range(input_length):
        encoder_output, encoder_hidden = encoder(
            input_tensor[ei], encoder_hidden)
        encoder_outputs[ei] = encoder_output[0, 0]

    decoder_input = torch.tensor([[SOS_token]], device=device)

    decoder_hidden = encoder_hidden

    use_teacher_forcing = True if random.random() < teacher_forcing_ratio else False

    if use_teacher_forcing:
        # Teacher forcing: Feed the target as the next input
        for di in range(target_length):
            decoder_output, decoder_hidden, decoder_attention = decoder(
                decoder_input, decoder_hidden, encoder_outputs)
            loss += criterion(decoder_output, target_tensor[di])
```

```
            decoder_input = target_tensor[di]  # Teacher forcing

    else:
        # Without teacher forcing: use its own predictions as the next input
        for di in range(target_length):
            decoder_output, decoder_hidden, decoder_attention = decoder(
                decoder_input, decoder_hidden, encoder_outputs)
            topv, topi = decoder_output.topk(1)
            decoder_input = topi.squeeze().detach()  # detach from history as input

            loss += criterion(decoder_output, target_tensor[di])
            if decoder_input.item() == EOS_token:
                break

    loss.backward()

    encoder_optimizer.step()
    decoder_optimizer.step()

    return loss.item() / target_length
```

对上述代码的具体说明如下：

- teacher_forcing_ratio：表示使用“teacher forcing”的概率。当随机数小于该概率时，将使用教师强制，即将目标作为解码器的下一个输入；否则，将使用模型自身的预测结果作为输入。
- train 函数的参数包括输入张量（input_tensor）、目标张量（target_tensor），以及模型的编码器（encoder）、解码器（decoder），优化器（encoder_optimizer 和 decoder_optimizer），损失函数（criterion）等。
- 首先，对编码器的隐藏状态进行初始化，并将编码器和解码器的梯度归零。
- 接下来，获取输入张量的长度（input_length）和目标张量的长度（target_length）。
- 创建一个形状为（max_length, encoder.hidden_size）的全零张量 encoder_outputs，用于存储编码器的输出。
- 使用一个循环将输入张量逐步输入编码器，获取编码器的输出和隐藏状态，并将输出存储在 encoder_outputs 中。
- 初始化解码器的输入为起始标记（SOS_token）的张量。
- 将解码器的隐藏状态初始化为编码器的最终隐藏状态。
- 判断是否使用教师强制。如果使用教师强制，将循环遍历目标张量，每次将解码器的输出作为下一个输入，计算损失并累加到总损失（loss）中。
- 如果不使用教师强制，则循环遍历目标张量，并使用解码器的输出作为下一个输入。在每次迭代中，计算解码器的输出、隐藏状态和注意力权重，将损失累加到总损失中。如果解码器的输出为结束标记（EOS_token），则停止迭代。
- 完成迭代后，进行反向传播，更新编码器和解码器的参数。
- 返回平均损失（loss.item() / target_length）。

3. 展示训练耗费时间

编写功能函数，用于在给定当前时间和进度百分比的情况下打印经过的时间和估计的剩余时间。对应的实现代码如下：

```
import time
import math
def asMinutes(s):
    m = math.floor(s / 60)
    s -= m * 60
    return '%dm %ds' % (m, s)
```

```
    def timeSince(since, percent):
        now = time.time()
        s = now - since
        es = s / (percent)
        rs = es - s
    return '%s (- %s)' % (asMinutes(s), asMinutes(rs))
```

4. 循环训练

多次调用训练函数 train()，并偶尔打印进度（示例的百分比，到目前为止的时间，估计的时间）和平均损失。定义循环训练函数 trainIters()，用于迭代训练序列到序列模型。该函数的作用是对训练数据进行多次迭代，调用 train 函数进行单次训练，并记录和打印损失信息。同时，通过指定的间隔将损失值进行平均，并可选择性地绘制损失曲线。对应的实现代码如下：

```
    def trainIters(encoder, decoder, n_iters, print_every=1000, plot_every=100,
learning_rate=0.01):
        start = time.time()
        plot_losses = []
        print_loss_total = 0  # Reset every print_every
        plot_loss_total = 0  # Reset every plot_every

        encoder_optimizer = optim.SGD(encoder.parameters(), lr=learning_rate)
        decoder_optimizer = optim.SGD(decoder.parameters(), lr=learning_rate)
        training_pairs = [tensorsFromPair(random.choice(pairs))
                          for i in range(n_iters)]
        criterion = nn.NLLLoss()

        for iter in range(1, n_iters + 1):
            training_pair = training_pairs[iter - 1]
            input_tensor = training_pair[0]
            target_tensor = training_pair[1]

            loss = train(input_tensor, target_tensor, encoder,
                         decoder, encoder_optimizer, decoder_optimizer, criterion)
            print_loss_total += loss
            plot_loss_total += loss

            if iter % print_every == 0:
                print_loss_avg = print_loss_total / print_every
                print_loss_total = 0
                print('%s (%d %d%%) %.4f' % (timeSince(start, iter / n_iters),
                                             iter, iter / n_iters * 100, print_loss_avg))

            if iter % plot_every == 0:
                plot_loss_avg = plot_loss_total / plot_every
                plot_losses.append(plot_loss_avg)
                plot_loss_total = 0

        showPlot(plot_losses)
```

5. 绘制结果

定义绘图函数 showPlot() 绘制损失曲线图，该函数的作用是绘制损失曲线图，将损失值在 x 轴上按索引进行绘制，y 轴上绘制对应的损失值。刻度间隔设置为 0.2，以便更清晰地观察损失曲线的变化。对应的实现代码如下：

```
    import matplotlib.pyplot as plt
    plt.switch_backend('agg')
    import matplotlib.ticker as ticker
    import numpy as np

    def showPlot(points):
        plt.figure()
        fig, ax = plt.subplots()
```

```
    # this locator puts ticks at regular intervals
    loc = ticker.MultipleLocator(base=0.2)
    ax.yaxis.set_major_locator(loc)
    plt.plot(points)
```

9.3.7 模型评估

模型的评估与模型训练的过程基本相同，但是没有目标，因此只需将解码器的预测反馈给每一步。每当它预测一个单词时，都会将其添加到输出字符串中，如果它预测到EOS标记，将在此处停止。还将存储解码器的注意输出，以供以后显示。编写函数evaluate()实现模型评估功能，使用训练好的编码器和解码器对输入的句子进行解码，并生成对应的输出词语序列和注意力权重。注意力权重可用于可视化解码过程中的注意力集中情况。对应的实现代码如下：

```
def evaluate(encoder, decoder, sentence, max_length=MAX_LENGTH):
    with torch.no_grad():
        input_tensor = tensorFromSentence(input_lang, sentence)
        input_length = input_tensor.size()[0]
        encoder_hidden = encoder.initHidden()

        encoder_outputs = torch.zeros(max_length, encoder.hidden_size, device=device)

        for ei in range(input_length):
            encoder_output, encoder_hidden = encoder(input_tensor[ei],
                                                     encoder_hidden)
            encoder_outputs[ei] += encoder_output[0, 0]

        decoder_input = torch.tensor([[SOS_token]], device=device)  # SOS

        decoder_hidden = encoder_hidden

        decoded_words = []
        decoder_attentions = torch.zeros(max_length, max_length)

        for di in range(max_length):
            decoder_output, decoder_hidden, decoder_attention = decoder(
                decoder_input, decoder_hidden, encoder_outputs)
            decoder_attentions[di] = decoder_attention.data
            topv, topi = decoder_output.data.topk(1)
            if topi.item() == EOS_token:
                decoded_words.append('<EOS>')
                break
            else:
                decoded_words.append(output_lang.index2word[topi.item()])

            decoder_input = topi.squeeze().detach()

        return decoded_words, decoder_attentions[:di + 1]
```

编写函数evaluateRandomly()实现随机评估功能，我们可以从训练集中评估随机句子，并打印出输入、目标和输出，以做出对应的主观质量判断。对应的实现代码如下：

```
def evaluateRandomly(encoder, decoder, n=10):
    for i in range(n):
        pair = random.choice(pairs)
        print('>', pair[0])
        print('=', pair[1])
        output_words, attentions = evaluate(encoder, decoder, pair[0])
        output_sentence = ' '.join(output_words)
        print('<', output_sentence)
        print('')
```

9.3.8　训练和评估

有了前面介绍的功能函数，实际上现在可以进行初始化网络并开始训练工作。注意，输入语句已被大量过滤。对于这个小的数据集，可以使用具有 256 个隐藏节点和单个 gru 层的相对较小的网络。在笔者的 MacBook CPU 上运行约 40 分钟后，我们会得到一些合理的结果。创建一个编码器（encoder1）和一个带注意力机制的解码器（attn_decoder1），并调用函数 trainIters() 进行训练。在训练过程中，函数 trainIters() 会迭代执行训练步骤，更新编码器和解码器的参数，计算损失并输出训练进度。在每个打印间隔（print_every），会输出当前训练的时间、完成的迭代次数百分比和平均损失。对应的实现代码如下：

```
    hidden_size = 256
    encoder1 = EncoderRNN(input_lang.n_words, hidden_size).to(device)
    attn_decoder1 = AttnDecoderRNN(hidden_size, output_lang.n_words,
dropout_p=0.1).to(device)

    trainIters(encoder1, attn_decoder1, 75000, print_every=5000)
```

如果运行上述代码可以进行训练，中断内核，评估并在以后继续训练。注释掉编码器和解码器已初始化的行，然后再次运行 trainIters() 函数。执行上述代码后，会输出如下训练进度的日志信息，并在训练完成后绘制损失函数随迭代次数变化的折线图，如图 9-10 所示。

```
    2m 6s (- 29m 28s) (5000 6%) 2.8538
    4m 7s (- 26m 49s) (10000 13%) 2.3035
    6m 10s (- 24m 40s) (15000 20%) 1.9812
    8m 13s (- 22m 37s) (20000 26%) 1.7083
    10m 15s (- 20m 31s) (25000 33%) 1.5199
    12m 17s (- 18m 26s) (30000 40%) 1.3580
    14m 18s (- 16m 20s) (35000 46%) 1.2002
    16m 18s (- 14m 16s) (40000 53%) 1.0832
    18m 21s (- 12m 14s) (45000 60%) 0.9719
    20m 22s (- 10m 11s) (50000 66%) 0.8879
    22m 23s (- 8m 8s) (55000 73%) 0.8130
    24m 25s (- 6m 6s) (60000 80%) 0.7509
    26m 27s (- 4m 4s) (65000 86%) 0.6524
    28m 27s (- 2m 1s) (70000 93%) 0.6007
    30m 30s (- 0m 0s) (75000 100%) 0.5699
```

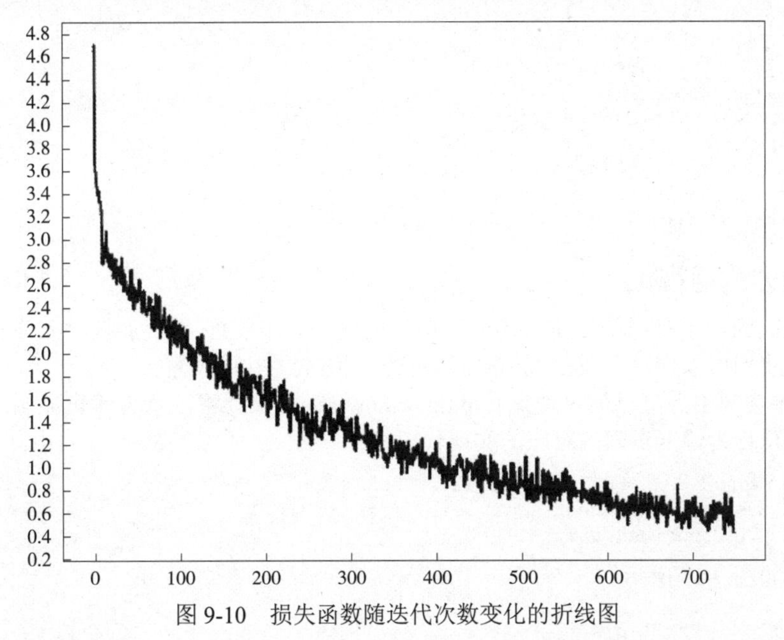

图 9-10　损失函数随迭代次数变化的折线图

然后运行下面的代码，调用函数 evaluateRandomly() 在训练完成后对模型进行随机评估。该函数会从数据集中随机选择一条输入句子，然后使用训练好的编码器（encoder1）和解码器（attn_decoder1）对该句子进行翻译。它会打印原始输入句子、目标输出句子和模型生成的翻译结果。

```
evaluateRandomly(encoder1, attn_decoder1)
```

执行后会输出翻译结果：

```
> nous sommes desolees .
= we re sorry .
< we re sorry . <EOS>

> tu plaisantes bien sur .
= you re joking of course .
< you re joking of course . <EOS>

> vous etes trop stupide pour vivre .
= you re too stupid to live .
< you re too stupid to live . <EOS>

> c est un scientifique de niveau international .
= he s a world class scientist .
< he is a successful person . <EOS>

> j agis pour mon pere .
= i am acting for my father .
< i m trying to my father . <EOS>

> ils courent maintenant .
= they are running now .
< they are running now . <EOS>

> je suis tres heureux d etre ici .
= i m very happy to be here .
< i m very happy to be here . <EOS>

> vous etes bonne .
= you re good .
< you re good . <EOS>

> il a peur de la mort .
= he is afraid of death .
< he is afraid of death . <EOS>

> je suis determine a devenir un scientifique .
= i am determined to be a scientist .
< i m ready to make a cold . <EOS>
```

9.3.9 注意力的可视化

注意力机制的一个有用特性是其高度可解释的输出。 因为它用于加权输入序列的特定编码器输出，所以我们可以想象一下在每个时间步长上网络最关注的位置。

（1）在本实例中，可以简单地运行 plt.matshow(attentions) 将注意力输出显示为矩阵，其中列为输入步骤，行为输出步骤。对应的实现代码如下：

```
output_words, attentions = evaluate(
    encoder1, attn_decoder1, "je suis trop froid .")
plt.matshow(attentions.numpy())
```

执行效果如图 9-11 所示。

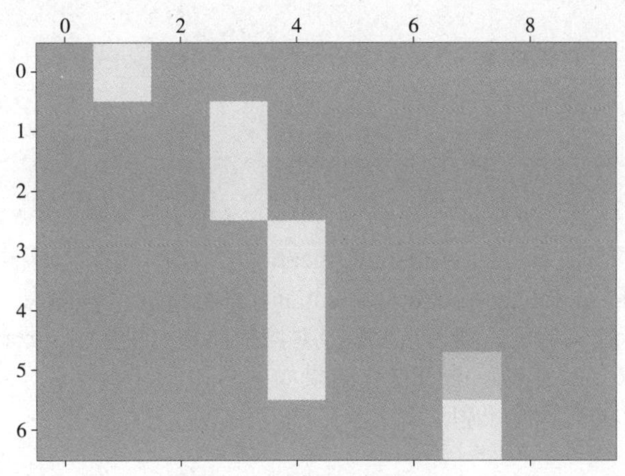

图 9-11　注意力矩阵图

（2）为了获得更好的观看体验，可以考虑为可视化图添加轴和标签。编写函数 showAttention()，用于显示注意力权重的可视化结果。该函数接受三个参数：input_sentence 是输入句子；output_words 是解码器生成的输出单词序列；attentions 是注意力权重矩阵。在函数内部，它创建了一个新的图形（fig）和子图（ax），然后使用 matshow() 函数在子图上绘制注意力权重矩阵。颜色映射选用了 bone，这是一种灰度色图。接下来，函数 showAttention() 设置了横轴和纵轴的刻度标签。横轴的刻度包括输入句子的单词和特殊符号 <EOS>，纵轴的刻度包括输出单词序列。函数还确保在每个刻度上都显示标签。最后，通过调用 plt.show() 函数，显示绘制的图形，展示了注意力权重的可视化结果。对应的实现代码如下：

```
def showAttention(input_sentence, output_words, attentions):
    # Set up figure with colorbar
    fig = plt.figure()
    ax = fig.add_subplot(111)
    cax = ax.matshow(attentions.numpy(), cmap='bone')
    fig.colorbar(cax)

    # Set up axes
    ax.set_xticklabels([''] + input_sentence.split(' ') +
                       ['<EOS>'], rotation=90)
    ax.set_yticklabels([''] + output_words)

    # Show label at every tick
    ax.xaxis.set_major_locator(ticker.MultipleLocator(1))
    ax.yaxis.set_major_locator(ticker.MultipleLocator(1))

    plt.show()
```

（3）创建函数 evaluateAndShowAttention() 用于评估输入句子的翻译结果，并显示注意力权重的可视化。函数 evaluateAndShowAttention() 首先调用 evaluate() 函数获取输入句子的翻译结果和注意力权重。然后，它打印出输入句子和翻译结果，并调用函数 showAttention() 绘制注意力权重的可视化图像。接下来，函数 evaluateAndShowAttention() 使用了几个示例句子调用函数 evaluateAndShowAttention()，以展示不同输入句子的翻译结果和注意力权重的可视化。每个示例句子的翻译结果和注意力权重图像都会被打印出来。对应的实现代码如下：

```
def evaluateAndShowAttention(input_sentence):
    output_words, attentions = evaluate(
        encoder1, attn_decoder1, input_sentence)
    print('input =', input_sentence)
    print('output =', ' '.join(output_words))
    showAttention(input_sentence, output_words, attentions)
```

```
evaluateAndShowAttention("elle a cinq ans de moins que moi .")
evaluateAndShowAttention("elle est trop petit .")
evaluateAndShowAttention("je ne crains pas de mourir .")
evaluateAndShowAttention("c est un jeune directeur plein de talent .")
```

上面的代码调用了函数 evaluateAndShowAttention() 四次，并针对不同的输入句子进行评估和可视化。每次调用函数 evaluateAndShowAttention() 都会生成一幅图像，因此总共会生成四幅图像。每幅图像显示了输入句子、翻译结果以及对应的注意力权重图。具体说明如下：

- Age Difference（年龄差异）的可视化结果如图 9-12 所示，描述了句子 "elle a cinq ans de moins que moi ." 的翻译结果和注意力权重图。

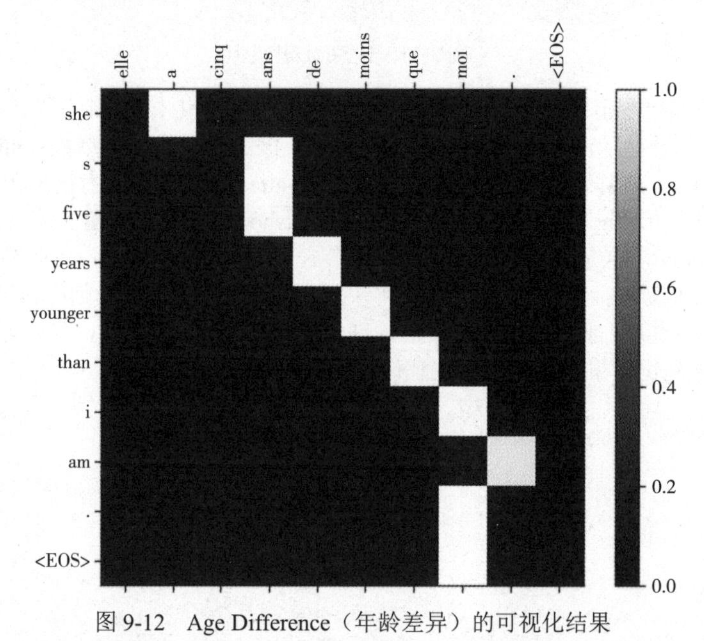

图 9-12　Age Difference（年龄差异）的可视化结果

- Size Matters（尺寸重要）的可视化结果如图 9-13 所示，描述了句子 "elle est trop petit ." 的翻译结果和注意力权重图。

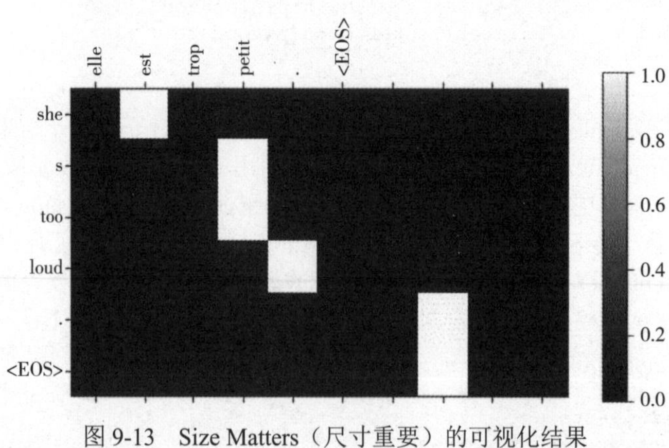

图 9-13　Size Matters（尺寸重要）的可视化结果

- Facing Fear（面对恐惧）的可视化结果如图 9-14 所示，描述了句子 "je ne crains pas de

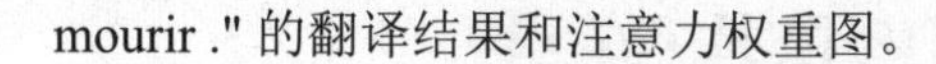

mourir ." 的翻译结果和注意力权重图。

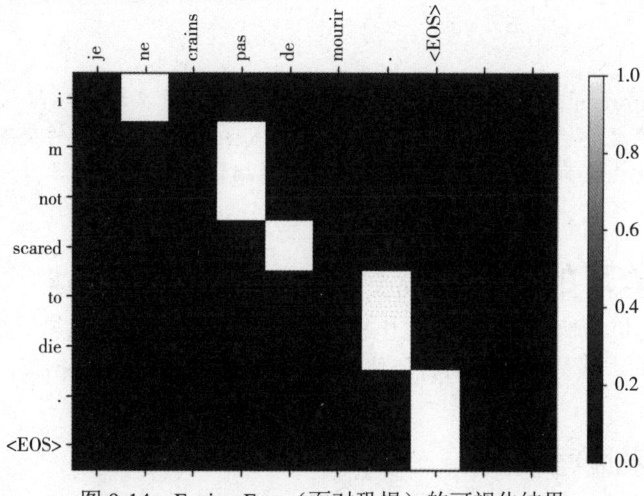

图 9-14　Facing Fear（面对恐惧）的可视化结果

- Young and Talented（年轻而有才华）的可视化结果如图 9-15 所示，描述了代码 "c est un jeune directeur plein de talent ." 的翻译结果和注意力权重图。

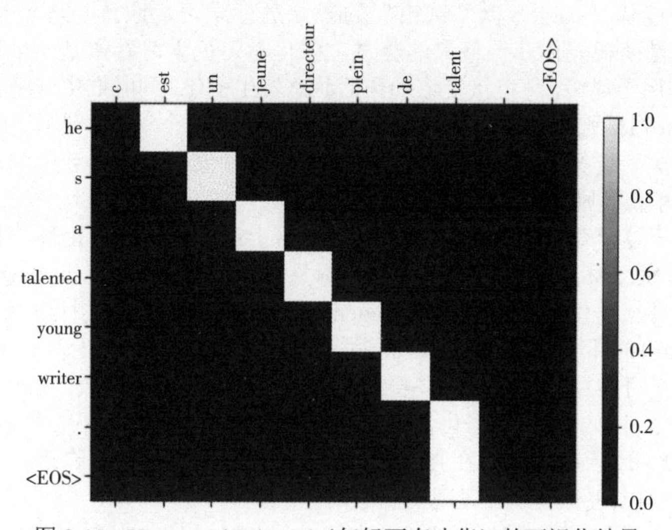

图 9-15　Young and Talented（年轻而有才华）的可视化结果

并且会输出文本翻译结果：

```
input = elle a cinq ans de moins que moi .
output = she s five years younger than i am . <EOS>
input = elle est trop petit .
output = she s too loud . <EOS>
input = je ne crains pas de mourir .
output = i m not scared to die . <EOS>
input = c est un jeune directeur plein de talent .
output = he s a talented young writer . <EOS>
```

第 10 章　强化推荐学习

强化学习（reinforcement learning，RL），又称再励学习、评价学习或增强学习，是机器学习的范式和方法论之一，用于描述和解决智能体（agent）在与环境的交互过程中通过学习策略以达成回报最大化或实现特定目标的问题。本章详细讲解基于强化学习的推荐系统的知识和用法。

10.1　强化学习的基本概念

强化学习是一种机器学习方法，旨在让智能体通过与环境的交互来学习最佳行动策略。与其他机器学习方法不同，强化学习中的智能体并不依赖于标记的训练数据集，而是通过不断尝试与环境的交互来进行学习。

10.1.1　基本模型和原理

强化学习是从动物学习、参数扰动自适应控制等理论发展而来，其基本原理是：如果 agent 的某个行为策略导致环境正的奖赏（强化信号），那么 agent 以后产生这个行为策略的趋势便会加强。agent 的目标是在每个离散状态发现最优策略以使期望的折扣奖赏和最大。

强化学习是智能体（agent）以“试错”的方式进行学习，通过与环境进行交互获得的奖赏指导行为，目标是使智能体获得最大的奖赏。强化学习把学习看作是一个试探评价的过程，agent 选择一个动作用于环境，环境接受该动作后状态发生变化，同时产生一个强化信号（奖或惩）反馈给 agent，agent 根据强化信号和环境当前状态再选择下一个动作，选择的原则是使受到正强化（奖）的概率增大。选择的动作不仅会影响立即的奖励值，而且也会影响环境在下一个时间步的状态及最终的累积奖励值。

强化学习不同于监督学习，主要表现在教师信号上，强化学习中由环境提供的强化信号是 agent 对所产生动作的好坏作一种评价（通常为标量信号），而不是告诉 agent 如何去产生正确的动作。由于外部环境提供了很少的信息，agent 必须靠自身的经历进行学习。通过这种方式，agent 在行动一一评价的环境中获得知识，改进行动方案以适应环境。

强化学习系统学习的目标是动态地调整参数，以达到强化信号最大。若已知 r/A 梯度信息，则可直接使用监督学习算法。因为强化信号 r 与 agent 产生的动作 A 没有明确的函数形式描述，所以梯度信息 r/A 无法得到。因此，在强化学习系统中，需要某种随机单元，使用这种随机单元，agent 在可能动作空间中进行搜索并发现正确的动作。

强化学习的常见模型是标准的马尔可夫决策过程（Markov decision process，MDP）。按给定条件，强化学习可分为基于模式的强化学习（model-based RL）和无模式强化学习（model-free RL），以及主动强化学习（active RL）和被动强化学习（passive RL）。强化学习的变体包括逆向强化学习、阶层强化学习和部分可观测系统的强化学习。求解强化学习问题所使用的算法可分为策略搜索算法和值函数（value function）算法两类。深度学习模型可以在强化学习中得到使用，形成深度强化学习。

10.1.2　强化学习中的主要要素

强化学习中的主要要素包括：

- 状态（state）：环境的特征或观测，用于描述智能体所处的情境。
- 动作（action）：智能体可以选择的行动或决策。
- 奖励（reward）：智能体从环境中接收到的反馈信号，用于评估动作的好坏。奖励可以是立即的，也可以是延迟的，取决于任务的性质。

- 策略（policy）：策略定义了智能体在给定状态下选择动作的方式。它可以是确定性策略（确定选择一个动作）或概率性策略（选择一个动作的概率分布）。
- 值函数（value function）：值函数估计了在给定状态下执行策略的预期回报或价值。它用于指导智能体在不同状态下选择最优动作。
- 环境模型（environment model）：环境模型描述了环境的动态特性，包括状态转移概率和奖励分布。可以用于模拟环境的演化过程和生成样本数据。
- 强化学习算法：强化学习算法用于学习最佳策略，根据智能体与环境的交互数据来更新策略或值函数。

强化学习可以应用于各种问题，如机器人控制、游戏策略、自动驾驶、资源管理等。它强调通过尝试和错误的交互学习，以获得长期的累积奖励。强化学习的关键挑战之一是在探索和利用之间进行权衡，以找到最佳策略。

10.1.3　网络模型设计

在强化学习的网络模型中，每一个自主体是由两个神经网络模块组成，即行动网络和评估网络。行动网络是根据当前的状态而决定下一个时刻施加到环境上去的最好动作。

对于行动网络，强化学习算法允许它的输出结点进行随机搜索，有了来自评估网络的内部强化信号后，行动网络的输出结点即可有效地完成随机搜索并且大大地提高选择好的动作的可能性，同时可以在线训练整个行动网络。用一个辅助网络来为环境建模，评估网络根据当前的状态和模拟环境用于预测标量值的外部强化信号，这样它可单步和多步预报当前由行动网络施加到环境上的动作强化信号，可以提前向动作网络提供有关将候选动作的强化信号，以及更多的奖惩信息（内部强化信号），以减少不确定性并提高学习速度。

进化强化学习对评估网络使用时序差分预测方法 TD 和反向传播 BP 算法进行学习，而对行动网络进行遗传操作，使用内部强化信号作为行动网络的适应度函数。网络运算分成两个部分，即前向信号计算和遗传强化计算。在前向信号计算时，对评估网络采用时序差分预测方法，由评估网络对环境建模，可以进行外部强化信号的多步预测，评估网络提供更有效的内部强化信号给行动网络，使它产生更恰当的行动，内部强化信号使行动网络、评估网络在每一步都可以进行学习，而不必等待外部强化信号的到来，从而大大地加速了两个网络的学习。

10.1.4　强化学习算法和深度强化学习

强化学习是一种机器学习方法，旨在通过智能体与环境的交互学习最优的决策策略。在强化学习中，智能体根据环境的反馈（奖励信号）来调整其行为，以最大化长期累积的奖励。常用的强化学习算法有价值迭代、策略迭代、Q-learning、蒙特卡洛方法、时序差分学习。

深度强化学习（deep reinforcement learning）是强化学习与深度学习相结合的一种方法。它使用深度神经网络作为函数逼近器，可以直接从原始输入数据（如图像或传感器数据）中学习高级特征表示，并通过这些特征来指导决策过程。

下面是强化学习算法和深度强化学习的主要区别：

- 函数逼近器：传统的强化学习算法通常使用表格或线性函数来表示值函数或策略。而深度强化学习使用深度神经网络作为函数逼近器，可以处理高维、复杂的输入数据，并学习更复杂的策略。
- 特征表示学习：传统的强化学习算法通常需要手动设计特征表示。深度强化学习可以通过神经网络自动地从原始输入数据中学习特征表示，无须手动设计特征。
- 数据效率：传统的强化学习算法通常需要大量的样本和迭代才能学到良好的策略。深度强化学习可以从海量的数据中进行学习，利用深度神经网络的参数化能力，可以更高效地学习到复杂的策略。

- 探索与利用：强化学习算法中的探索与利用问题旨在探索未知领域和利用已知知识之间的权衡。传统的强化学习算法通常使用 ε-greedy 等简单策略来平衡探索和利用。深度强化学习可以使用更复杂的探索策略，如使用随机噪声或基于不确定性的探索方法。
- 样本效率：深度强化学习通常需要大量的样本来进行训练，这可能会导致对环境的过度依赖。传统的强化学习算法通常在样本效率上更加高效。

总而言之，深度强化学习通过使用深度神经网络作为函数逼近器和自动学习特征表示，可以处理更复杂的任务和输入数据，并在一定程度上提高学习效率。然而，深度强化学习也面临着样本效率和训练不稳定等挑战，需要更多的经验和技巧来处理。

10.2 强化学习算法

在开发应用中，常用的强化学习算法有值迭代、Q-learning、蒙特卡洛方法、时序差分学习等。本节详细讲解这些强化学习算法的知识。

10.2.1 值迭代算法

值迭代算法（value iteration）是强化学习中一种用于求解马尔可夫决策过程中最优值函数的经典算法，它通过迭代更新值函数来逼近最优值函数，进而得到最优策略。

值迭代算法的目标是求解状态值函数或动作值函数的最优值。在值迭代算法中，我们假设已知环境的状态转移概率和奖励函数，并且问题是具有有限状态和有限动作的离散空间问题。

值迭代算法的基本步骤如下：

（1）初始化值函数：将所有状态的值函数初始值设为 0 或其他任意值。

（2）迭代更新值函数：重复以下步骤直到值函数收敛。

- 对于每个状态 s，根据当前值函数计算出所有可能的动作 a 的价值 $Q(s,a)$。这可以通过状态转移概率和奖励函数来计算，即利用贝尔曼方程。
- 更新状态 s 的值函数为当前状态下所有动作的最大价值：$V(s) = \max(Q(s,a))$，其中 a 表示所有可能的动作。

（3）输出最优策略：根据最终收敛的值函数，选择每个状态下具有最大值的动作作为最优策略。

值迭代算法的核心思想是通过迭代更新值函数来逐步逼近最优值函数。在每次迭代中，算法通过选择当前状态下具有最大价值的动作来更新值函数。通过不断迭代更新，值函数最终收敛到最优值函数，从而得到最优策略。

值迭代算法是一种基于模型的强化学习算法，因此需要对环境的状态转移概率和奖励函数有所了解。它适用于离散状态和离散动作空间的问题，并且能够找到全局最优解。

值迭代算法是强化学习中重要的基础算法之一，为其他高级算法提供了基础。它的主要优点是简单直观且易于理解和实现，但对于大规模问题，由于需要遍历所有状态和动作的组合，计算复杂度较高。

在实际应用中，如果将推荐系统建模为一个强化学习问题，可以使用值迭代算法来学习用户的偏好和优化推荐策略。例如，下面是一个基于价值迭代算法的简化推荐系统的例子，假设我们有一个简单的推荐系统，其中包含三个物品（物品 A、物品 B、物品 C）和一个用户。我们将每个物品的特征表示为一个向量，用户的偏好表示为一个值。我们的目标是通过价值迭代算法来学习最优的推荐策略。

源码路径：daima\10\jia.py

```
import numpy as np

# 物品特征向量
item_features = {
```

```
    'A': np.array([1, 0, 0]),
    'B': np.array([0, 1, 0]),
    'C': np.array([0, 0, 1])
}

# 用户偏好
user_preferences = {
    'A': 5,
    'B': 3,
    'C': 1
}

# 定义价值迭代算法函数
def value_iteration(item_features, user_preferences, num_iterations, discount_factor):
    # 初始化值函数
    values = {item: 0 for item in item_features}

    for _ in range(num_iterations):
        # 迭代更新值函数
        for item in item_features:
            best_value = 0
            for next_item in item_features:
                # 计算当前动作的奖励
                reward = user_preferences[next_item]
                # 根据马尔可夫决策过程的Bellman方程更新值函数
                value = reward + discount_factor * values[next_item]
                if value > best_value:
                    best_value = value
            values[item] = best_value

    return values

# 使用价值迭代算法求解最优推荐策略
optimal_values = value_iteration(item_features, user_preferences, num_iterations=
100, discount_factor=0.9)

# 根据最优值函数进行推荐
best_item = max(optimal_values, key=optimal_values.get)
print("最优推荐物品:", best_item)
```

在上述代码中，首先定义了物品的特征向量和用户的偏好。然后，创建了函数 value_iteration() 来执行价值迭代算法。在每次迭代中，我们计算每个物品的最优值，通过迭代更新值函数来逐步逼近最优值函数。最后，根据最优值函数选择具有最高值的物品作为推荐。执行后会输出：

```
最优推荐物品: B
```

注意： 这只是一个简化的例子，仅用于展示如何使用价值迭代算法实现一个基本的推荐系统。在实际应用中，推荐系统往往需要考虑更复杂的因素，如用户行为数据、物品的上下文信息以及其他推荐算法的组合使用。因此，在实际情况中，通常会使用其他更为有效的推荐系统算法来处理推荐问题。

10.2.2　Q-learning 算法

Q-learning 是一种经典的强化学习算法，用于解决基于马尔可夫决策过程的强化学习问题，它通过学习一个状态动作值函数（Q 函数）来确定最佳策略。Q-learning 的目标是学习一个最优的 Q 函数，使得在每个状态下选择能够最大化累积奖励的动作。Q 函数表示在给定状态下，采取某个动作所能获得的预期累积奖励。

Q-learning 算法的步骤如下：

（1）初始化 Q 函数：对于每个状态—动作对，初始化 Q 值为任意值（通常为 0）。

（2）选择动作：根据当前状态，根据一定的策略（如 ε-greedy 策略）选择一个动作。

（3）执行动作并观察环境：执行选定的动作，并观察下一个状态和即时奖励。

（4）更新 Q 值：使用 Bellman 方程更新 Q 值，即通过当前奖励和未来状态的最大 Q 值来估计当前状态—动作对的 Q 值。

```
Q(s, a) = Q(s, a) + α * (r + γ * max(Q(s', a')) - Q(s, a))
```

其中，$Q(s, a)$ 是当前状态—动作对的 Q 值；α 是学习率（用于控制更新幅度）；r 是即时奖励；γ 是折扣因子（用于衡量未来奖励的重要性）；s' 是下一个状态；a' 是下一个状态的动作。

（5）更新状态：将当前状态更新为下一个状态。

（6）重复步骤（2）~ 步骤（5），直到达到停止条件（如达到最大迭代次数或学习收敛）。

通过不断迭代更新 Q 值，最终可以得到一个最优的 Q 函数，从而获得最佳的策略。在训练过程中，可以使用 ε-greedy 策略来平衡探索和利用，以便更好地探索状态空间并逐渐收敛到最优策略。

例如，下面是一个使用 Q-learning 算法实现推荐系统的例子，功能是根据物品的特征和用户的评分历史来预测用户对物品的评分。

源码路径：daima\10\q.py

```
import numpy as np

# 物品—特征矩阵
item_features = np.array([
    [1, 0, 0],
    [0, 1, 0],
    [0, 0, 1],
    [1, 1, 0],
])

# 用户—物品评分矩阵
ratings = np.array([
    [5, 3, 0, 1],
    [4, 0, 0, 1],
    [1, 1, 0, 5],
    [1, 0, 0, 4],
    [0, 1, 5, 4],
])

# 使用Q-learning算法的基于内容的推荐系统
def content_based_recommendation(item_features, ratings, num_episodes, learning_rate, 
discount_factor):
    num_items = item_features.shape[0]
    num_users = ratings.shape[0]
    num_features = item_features.shape[1]

    Q = np.zeros((num_users, num_items))

    for episode in range(num_episodes):
        state = np.random.randint(0, num_items)
        while True:
            action = np.argmax(Q[:, state])
            next_state = np.random.choice(num_items)
            reward = ratings[action, next_state]

            Q[action, next_state] = Q[action, next_state] + learning_rate * (
                reward + discount_factor * np.max(Q[:, next_state]) - Q[action, 
next_state]
            )

            state = next_state
```

```
            if np.sum(Q[:, state]) == 0:
                break

        return Q

    # 使用推荐系统进行预测
    Q = content_based_recommendation(item_features, ratings, num_episodes=1000,
learning_rate=0.1, discount_factor=0.9)
    print("Q值矩阵:")
    print(Q)
```

在上述代码中，使用一个物品—特征矩阵来表示物品的特征，以及一个用户—物品评分矩阵来表示用户对物品的评分情况。我们使用 Q-learning 算法来训练一个基于内容的推荐系统。在函数 content_based_recommendation() 中，首先初始化一个 Q 值矩阵，其大小为 (num_users, num_items)。然后，进行多个训练周期（episode）。在每个周期中，从一个随机的起始状态开始，然后根据当前的 Q 值矩阵选择一个动作（推荐一个物品）。接下来，观察执行该动作后的下一个状态，并根据奖励（用户对推荐物品的评分）更新 Q 值矩阵，使用 Q-learning 算法的更新规则来更新 Q 值。最后，返回训练得到的 Q 值矩阵，其中的 Q 值表示用户对物品的预测评分。执行后会输出：

```
Q值矩阵:
[[49.99846623 29.99921643  0.          9.9996287 ]
 [ 0.          0.          0.          0.        ]
 [ 0.          0.          0.          0.        ]
 [ 0.          0.          0.          0.        ]
 [ 0.          0.          0.          0.        ]]
```

10.2.3　蒙特卡洛方法算法

蒙特卡洛方法是一种基于随机采样的数值计算方法，常用于估计无法通过解析方式得到的数值。蒙特卡洛方法可以用来解决很多复杂的计算问题，其中一个典型应用就是估计数学常数 π 的值。

蒙特卡洛方法的基本思想是通过随机采样和概率统计来近似计算一个问题的解。具体而言，在估计 π 的例子中，我们可以将一个单位正方形内部嵌入一个单位圆，并通过随机均匀分布的点的采样来估计圆的面积与正方形的面积之比。由于圆的面积是 π，正方形的面积是 1，因此我们可以用采样点在圆内的数量与总采样点的数量的比例来估计 π 的值。

使用蒙特卡洛方法解决问题的步骤如下：

（1）定义问题：明确要解决的问题和需要估计的量。

（2）设定采样空间：确定采样点的范围和分布，这通常是通过随机数生成来实现。

（3）进行随机采样：根据设定的采样空间和分布进行随机采样，生成一组样本。

（4）计算结果：根据问题的定义和采样得到的样本，计算所需的结果。

（5）重复采样和计算：重复步骤（3）和步骤（4），生成多组样本并计算结果。

（6）统计估计：根据采样的结果，进行统计分析和估计，得到最终的结果。

蒙特卡洛方法的优点是简单易懂、适用于各种问题，而且可以通过增加采样数量来提高估计的准确性。然而，它也存在着随机误差，即估计结果的精确度受到采样数量的影响。

蒙特卡洛方法是一种基于随机采样和概率统计的数值计算方法，通过大量的随机采样和统计估计来解决各种计算问题，包括估计 π 的值。在实际应用中，蒙特卡洛方法被广泛用于金融学、物理学、计算机图形学、统计学等领域。在推荐系统中，可以通过蒙特卡洛方法来模拟用户行为，评估推荐策略的性能。例如，下面是一个简单的例子，演示了使用蒙特卡洛方法评估推荐系统的用法。假设我们有一个简单的推荐系统，其中包含三个物品（物品 A、物品 B、物品 C）和一个用户。假设用户的评分是随机的，并希望使用蒙特卡洛方法来估计不同推荐策略的平均得分。

源码路径：daima\10\mengte.py

```
import numpy as np

# 物品列表
items = ['A', 'B', 'C']

# 用户行为模拟函数
def simulate_user_action(item):
    # 模拟用户行为，返回对物品的评分
    return np.random.randint(1, 6)

# 蒙特卡洛方法评估推荐策略
def evaluate_policy(policy, num_episodes):
    total_reward = 0

    for _ in range(num_episodes):
        # 随机选择一个物品
        item = np.random.choice(items)
        # 模拟用户行为
        reward = simulate_user_action(item)
        # 根据策略计算推荐得分
        recommendation = policy(item)
        # 累积总奖励
        total_reward += reward * recommendation

    average_reward = total_reward / num_episodes
    return average_reward

# 随机推荐策略
def random_policy(item):
    # 随机返回一个推荐得分
    return np.random.randint(0, 2)

# 评估随机推荐策略
num_episodes = 1000
average_reward = evaluate_policy(random_policy, num_episodes)
print("随机推荐策略的平均得分:", average_reward)
```

在上述代码中，分别定义了物品列表和用于模拟用户行为的函数simulate_user_action()。然后，实现了一个蒙特卡洛方法的评估函数evaluate_policy()，该函数接受一个推荐策略函数作为参数，并使用模拟用户行为函数来评估策略的性能。最后，定义了一个随机推荐策略random_policy，并使用蒙特卡洛方法评估了该策略的平均得分。执行后会输出：

```
随机推荐策略的平均得分: 1.463
```

10.3 深度 Q 网络算法

我们在前面学习的价值迭代、策略迭代、Q-learning、蒙特卡洛方法等算法都是基本的强化学习算法，从本节开始，详细讲解深度强化学习算法的知识。

虽然深度Q网络是一种使用深度学习和强化学习相结合的算法，主要用于解决马尔可夫决策过程问题和游戏等问题，但我们可以将其应用于推荐系统中。例如，下面是一个简单的例子，功能是使用深度Q网络算法实现推荐系统。在这个例子中，将使用DQN算法来训练一个推荐系统，通过观察用户行为数据，预测用户对不同物品的喜好，并提供个性化的推荐。

源码路径：daima\10\dq.py

```
import numpy as np
import tensorflow as tf

# 构建深度 Q 网络模型
class DQNModel(tf.keras.Model):
```

```
    def __init__(self, num_items):
        super(DQNModel, self).__init__()
        self.dense1 = tf.keras.layers.Dense(64, activation='relu')
        self.dense2 = tf.keras.layers.Dense(64, activation='relu')
        self.dense3 = tf.keras.layers.Dense(num_items, activation='linear')

    def call(self, inputs):
        x = self.dense1(inputs)
        x = self.dense2(x)
        output = self.dense3(x)
        return output

# DQN 推荐系统类
class DQNRecommender:
    def __init__(self, num_items, epsilon=1.0, epsilon_decay=0.99, epsilon_min=0.01,
discount_factor=0.99, learning_rate=0.001):
        self.num_items = num_items
        self.epsilon = epsilon
        self.epsilon_decay = epsilon_decay
        self.epsilon_min = epsilon_min
        self.discount_factor = discount_factor
        self.learning_rate = learning_rate
        self.model = DQNModel(num_items)
        self.optimizer = tf.keras.optimizers.Adam(self.learning_rate)

    def get_action(self, state):
        if np.random.rand() <= self.epsilon:
            # 随机选择一个动作
            return np.random.randint(self.num_items)
        else:
            # 根据模型预测选择最优动作
            q_values = self.model.predict(state)
            return np.argmax(q_values)

    def train(self, state, action, reward, next_state, done):
        target = reward
        if not done:
            next_q_values = self.model.predict(next_state)[0]
            target += self.discount_factor * np.max(next_q_values)
        target_q_values = self.model.predict(state)
        target_q_values[0][action] = target

        with tf.GradientTape() as tape:
            q_values = self.model(state)
            loss = tf.keras.losses.MSE(target_q_values, q_values)
        gradients = tape.gradient(loss, self.model.trainable_variables)
        self.optimizer.apply_gradients(zip(gradients, self.model.trainable_
variables))

        if self.epsilon > self.epsilon_min:
            self.epsilon *= self.epsilon_decay

# 创建一个简单的推荐系统环境
class RecommendationEnvironment:
    def __init__(self, num_items):
        self.num_items = num_items

    def get_state(self):
        # 返回当前状态（可以是用户历史行为的特征表示）
        return np.zeros((1, self.num_items))

    def take_action(self, action):
        # 执行动作，返回奖励
        return np.random.randint(0, 10)
```

```
    def is_done(self):
        # 判断是否结束
        return np.random.rand() < 0.1

# 定义训练参数
num_items = 10
num_episodes = 1000

# 创建推荐系统实例
recommender = DQNRecommender(num_items)

# 创建环境实例
env = RecommendationEnvironment(num_items)

# 开始训练
for episode in range(num_episodes):
    state = env.get_state()
    done = False

    while not done:
        action = recommender.get_action(state)
        reward = env.take_action(action)
        next_state = env.get_state()
        done = env.is_done()
        recommender.train(state, action, reward, next_state, done)
        state = next_state

    # 打印每个回合的总奖励
    print("Episode:", episode, "Total Reward:", reward)
```

在上述代码中，首先定义了一个DQN模型，用于学习推荐策略。然后，实现了一个DQNRecommender类，其中包含了DQN算法的核心逻辑，包括获取动作、训练模型等功能。接下来，我们创建了一个简单的推荐系统环境，其中包含了获取状态、执行动作、判断结束等功能。最后，我们通过训练循环来训练推荐系统，不断与环境进行交互，更新模型参数。执行后会输出每个回合的总奖励（reward），具体的输出结果可能会因为随机性而有所不同，但应该能够看到类似下面的输出结果：

```
Episode: 0 Total Reward: 7
Episode: 1 Total Reward: 9
Episode: 2 Total Reward: 6
...
Episode: 998 Total Reward: 8
Episode: 999 Total Reward: 5
```

在上述输出结果中，每个回合的总奖励是模拟环境中推荐系统与用户进行交互后的结果。我们可以观察每个回合的总奖励，并根据需要对算法进行调整和改进。

注意：这只是一个简化的例子，用于演示如何使用深度Q网络算法实现推荐系统。在实际应用中，推荐系统的问题更加复杂，需要考虑更多的因素和使用更复杂的模型和算法来实现更准确和有效的推荐。

10.4 深度确定性策略梯度算法

深度确定性策略梯度算法（deep deterministic policy gradient，DDPG）是一种用于解决连续动作空间问题的强化学习算法。它是对确定性策略梯度算法（deterministic policy gradient，简称DPG）的扩展，结合了深度神经网络和经验回放缓冲区的思想。

10.4.1 DDPG算法的核心思想和基本思路

DDPG算法的核心思想是通过actor网络学习最优的确定性策略（直接输出动作），通过

Critic 网络学习最优的动作值函数（评估策略的好坏）。通过联合训练这两个网络，agent 可以逐步改进策略并学习到在连续动作空间中做出更优决策的能力。DDPG 算法由两个主要组件组成：一个用于学习策略的 actor 网络和一个用于学习状态值函数的 critic 网络，这两个网络都是基于深度神经网络的。

DDPG 算法的基本思路如下：

（1）初始化 actor 网络和 critic 网络，以及它们对应的目标网络（用于稳定训练）。

（2）定义经验回放缓冲区，用于存储 agent 的经验样本。

（3）在每个时间步骤中，根据当前状态从 actor 网络中选择一个动作。

（4）执行选择的动作，并观察下一个状态和获得的奖励。

（5）将当前状态、动作、奖励、下一个状态存储到经验回放缓冲区中。

（6）从经验回放缓冲区中随机采样一批样本。

（7）使用目标 critic 网络计算目标 Q 值。

（8）使用当前 critic 网络计算当前 Q 值。

（9）计算 critic 损失，通过最小化损失更新 critic 网络参数。

（10）使用当前 actor 网络计算动作。

（11）计算 actor 损失，通过最大化损失更新 actor 网络参数。

（12）更新目标网络的参数。

（13）重复前面的步骤（3）~ 步骤（12），直到达到预定的训练步数或达到收敛条件。

总结起来，DDPG 算法结合了深度神经网络的表示能力和确定性策略梯度算法的优化思想，使得在连续动作空间中进行强化学习成为可能。它已经被广泛应用于各种连续控制问题，如机器人控制、自动驾驶、游戏玩法等领域。

10.4.2　使用 DDPG 算法实现推荐系统

深度确定性策略梯度算法是一种强化学习算法，常用于解决连续动作空间的问题，我们可以使用它来优化推荐策略。例如，下面是一个使用 DDPG 算法实现推荐系统的例子，在这个例子中，将使用 DDPG 算法来训练一个推荐系统，通过观察用户行为数据，学习一个连续动作空间中的推荐策略。

源码路径：daima\10\dd.py

本实例实现了一个简单的 DDPG 推荐系统，通过训练 actor 和 critic 模型来学习推荐系统的动作选择策略，并在推荐系统环境中进行训练和评估。具体实现流程如下：

（1）构建 actor 模型，对应代码如下：

```
class ActorModel(tf.keras.Model):
    def __init__(self, num_items):
        super(ActorModel, self).__init__()
        self.dense1 = tf.keras.layers.Dense(64, activation='relu')
        self.dense2 = tf.keras.layers.Dense(64, activation='relu')
        self.dense3 = tf.keras.layers.Dense(num_items, activation='tanh')

    def call(self, inputs):
        x = self.dense1(inputs)
        x = self.dense2(x)
        output = self.dense3(x)
        return output
```

这是一个继承自 tf.keras.Model 的 actor 模型类。它使用三个全连接层来构建模型，并在最后一层使用 tanh 激活函数。call 方法定义了模型的前向传播过程。

（2）构建 critic 模型，对应代码如下：

```
class CriticModel(tf.keras.Model):
    def __init__(self):
```

```
        super(CriticModel, self).__init__()
        self.dense1 = tf.keras.layers.Dense(64, activation='relu')
        self.dense2 = tf.keras.layers.Dense(64, activation='relu')
        self.dense3 = tf.keras.layers.Dense(1, activation='linear')

    def call(self, inputs):
        x = self.dense1(inputs)
        x = self.dense2(x)
        output = self.dense3(x)
        return output
```

这是一个继承自 tf.keras.Model 的 critic 模型类，与 actor 模型类似，也使用了三个全连接层。不同的是，最后一层使用 linear 激活函数。

（3）创建类 DDPG 推荐系统，对应代码如下：

```
class DDPGRecommender:
    def __init__(self, num_items, actor_learning_rate=0.001, critic_learning_rate=
0.001, discount_factor=0.99):
        self.num_items = num_items
        self.discount_factor = discount_factor
        self.actor = ActorModel(num_items)
        self.critic = CriticModel()
        self.actor_optimizer = tf.keras.optimizers.Adam(actor_learning_rate)
        self.critic_optimizer = tf.keras.optimizers.Adam(critic_learning_rate)

    def get_action(self, state):
        action = self.actor(state)
        return action

    def train(self, state, action, reward, next_state, done):
        with tf.GradientTape() as actor_tape:
            actor_action = self.actor(state)
            actor_loss = -tf.reduce_mean(self.critic(tf.concat([state, actor_
action], axis=-1)))

        actor_gradients = actor_tape.gradient(actor_loss, self.actor.trainable_
variables)
        self.actor_optimizer.apply_gradients(zip(actor_gradients, self.actor.
trainable_variables))

        with tf.GradientTape() as critic_tape:
            target_q = reward + self.discount_factor * self.critic(tf.concat
([next_state, self.actor(next_state)], axis=-1))
            critic_loss = tf.keras.losses.MSE(target_q, self.critic(tf.concat
([state, action], axis=-1)))

        critic_gradients = critic_tape.gradient(critic_loss, self.critic.
trainable_variables)
        self.critic_optimizer.apply_gradients(zip(critic_gradients, self.critic.
trainable_variables))
```

这是 DDPG 推荐系统的主要类。在初始化方法中，分别创建了 actor 模型、critic 模型以及用于优化模型的优化器。其中方法 get_action() 用于接收一个状态作为输入，并使用 actor 模型预测选择的动作。方法 train() 根据 DDPG 算法的训练步骤进行训练。它使用了两个 tf.GradientTape 上下文管理器，用于计算 actor 模型和 critic 模型的梯度，并根据优化器进行更新。

（4）创建一个简单的推荐系统环境，对应代码如下：

```
class RecommendationEnvironment:
    def __init__(self, num_items):
        self.num_items = num_items

    def get_state(self):
        return np.zeros((1, self.num_items))
```

```
    def take_action(self, action):
        return np.random.randint(0, 10)

    def is_done(self):
        return False
```

这是一个简单的推荐系统环境类。它包含了获取状态、执行动作、检查是否结束的方法。在这个例子中，get_state 方法返回一个全零的状态表示；take_action 方法返回一个随机奖励；is_done 方法始终返回 False。

（5）定义训练参数、创建推荐系统实例和环境实例，然后开始训练。在主代码部分定义了训练的参数，创建了 DDPG 推荐系统实例和推荐系统环境实例。然后使用循环执行训练过程，并打印每个回合的总奖励。对应代码如下：

```
num_episodes = 10
num_items = 10

recommender = DDPGRecommender(num_items)
env = RecommendationEnvironment(num_items)

for episode in range(num_episodes):
    state = env.get_state()
    done = False

    while not done:
        action = recommender.get_action(state)
        reward = env.take_action(action)
        next_state = env.get_state()
        done = env.is_done()
        recommender.train(state, action, reward, next_state, done)
        state = next_state

    print("Episode:", episode, "Total Reward:", reward)
```

执行后会打印输出每个回合（episode）的索引以及该回合的总奖励（reward）：

```
Episode: 0 Total Reward: 4
Episode: 1 Total Reward: 6
Episode: 2 Total Reward: 2
...
Episode: 9 Total Reward: 8
```

这样的输出可以用于跟踪训练过程中每个回合的奖励表现。

10.5 双重深度 Q 网络算法

双重深度 Q 网络（double deep Q-network，DDQN）算法是一种强化学习算法，是对深度 Q 网络算法的改进和扩展。DDQN 算法旨在解决 DQN 算法中的过估计（overestimation）问题，提高在强化学习任务中的性能和稳定性。

10.5.1 双重深度 Q 网络介绍

DQN 在训练过程中存在一些问题，其中一个主要问题是对目标 Q 值的估计过于乐观。DQN 使用同一个神经网络进行当前状态的 Q 值估计和目标 Q 值的估计，这会导致估计的 Q 值偏高，因为在更新 Q 值时使用了同一个网络的输出。

DDQN 通过引入目标网络来解决这个问题。目标网络是一个与主网络（policy network）相互独立的网络，用于计算目标 Q 值。在训练过程中，目标网络的参数是固定的，而主网络的参数进行更新。这样可以减少估计目标 Q 值时的过高估计问题。

具体来说，使用 DDQN 算法的基本步骤如下：

（1）初始化主网络和目标网络，两个网络具有相同的结构。

（2）在每个时间步，根据当前状态使用主网络选择一个动作。

（3）执行选择的动作，观察下一个状态和即时奖励。

（4）使用目标网络计算下一个状态的最大 Q 值动作。

（5）使用主网络计算当前状态的 Q 值。

（6）使用下一个状态的最大 Q 值动作的目标 Q 值更新当前状态的 Q 值。

（7）使用均方差损失函数更新主网络的参数。

（8）定期更新目标网络的参数。

通过引入目标网络，DDQN 能够减少过高估计的问题，提高训练的稳定性和性能。它在许多强化学习任务中取得了很好的结果，并且被广泛应用于各种领域，例如游戏玩法、机器人控制和自动驾驶等。

10.5.2 基于双重深度 Q 网络的歌曲推荐系统

下面是一个使用双重深度 Q 网络算法实现的推荐系统例子，本实例使用了自定义的中文歌曲数据集实现，具体实现流程如下：

源码路径：daima\10\shuang.py

（1）定义一个自定义的中文歌曲数据集，并对数据进行预处理。假设数据集包含歌曲的特征和用户的评分。以下是一个简化的例子，其中每首歌曲有三个特征（歌曲类型、歌手和时长），并且每个用户对每首歌曲给出了一个评分。对应的实现代码如下：

```
# 自定义歌曲数据集
song_data = pd.DataFrame({
    '歌曲': ['歌曲1', '歌曲2', '歌曲3', '歌曲4', '歌曲5'],
    '类型': ['摇滚', '流行', '摇滚', '流行', '嘻哈'],
    '歌手': ['歌手A', '歌手B', '歌手A', '歌手C', '歌手D'],
    '时长': [180, 200, 220, 190, 210]
})

# 用户评分数据
user_ratings = pd.DataFrame({
    '用户ID': [1, 1, 2, 2, 3, 3],
    '歌曲': ['歌曲1', '歌曲2', '歌曲3', '歌曲4', '歌曲4', '歌曲5'],
    '评分': [4, 5, 3, 2, 4, 1]
})
```

（2）使用库 TensorFlow 构建 DDQN 模型。

首先，将歌曲数据和用户评分数据转换为适合模型的格式，并进行特征归一化处理。对应的实现代码如下：

```
# 使用 LabelEncoder 对字符串类型的特征进行编码
label_encoders = {}
for feature in ['类型', '歌手']:
    label_encoders[feature] = LabelEncoder()
    song_data[feature] = label_encoders[feature].fit_transform(song_data[feature])

# 使用 StandardScaler 对数值类型的特征进行归一化
scaler = StandardScaler()
song_data['时长'] = scaler.fit_transform(song_data['时长'].values.reshape(-1, 1))

# 将歌曲特征和评分进行合并
merged_data = pd.merge(user_ratings, song_data, on='歌曲')
```

（3）继续构建 DDQN 模型。

定义了一个包含两个隐藏层的全连接神经网络模型，每个隐藏层有 64 个神经元，激活函数使用 ReLU 实现。最后的输出层是一个单一神经元，用于预测评分。对应的实现代码如下：

```
class DDQNModel(tf.keras.Model):
    def __init__(self):
        super(DDQNModel, self).__init__()
        self.dense1 = tf.keras.layers.Dense(64, activation='relu')
        self.dense2 = tf.keras.layers.Dense(64, activation='relu')
        self.dense3 = tf.keras.layers.Dense(1)

    def call(self, inputs):
        x = self.dense1(inputs)
        x = self.dense2(x)
        x = self.dense3(x)
        return x


# 创建 DDQN 模型实例
model = DDQNModel()
```

（4）定义训练逻辑，并使用歌曲数据集进行模型训练。对应的实现代码如下：

```
# 定义损失函数和优化器
loss_fn = tf.keras.losses.MeanSquaredError()
optimizer = tf.keras.optimizers.Adam(learning_rate=0.001)

@tf.function
def train_step(inputs, targets):
    with tf.GradientTape() as tape:
        predictions = model(inputs)
        loss_value = loss_fn(targets, predictions)
    gradients = tape.gradient(loss_value, model.trainable_variables)
    optimizer.apply_gradients(zip(gradients, model.trainable_variables))
    return loss_value
```

（5）进行模型训练，并在每个训练周期结束后绘制损失函数的变化曲线。对应的实现代码如下：

```
num_epochs = 10
batch_size = 32

loss_history = []  # 存储每个训练周期的损失值

for epoch in range(num_epochs):
    for batch_start in range(0, len(merged_data), batch_size):
        batch_end = batch_start + batch_size
        batch_data = merged_data[batch_start:batch_end]
        inputs = batch_data[['类型', '歌手', '时长']].values
        targets = batch_data['评分'].values
        loss = train_step(inputs, targets)
        loss_history.append(loss.numpy())
        print(f"Epoch: {epoch+1}/{num_epochs}, Batch: {batch_start}-{batch_end}, 
Loss: {loss.numpy()}")

# 绘制损失函数变化曲线
plt.plot(loss_history)
plt.title('Loss History')
plt.xlabel('Iteration')
plt.ylabel('Loss')
plt.show()
```

（6）定义函数 recommend_songs(user_id, num_recommendations=3)：这个函数用于为指定用户推荐歌曲。参数 user_id 表示用户的 ID，参数 num_recommendations 表示要推荐的歌曲数量。此函数的具体实现流程如下：

①从数据集中获取用户数据：根据给定的用户 ID，从合并的数据集 merged_data 中筛选出该用户的数据。

②获取用户已评分的歌曲：从用户数据中提取出用户已评分的歌曲列表，并使用 unique() 方法去除重复的歌曲。

③获取所有歌曲列表：从歌曲数据集 song_data 中提取出所有的歌曲列表，并使用 unique() 方法去除重复的歌曲。

④获取未被用户评分过的歌曲：通过将所有歌曲列表减去用户已评分的歌曲列表，得到未被用户评分过的歌曲列表。

⑤使用模型预测评分：将所有歌曲的特征输入到模型中进行预测，得到预测的评分结果。模型的输出是预测的评分值。

⑥获取未被用户评分过的歌曲的推荐评分：从预测的评分结果中筛选出未被用户评分过的歌曲对应的评分。

⑦获取推荐评分最高的歌曲：对推荐评分进行排序，选取评分最高的几首歌曲作为推荐结果。

⑧返回推荐的歌曲列表：将推荐的歌曲列表作为函数的返回值。

⑨定义用户 ID 并调用函数：在代码中指定了用户 ID 为 1，并调用 recommend_songs 函数进行歌曲推荐。

⑩打印推荐结果：将推荐的歌曲列表打印输出，展示为用户 1 推荐的歌曲。

函数 recommend_songs() 的具体实现代码如下：

```
def recommend_songs(user_id, num_recommendations=3):
    user_data = merged_data[merged_data['用户ID'] == user_id]
    user_songs = user_data['歌曲'].unique()
    all_songs = song_data['歌曲'].unique()
    non_user_songs = list(set(all_songs) - set(user_songs))

    # 使用模型预测评分
    inputs = song_data[['类型', '歌手', '时长']].values
    predicted_ratings = model(inputs).numpy().flatten()

    # 获取未被用户评分过的歌曲的推荐评分
    recommended_ratings = predicted_ratings[song_data['歌曲'].isin(non_user_songs)]

    # 获取推荐评分最高的歌曲
    top_indices = recommended_ratings.argsort()[-num_recommendations:][::-1]
    recommended_songs = song_data[song_data.index.isin(top_indices)]['歌曲'].values

    return recommended_songs

user_id = 1
recommendations = recommend_songs(user_id, num_recommendations=3)
print(f"为用户 {user_id} 推荐的歌曲: {recommendations}")
```

（7）在每个批次的训练过程中记录损失值，并绘制训练过程的曲线图。对应的实现代码如下：

```
import matplotlib.pyplot as plt

# 创建空列表以保存损失值
loss_history = []

# 进行模型训练
num_epochs = 10
batch_size = 32

for epoch in range(num_epochs):
    for batch_start in range(0, len(merged_data), batch_size):
        batch_end = batch_start + batch_size
        batch_data = merged_data[batch_start:batch_end]
        inputs = batch_data[['类型', '歌手', '时长']].values
        targets = batch_data['评分'].values
        loss = train_step(inputs, targets)
```

```
            loss_history.append(loss.numpy())

            print(f"Epoch: {epoch+1}/{num_epochs}, Batch: {batch_start}-
{batch_end}, Loss: {loss.numpy()}")

    # 绘制损失曲线图
    plt.plot(loss_history)
    plt.title('Training Loss')
    plt.xlabel('Batch')
    plt.ylabel('Loss')
    plt.show()
```

执行后输出如下为用户 1 推荐的歌曲，并绘制可视化的模型训练过程中的损失值变化曲线图，如图 10-1 所示。

```
为用户 1 推荐的歌曲: ['歌曲1' '歌曲2' '歌曲3']
```

曲线图通常用于显示随着训练的进行，展示损失函数的值是如何逐渐减小的，从而反映了模型的学习进展和收敛情况。在训练过程中，每个批次的损失值被记录下来，并用于绘制曲线图。这样的曲线图可以帮助我们判断模型的训练情况，看到是否出现过拟合或欠拟合的情况，以及调整模型的超参数等。

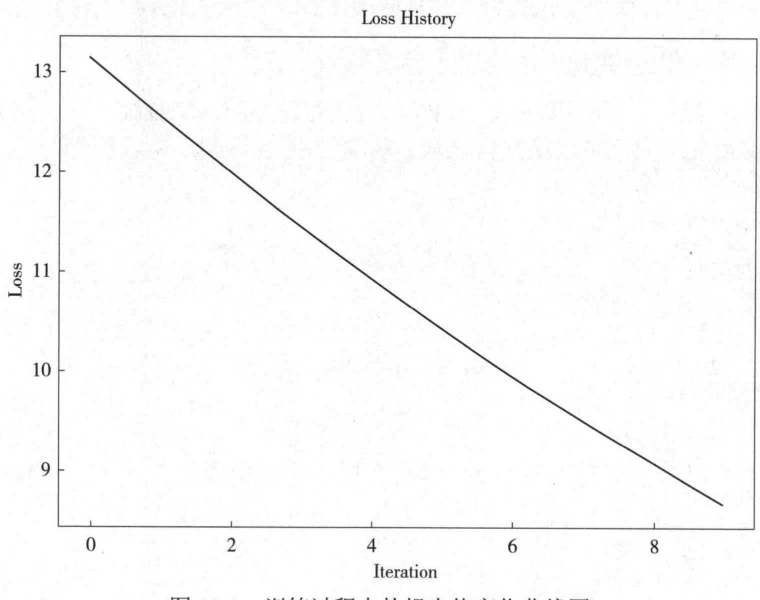

图 10-1　训练过程中的损失值变化曲线图

10.6　PPO 策略优化算法

proximal policy optimization（PPO）是一种策略优化算法，将深度学习和强化学习进行了结合。PPO 使用深度神经网络来近似策略函数，并通过多次迭代更新策略参数来提高性能。PPO 算法通过优化策略的目标函数来实现策略的改进。

10.6.1　PPO 策略优化算法介绍

PPO 的核心思想是通过近端策略优化来更新策略，同时保持更新幅度的控制，以避免策略更新过大导致不稳定的问题。具体来说，PPO 引入了两个重要的概念：概率比率和剪切范围，具体说明如下：

- 概率比率（ratio）：概率比率表示新策略相对于旧策略的改进程度。在 PPO 中，概率比率定义为新策略下采取某个动作的概率与旧策略下采取同样动作的概率之比。

- 剪切范围（clipping）：剪切范围用于限制策略更新的幅度。在 PPO 中，通过引入一个剪切函数，将概率比率限制在一个预定义的范围内，从而保证策略更新的稳定性。

PPO 算法的主要实现步骤如下：

（1）收集数据：通过与环境交互收集一批经验数据，包括状态、动作和对应的回报。

（2）计算优势估计：使用价值函数估计每个状态动作对的优势值，表示相对于平均水平的优势程度。

（3）计算概率比率：根据收集的数据计算新旧策略之间的概率比率，衡量新策略相对于旧策略的改进。

（4）计算剪切函数：通过剪切函数将概率比率限制在一个预定义的范围内，以控制策略更新的幅度。

（5）计算策略损失函数：使用概率比率和剪切函数来构建策略损失函数，用于优化策略网络。

（6）更新策略：使用优化算法（如随机梯度下降）来最小化策略损失函数，更新策略网络的参数。

PPO 算法的优点在于其相对简单的实现和良好的收敛性质。通过引入概率比率和剪切范围，PPO 能够在一定程度上平衡探索和利用，并且能够在实践中表现出较好的性能。

10.6.2 使用 PPO 策略优化算法实现推荐系统

下面的实例，实现了一个简单的基于 PPO 算法的推荐系统训练过程，包括策略网络的建立、动作选择和训练循环。大家可以根据自己项目的需要进一步扩展和优化该算法，以适应更复杂的推荐系统任务。

源码路径：daima\10\ppo.py

```
import numpy as np
import tensorflow as tf
from tensorflow import keras
from tensorflow.keras import layers

# 定义PPO策略优化算法
class PPO:
    def __init__(self):
        self.policy_network = self.build_policy_network()

    def build_policy_network(self):
        inputs = layers.Input(shape=(1,))
        x = layers.Dense(64, activation='relu')(inputs)
        x = layers.Dense(64, activation='relu')(x)
        outputs = layers.Dense(2, activation='softmax')(x)
        model = keras.Model(inputs=inputs, outputs=outputs)
        return model

    def get_action(self, state):
        state = np.expand_dims(state, axis=0)
        probs = self.policy_network.predict(state)[0]
        action = np.random.choice([0, 1], p=probs)
        return action

    def train_recommendation_system(self, num_episodes, num_steps):
        for episode in range(num_episodes):
            for step in range(num_steps):
                state = np.random.choice([0, 1])
                action = self.get_action(state)
                print("State:", state, "Action:", action)

# 创建PPO实例并训练推荐系统
```

```
ppo = PPO()
ppo.train_recommendation_system(num_episodes=3, num_steps=5)
```

对上述代码的具体说明如下：

（1）首先引入了必要的库，包括NumPy和TensorFlow。然后定义了一个名为PPO的类，代表PPO策略优化算法。

（2）在类PPO中的初始化方法中，通过调用build_policy_network函数创建了一个策略网络（policy_network）。这个策略网络是一个简单的前馈神经网络，包含两个隐藏层，每个隐藏层有64个神经元，激活函数为ReLU。输出层是一个包含两个节点的softmax层，表示采取两种不同的动作的概率。

（3）函数get_action()用于根据当前状态（state）选择一个动作（action）。它首先将状态展开成一个数组，并通过策略网络预测动作的概率分布（probs）。然后使用np.random.choice函数根据概率分布随机选择一个动作。

（4）函数train_recommendation_system()用于训练推荐系统。它包含两个嵌套的循环，外层循环控制训练的总轮数（num_episodes），内层循环控制每轮训练的步数（num_steps）。在每个步骤中，随机选择一个状态（state），然后调用get_action函数获取对应的动作（action），并将状态和动作打印输出。

（5）最后，创建了一个PPO实例（ppo），并调用函数train_recommendation_system()进行训练。训练过程将执行三轮训练，每轮训练包含五个步骤。

执行后会输出每个步骤的状态和对应的动作：

```
1/1 [==============================] - 0s 268ms/step
State: 0 Action: 0
1/1 [==============================] - 0s 46ms/step
State: 0 Action: 0
1/1 [==============================] - 0s 51ms/step
State: 0 Action: 1
1/1 [==============================] - 0s 53ms/step
State: 1 Action: 1
1/1 [==============================] - 0s 47ms/step
State: 1 Action: 1
1/1 [==============================] - 0s 53ms/step
State: 0 Action: 0
1/1 [==============================] - 0s 49ms/step
State: 0 Action: 0
1/1 [==============================] - 0s 44ms/step
State: 1 Action: 0
1/1 [==============================] - 0s 52ms/step
State: 1 Action: 1
1/1 [==============================] - 0s 47ms/step
State: 1 Action: 1
1/1 [==============================] - 0s 68ms/step
State: 1 Action: 0
1/1 [==============================] - 0s 44ms/step
State: 1 Action: 1
1/1 [==============================] - 0s 51ms/step
State: 0 Action: 0
1/1 [==============================] - 0s 45ms/step
State: 0 Action: 0
1/1 [==============================] - 0s 49ms/step
State: 1 Action: 0
```

State表示当前步骤的状态，可以是0或1。Action表示根据策略网络选择的动作，可以是0或1。输出的内容会根据训练的轮数（num_episodes）和每轮训练的步数（num_steps）进行迭代，每个步骤都会有相应的状态和动作输出。

注意：每次运行代码，输出的具体内容可能会有所不同，因为动作的选择是基于概率分布进行的随机抽样。

10.7 TRPO 算法

trust region policy optimization（TRPO）是一种用于强化学习的优化算法，它旨在通过迭代优化策略函数来最大化累积奖励。TRPO 是一种基于策略的方法，适用于连续动作空间的问题。

10.7.1 TRPO 算法介绍

TRPO 算法的核心思想是通过最大化策略的预期累积奖励，来更新策略函数的参数。为了确保更新过程的稳定性，TRPO 引入了一个重要的概念：信任区域（trust region）。信任区域定义了策略更新的边界，保证更新幅度不会过大，以防止策略函数的性能下降。

TRPO 的主要步骤如下：

（1）收集样本数据：使用当前策略函数与环境进行交互，收集一定数量的样本轨迹。

（2）计算优势函数：计算每个时间步的优势函数，衡量策略相对于平均奖励的改进程度。

（3）计算策略梯度：使用采样数据和优势函数来计算策略梯度，即策略函数关于参数的梯度。

（4）计算自然梯度：将策略梯度转换为自然梯度，通过对参数变化的比例进行调整，确保更新幅度在信任区域内。

（5）进行策略优化：使用自然梯度来更新策略函数的参数，以最大化预期累积奖励。

（6）重复以上步骤：重复执行上述步骤，直到达到预定的训练迭代次数或达到收敛条件。

TRPO 算法的优势在于它能够在保证策略的稳定性和收敛性的同时，实现较高的样本利用效率。它通过限制策略更新的幅度，确保每次更新都是小幅度的，从而避免了策略崩溃或性能下降的风险。

总而言之，TRPO 算法是一种用于强化学习的优化算法，通过信任区域的限制来确保策略更新的稳定性。它是一种有效的算法，适用于解决连续动作空间的强化学习问题。

10.7.2 使用 TRPO 算法实现商品推荐系统

下面的实例，使用 TRPO 算法实现一个简易商品推荐系统，在本实例中使用的是自定义的商品数据集。

源码路径：daima\10\shuang.py

```
import numpy as np
import tensorflow as tf
from tensorflow import keras
from tensorflow.keras import layers
from tensorforce import Agent, Environment

# 自定义商品数据集
dataset = [
    {"user": "张三", "items": ["商品A", "商品B", "商品C"], "rating": 5},
    {"user": "李四", "items": ["商品B", "商品D"], "rating": 4},
    {"user": "王五", "items": ["商品C", "商品E"], "rating": 3},
    # ... 其他用户的数据
]

# 定义推荐系统环境
class RecommendationEnvironment(Environment):
    def __init__(self):
        super().__init__()
        self.current_user = None

    def states(self):
        return dict(type='float', shape=(len(dataset[0]['items']),))

    def actions(self):
        return dict(type='int', num_values=len(dataset[0]['items']))
```

```
    def reset(self):
        # 随机选择一个用户
        self.current_user = np.random.choice(dataset)

        # 返回用户对应的商品特征作为初始状态
        return self.current_user['items']

    def execute(self, actions):
        # 获取用户选择的动作（商品索引）
        action = actions[0]

        # 获取用户对应的真实评分
        rating = self.current_user['rating']

        # 计算奖励（推荐的商品与用户真实评分的相关性）
        reward = self.calculate_reward(action, rating)

        # 返回下一个状态（在这个例子中，下一个状态仍然是当前用户的商品特征）
        next_state = self.current_user['items']

        return next_state, reward, False, {}

    def calculate_reward(self, action, rating):
        # 在这个例子中，简化奖励的计算方式，假设用户选择的商品与真实评分的相关性为正相关
        selected_item = self.current_user['items'][action]
        reward = rating * (selected_item == '商品A')  # 假设只有商品A与评分相关

        return reward

# 使用TRPO算法训练推荐系统
def train_recommendation_system():
    # 创建推荐系统环境实例
    env = RecommendationEnvironment()

    # 定义策略网络模型
    inputs = layers.Input(shape=(len(dataset[0]['items']),))
    x = layers.Dense(64, activation='relu')(inputs)
    x = layers.Dense(64, activation='relu')(x)
    outputs = layers.Dense(len(dataset[0]['items']), activation='softmax')(x)
    model = keras.Model(inputs=inputs, outputs=outputs)

    # 创建TRPO代理
    agent = Agent.create(
        agent='trpo',
        environment=env,
        network=model
    )

    # 训练推荐系统
    agent.initialize()
    agent.train(steps=1000)

    return agent

# 创建并训练推荐系统
agent = train_recommendation_system()

# 使用训练好的策略进行推荐
state = dataset[0]['items']  # 使用第一个用户的商品特征作为初始状态
action = agent.act(states=state)
selected_item = dataset[0]['items'][action]
print("推荐给用户的商品:", selected_item)
```

对上述代码的具体说明如下：

（1）首先，定义了一个自定义的商品数据集 dataset，其中包含了每个用户的商品数据和对应的评分。

（2）然后，定义了一个推荐系统环境类 RecommendationEnvironment，它继承自 tensorforce.Environment，并实现了必要的方法，包括 states、actions、reset 和 execute。在 reset 方法中，我们随机选择一个用户，并返回该用户对应的商品特征作为初始状态。在 execute 方法中，我们获取用户选择的动作（商品索引），计算奖励（这里简化为与用户真实评分的相关性），并返回下一个状态和奖励。

（3）接下来，使用 TRPO 算法进行训练。创建了一个推荐系统环境实例 env，定义了策略网络模型，包括输入层、隐藏层和输出层，使用 tensorforce.Agent 的 create 方法创建了一个 TRPO 代理，并传入环境实例和策略网络模型。在训练过程中，调用了函数 agent.initialize() 来初始化代理，然后调用函数 agent.train() 进行训练，指定训练的步数。

（4）最后，我们使用训练好的策略进行推荐。我们选择了第一个用户的商品特征作为初始状态，使用 agent.act() 方法获取代理选择的动作（商品索引），并根据索引获取对应的商品，即推荐给用户的商品。

执行后会输出：

```
推荐给用户的商品: 商品A
```

这表示根据训练好的 TRPO 代理模型，针对第一个用户的商品特征，推荐给用户的商品是“商品 A”。

10.8 A3C 算法

A3C（asynchronous advantage actor-critic）是一种结合了深度学习和强化学习的算法，用于解决连续动作空间的强化学习问题。A3C 算法使用深度神经网络同时估计策略和值函数，并通过异步训练多个并行智能体来提高学习效率和稳定性。

10.8.1 A3C 算法介绍

A3C 算法的核心思想是通过并行化多个工作线程，使每个线程在不同的环境状态下进行交互，从而增加样本的多样性和数据的利用效率。每个工作线程根据当前状态选择动作，并将状态、动作和奖励发送到全局 critic 网络进行更新。这样，每个线程都可以独立地学习，并根据自己的经验来改善策略。

在 A3C 算法中，每个工作线程都可以异步地更新 critic 网络的参数，这种异步性有助于避免梯度下降过程中的竞争条件，并提高了算法的效率和收敛性。此外，A3C 还引入了一个优势函数（advantage function），用于评估每个动作相对于平均动作的优势，以进一步优化策略更新。

A3C 算法的优点包括高效的并行化训练、对大规模环境和复杂任务的适应性，以及对连续时间和状态空间的支持。它已经在各种任务上取得了显著的成果，包括游戏玩法、机器人控制和自动驾驶等领域。

总之，A3C 是一种并行化的强化学习算法，通过多个工作线程的异步交互和参数更新，能够有效地训练深度神经网络来学习在连续时间和状态空间中进行决策的任务。

10.8.2 使用 A3C 算法训练推荐系统

下面的实例的功能是使用 A3C 算法训练一个简单的推荐系统代理，通过与环境的交互和优化来提高推荐系统的性能。

源码路径：daima\10\a3c.py

```
# 定义A3C代理类
```

```
class A3CAgent:
    def __init__(self, num_actions, state_size):
        self.num_actions = num_actions
        self.state_size = state_size
        self.optimizer = Adam(learning_rate=0.001)

        self.actor, self.critic = self.build_models()

    def build_models(self):
        # 构建Actor模型
        actor_input = tf.keras.Input(shape=self.state_size)
        actor_dense1 = Dense(64, activation='relu')(actor_input)
        actor_dense2 = Dense(64, activation='relu')(actor_dense1)
        actor_output = Dense(self.num_actions, activation='softmax')(actor_dense2)
        actor = Model(inputs=actor_input, outputs=actor_output)

        # 构建Critic模型
        critic_input = tf.keras.Input(shape=self.state_size)
        critic_dense1 = Dense(64, activation='relu')(critic_input)
        critic_dense2 = Dense(64, activation='relu')(critic_dense1)
        critic_output = Dense(1)(critic_dense2)
        critic = Model(inputs=critic_input, outputs=critic_output)

        return actor, critic

    def get_action(self, state):
        probabilities = self.actor.predict(np.array([state]))[0]
        action = np.random.choice(self.num_actions, p=probabilities)
        return action

    def train(self, states, actions, rewards):
        discounted_rewards = self.calculate_discounted_rewards(rewards)

        with tf.GradientTape() as tape:
            actor_outputs = self.actor(states)
            critic_outputs = self.critic(states)
            advantages = discounted_rewards - critic_outputs

            actor_loss = tf.reduce_mean(tf.nn.sparse_softmax_cross_entropy_with_
logits(
                labels=actions, logits=actor_outputs))
            critic_loss = tf.reduce_mean(tf.square(advantages))

            total_loss = actor_loss + critic_loss

        actor_gradients = tape.gradient(total_loss, self.actor.trainable_variables)
        self.optimizer.apply_gradients(zip(actor_gradients, self.actor.
trainable_variables))

    def calculate_discounted_rewards(self, rewards):
        discounted_rewards = np.zeros_like(rewards)
        running_reward = 0
        for t in reversed(range(len(rewards))):
            running_reward = rewards[t] + running_reward * 0.99  # discount factor: 0.99
            discounted_rewards[t] = running_reward
        return discounted_rewards


# 创建一个简单的推荐系统环境
class RecommendationEnv(gym.Env):
    def __init__(self):
        self.num_users = 10
        self.num_items = 5
        self.state_size = self.num_users + self.num_items
```

```
        self.action_space = gym.spaces.Discrete(self.num_items)
        self.observation_space = gym.spaces.Box(low=0, high=1, shape=
(self.state_size,))

    def reset(self):
        state = np.zeros(self.state_size)
        state[:self.num_users] = np.random.randint(0, 2, size=self.num_users)
# 用户兴趣
        self.current_user = np.random.randint(0, self.num_users)  # 当前用户
        return state

    def step(self, action):
        reward = 0
        if action == self.current_user:
            reward = 1  # 推荐正确的物品，奖励为1

        state = np.zeros(self.state_size)
        state[:self.num_users] = np.random.randint(0, 2, size=self.num_users)
# 用户兴趣
        self.current_user = np.random.randint(0, self.num_users)  # 当前用户

        done = False  # 没有结束条件
        return state, reward, done, {}


# 训练A3C代理
def train_recommendation_system():
    env = RecommendationEnv()
    agent = A3CAgent(num_actions=env.num_items, state_size=env.state_size)

    episodes = 1000
    episode_rewards = []

    for episode in range(episodes):
        state = env.reset()
        done = False
        total_reward = 0

        while not done:
            action = agent.get_action(state)
            next_state, reward, done, _ = env.step(action)
            agent.train(np.array([state]), np.array([action]), np.array([reward]))

            state = next_state
            total_reward += reward

        episode_rewards.append(total_reward)
        print(f"Episode {episode + 1}: Reward = {total_reward}")

    return agent, episode_rewards


# 运行训练过程
agent, episode_rewards = train_recommendation_system()

# 打印训练过程中每个episode的总奖励
print("Episode Rewards:", episode_rewards)
```

在上述代码中，首先定义了类 A3CAgent，其中包括构建 actor 和 critic 模型的方法，以及获取动作、训练和计算折扣奖励的方法。接下来，创建了一个简单的推荐系统环境，包括状态空间、动作空间和状态转移函数。最后，定义了训练推荐系统的函数，并通过多个 episode 迭代训练代理，并打印每个 episode 的总奖励。在训练过程中，代理通过与环境交互获取状态、选择动作，并根据奖励信号来更新模型参数。每个 episode 都会重置环境，并在每个时间步上执行动作选择、

状态转移和训练操作。将训练过程中的每个 episode 的总奖励记录下来，并最终打印输出。执行后会输出以下内容：

```
Episode 1: Reward = <total_reward>
Episode 2: Reward = <total_reward>
...
Episode n: Reward = <total_reward>
```

其中，<total_reward> 表示每个 episode 的总奖励，即代理在一个 episode 中完成推荐任务并获得的奖励。训练过程中的每个 episode 的总奖励将被打印出来，以便观察代理的性能随着训练的进展而如何变化。

第 11 章　实时电影推荐系统开发

推荐系统是指通过网站向用户提供商品、电影、新闻和音乐等信息的建议，帮助用户尽快找到自己感兴趣的信息。本章使用 scikit-learn 开发一个实时电影推荐系统，详细介绍使用 scikit-learn 开发大型项目的知识。

11.1　系统介绍

推荐系统最早源于电子商务，在电子商务网站中向客户提供商品信息和建议，帮助用户决定应该购买什么产品，模拟销售人员帮助客户完成购买过程。个性化推荐能够根据用户的兴趣特点和购买行为，向用户推荐用户感兴趣的信息和商品。

11.1.1　背景介绍

随着电子商务规模的不断扩大，商品数量和种类快速增长，顾客需要花费大量的时间才能找到自己想买的商品。这种浏览大量无关的信息和产品的过程无疑会使淹没在信息过载问题中的消费者不断流失。为了解决这些问题，个性推荐系统应运而生。个性推荐系统是建立在海量数据挖掘基础上的一种高级商务智能平台，以帮助电子商务网站为其顾客购物提供完全个性化的决策支持和信息服务。

互联网的出现和普及给用户带来了大量的信息，满足了用户在信息时代对信息的需求，但随着网络的迅速发展而带来的网上信息量的大幅增长，使得用户在面对大量信息时无法从中获得对自己真正有用的那部分信息，对信息的使用效率反而降低了，这就是信息超载（information overload）问题。

解决信息超载问题的一个非常有潜力的办法是推荐系统，它能够根据用户的信息需求、兴趣等，将用户感兴趣的信息、产品等推荐给用户。与搜索引擎相比推荐系统通过研究用户的兴趣偏好，进行个性化计算，由系统发现用户的兴趣点，从而引导用户发现自己的信息需求。一个好的推荐系统不仅能为用户提供个性化的服务，还能和用户之间建立密切关系，让用户对推荐产生依赖。

推荐系统现已广泛应用于很多领域，其中最典型并具有良好的发展和应用前景的领域就是电子商务领域。同时，学术界对推荐系统的研究热度一直很高，逐步形成了一门独立的学科。

11.1.2　推荐系统和搜索引擎

当我们提到推荐引擎的时候，经常联想到的技术便是搜索引擎。因为这两者都是为了解决信息过载而提出的两种不同的技术，一个问题，两个出发点。推荐系统和搜索引擎有共同的目标，即解决信息过载问题，但具体的做法因人而异。

搜索引擎更倾向于人们有明确的目的，可以将人们对于信息的寻求转换为精确的关键字，然后交给搜索引擎最后返回给用户一系列列表，用户可以对这些返回结果进行反馈，并且是对于用户有主动意识的，但它会有马太效应的问题，即会造成越流行的东西随着搜索过程的迭代会越流行，使得那些越不流行的东西石沉大海。

而推荐系统更倾向于人们没有明确的目的，或者说他们的目的是模糊的。通俗来讲，用户连自己都不知道想要什么，这时候正是推荐系统的用户之地，推荐系统通过用户的历史行为或者用户的兴趣偏好或者用户的人口统计学特征来送给推荐算法，然后推荐系统运用推荐算法来产生用户可能感兴趣的项目列表，同时用户对于推荐系统是被动的。其中长尾理论（人们只关注曝光率高的项目，而忽略曝光率低的项目）可以很好地解释推荐系统的存在，试验表明位于长尾位置的曝光率低的项目产生的利润不低于只销售曝光率高的项目的利润。推荐系统正好可以给所有项目提供曝光的机会，以此来挖掘长尾项目的潜在利润。

如果说搜索引擎体现着马太效应的话，那么长尾理论则阐述了推荐系统所发挥的价值。

11.1.3　项目介绍

在本项目中，将提取训练过去几年在全球上映的电影信息，并分别训练模型，提取用户情感数据。然后使用 Fask 开发一个 Web 网站，提供一个搜索表单供用户检索自己感兴趣的电影信息。当用户输入电影名字中的一个单词时，会自动弹出推荐的电影名字。即使用户输入的单词错误，也会提供推荐信息。选择某个推荐信息后，会在新页面中显示这部电影的详细信息，包括用户对这部电影的评价信息。

11.2　系统模块

本项目的模块结构如图 11-1 所示。

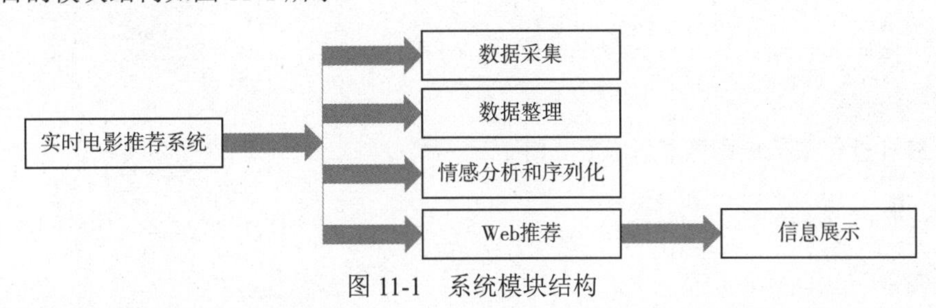

图 11-1　系统模块结构

11.3　数据采集和整理

本项目使用了多个数据集文件，包含 IMDB 5000 电影数据集、电影数据集、2018 年电影列表、2019 年电影列表和 2020 年电影列表。本节介绍使用这些数据集提取整理数据并创建模型的知识。

11.3.1　数据整理

编写文件 preprocessing 1.ipynb，基于数据集 movie_metadata.csv 整理里面的数据。文件 preprocessing 1.ipynb 的具体实现流程如下：

（1）导入头文件和数据集文件，查看前 10 条数据，代码如下：

```
import pandas as pd
import numpy as np
data = pd.read_csv('movie_metadata.csv')
data.head(10)
```

执行后会输出数据集中的前 10 条数据。如图 11-2 所示，展示了前 10 条数据的部分信息。

	color	director_name	num_critic_for_reviews	duration	director_facebook_likes	actor_3_facebook_likes	actor_2_name	actor_1_facebook_likes
0	Color	James Cameron	723.0	178.0	0.0	855.0	Joel David Moore	1000.0
1	Color	Gore Verbinski	302.0	169.0	563.0	1000.0	Orlando Bloom	40000.0
2	Color	Sam Mendes	602.0	148.0	0.0	161.0	Rory Kinnear	11000.0
3	Color	Christopher Nolan	813.0	164.0	22000.0	23000.0	Christian Bale	27000.0
4	NaN	Doug Walker	NaN	NaN	131.0	NaN	Rob Walker	131.0
5	Color	Andrew Stanton	462.0	132.0	475.0	530.0	Samantha Morton	640.0
6	Color	Sam Raimi	392.0	156.0	0.0	4000.0	James Franco	24000.0
7	Color	Nathan Greno	324.0	100.0	15.0	284.0	Donna Murphy	799.0
8	Color	Joss Whedon	635.0	141.0	0.0	19000.0	Robert Downey Jr.	26000.0
9	Color	David Yates	375.0	153.0	282.0	10000.0	Daniel Radcliffe	25000.0

图 11-2　前 10 条数据

（2）查看数据集矩阵的长度，代码如下：

```
data.shape
```

执行后会输出：

```
(5043, 28)
```

（3）返回数据集索引列表，代码如下：

```
data.columns
```

执行后会输出：

```
Index(['color', 'director_name', 'num_critic_for_reviews', 'duration',
       'director_facebook_likes', 'actor_3_facebook_likes', 'actor_2_name',
       'actor_1_facebook_likes', 'gross', 'genres', 'actor_1_name',
       'movie_title', 'num_voted_users', 'cast_total_facebook_likes',
       'actor_3_name', 'facenumber_in_poster', 'plot_keywords',
       'movie_imdb_link', 'num_user_for_reviews', 'language', 'country',
       'content_rating', 'budget', 'title_year', 'actor_2_facebook_likes',
       'imdb_score', 'aspect_ratio', 'movie_facebook_likes'],
      dtype='object')
```

（4）统计近年来的电影数量，代码如下：

```
import matplotlib.pyplot as plt
data.title_year.value_counts(dropna=False).sort_index().plot(kind='barh',figsize=
(15,16))
plt.show()
```

执行效果如图 11-3 所示，由此可见，最早的电影数据是 1916 年。

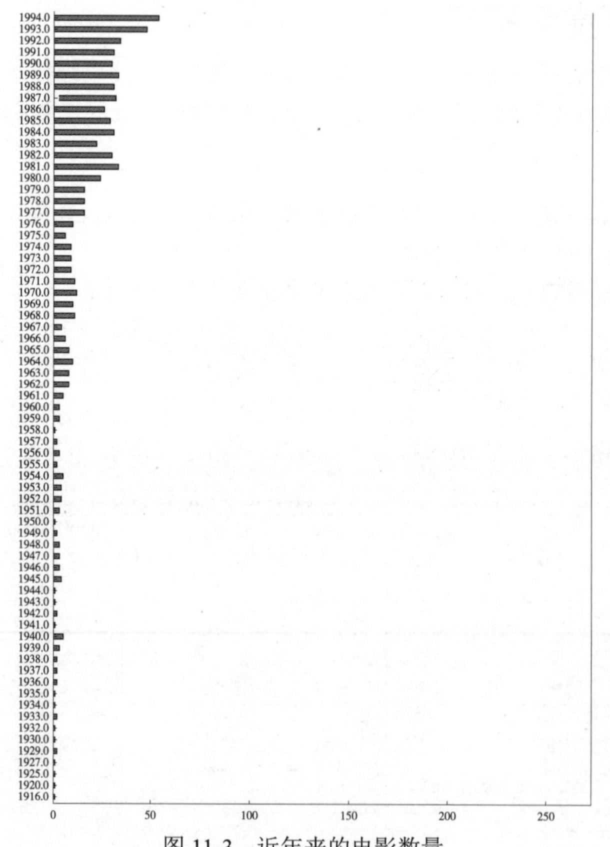

图 11-3　近年来的电影数量

（5）查看数据集中的前 10 条数据，只提取其中的几个字段，代码如下：

```
data = data.loc[:,['director_name',
'actor_1_name','actor_2_name','actor_3_name',
'genres','movie_title']]
```

执行后会输出图 11-4 所示的结果。

	director_name	actor_1_name	actor_2_name	actor_3_name	genres	movie_title
0	James Cameron	CCH Pounder	Joel David Moore	Wes Studi	Action|Adventure|Fantasy|Sci-Fi	Avatar
1	Gore Verbinski	Johnny Depp	Orlando Bloom	Jack Davenport	Action|Adventure|Fantasy	Pirates of the Caribbean: At World's End
2	Sam Mendes	Christoph Waltz	Rory Kinnear	Stephanie Sigman	Action|Adventure|Thriller	Spectre
3	Christopher Nolan	Tom Hardy	Christian Bale	Joseph Gordon-Levitt	Action|Thriller	The Dark Knight Rises
4	Doug Walker	Doug Walker	Rob Walker	NaN	Documentary	Star Wars: Episode VII - The Force Awakens ...
5	Andrew Stanton	Daryl Sabara	Samantha Morton	Polly Walker	Action|Adventure|Sci-Fi	John Carter
6	Sam Raimi	J.K. Simmons	James Franco	Kirsten Dunst	Action|Adventure|Romance	Spider-Man 3
7	Nathan Greno	Brad Garrett	Donna Murphy	M.C. Gainey	Adventure|Animation|Comedy|Family|Fantasy|Musi...	Tangled
8	Joss Whedon	Chris Hemsworth	Robert Downey Jr.	Scarlett Johansson	Action|Adventure|Sci-Fi	Avengers: Age of Ultron
9	David Yates	Alan Rickman	Daniel Radcliffe	Rupert Grint	Adventure|Family|Fantasy|Mystery	Harry Potter and the Half-Blood Prince

图 11-4　查看前 10 条数据

（6）如果数据集中的某个值为空，则替换为“unknown”，代码如下：

```
data['actor_1_name'] = data['actor_1_name'].replace(np.nan, 'unknown')
data['actor_2_name'] = data['actor_2_name'].replace(np.nan, 'unknown')
data['actor_3_name'] = data['actor_3_name'].replace(np.nan, 'unknown')
data['director_name'] = data['director_name'].replace(np.nan, 'unknown')
data
```

执行后会输出图 11-5 所示的结果。

	director_name	actor_1_name	actor_2_name	actor_3_name	genres	movie_title
0	James Cameron	CCH Pounder	Joel David Moore	Wes Studi	Action|Adventure|Fantasy|Sci-Fi	Avatar
1	Gore Verbinski	Johnny Depp	Orlando Bloom	Jack Davenport	Action|Adventure|Fantasy	Pirates of the Caribbean: At World's End
2	Sam Mendes	Christoph Waltz	Rory Kinnear	Stephanie Sigman	Action|Adventure|Thriller	Spectre
3	Christopher Nolan	Tom Hardy	Christian Bale	Joseph Gordon-Levitt	Action|Thriller	The Dark Knight Rises
4	Doug Walker	Doug Walker	Rob Walker	unknown	Documentary	Star Wars: Episode VII - The Force Awakens ...
...	...	...	...	...	...	...
5038	Scott Smith	Eric Mabius	Daphne Zuniga	Crystal Lowe	Comedy|Drama	Signed Sealed Delivered
5039	unknown	Natalie Zea	Valorie Curry	Sam Underwood	Crime|Drama|Mystery|Thriller	The Following
5040	Benjamin Roberds	Eva Boehnke	Maxwell Moody	David Chandler	Drama|Horror|Thriller	A Plague So Pleasant
5041	Daniel Hsia	Alan Ruck	Daniel Henney	Eliza Coupe	Comedy|Drama|Romance	Shanghai Calling
5042	Jon Gunn	John August	Brian Herzlinger	Jon Gunn	Documentary	My Date with Drew

5043 rows × 6 columns

图 11-5　替换为“unknown”后的结果

（7）将“genres”列中的“|”替换为空格，代码如下：

```
data['genres'] = data['genres'].str.replace('|', ' ')
data
```

执行后会输出图 11-6 所示的结果。

（8）将“movie_title”列的数据变成小写，代码如下：

```
data['movie_title'] = data['movie_title'].str.lower()
data['movie_title'][1]
```

执行后会输出：

```
"pirates of the caribbean: at world's end\xa0"
```

	director_name	actor_1_name	actor_2_name	actor_3_name	genres	movie_title
0	James Cameron	CCH Pounder	Joel David Moore	Wes Studi	Action Adventure Fantasy Sci-Fi	Avatar
1	Gore Verbinski	Johnny Depp	Orlando Bloom	Jack Davenport	Action Adventure Fantasy	Pirates of the Caribbean: At World's End
2	Sam Mendes	Christoph Waltz	Rory Kinnear	Stephanie Sigman	Action Adventure Thriller	Spectre
3	Christopher Nolan	Tom Hardy	Christian Bale	Joseph Gordon-Levitt	Action Thriller	The Dark Knight Rises
4	Doug Walker	Doug Walker	Rob Walker	unknown	Documentary	Star Wars: Episode VII - The Force Awakens ...
...	...	...	...	...	...	...
5038	Scott Smith	Eric Mabius	Daphne Zuniga	Crystal Lowe	Comedy Drama	Signed Sealed Delivered
5039	unknown	Natalie Zea	Valorie Curry	Sam Underwood	Crime Drama Mystery Thriller	The Following
5040	Benjamin Roberds	Eva Boehnke	Maxwell Moody	David Chandler	Drama Horror Thriller	A Plague So Pleasant
5041	Daniel Hsia	Alan Ruck	Daniel Henney	Eliza Coupe	Comedy Drama Romance	Shanghai Calling
5042	Jon Gunn	John August	Brian Herzlinger	Jon Gunn	Documentary	My Date with Drew

5043 rows × 6 columns

图 11-6　替换为空格后的结果

（9）删除“movie_title”结尾处的 null 终止字符，代码如下：

```
data['movie_title'] = data['movie_title'].apply(lambda x : x[:-1])
data['movie_title'][1]
```

执行后会输出：

```
"pirates of the caribbean: at world's end"
```

（10）最后保存数据，代码如下：

```
data.to_csv('data.csv',index=False)
```

11.3.2　电影详情数据

编写文件 preprocessing 2.ipynb，基于数据集文件 credits.csv 和 movies_metadata.csv 获取电影信息的详细数据。文件 preprocessing 2.ipynb 的具体实现流程如下：

（1）读取数据集文件 credits.csv 中的数据，代码如下：

```
credits = pd.read_csv('credits.csv')
credits
```

执行后会输出如图 11-7 所示的结果。

	cast	crew	id
0	[{'cast_id': 14, 'character': 'Woody (voice)', 'credit_id': '52fe4284c3...	[{'credit_id': '52fe4284c3a36847f8024f49', 'department': 'Directing', '...	862
1	[{'cast_id': 1, 'character': 'Alan Parrish', 'credit_id': '52fe44bfc3a3...	[{'credit_id': '52fe44bfc3a36847f80a7cd1', 'department': 'Production', ...	8844
2	[{'cast_id': 2, 'character': 'Max Goldman', 'credit_id': '52fe466a92514...	[{'credit_id': '52fe466a9251416c75077a89', 'department': 'Directing', '...	15602
3	[{'cast_id': 1, 'character': "Savannah 'Vannah' Jackson", 'credit_id': ...	[{'credit_id': '52fe44779251416c91011acb', 'department': 'Directing', '...	31357
4	[{'cast_id': 1, 'character': 'George Banks', 'credit_id': '52fe44959251...	[{'credit_id': '52fe44959251416c75039ed7', 'department': 'Sound', 'gend...	11862
...	...	...	...
45471	[{'cast_id': 0, 'character': '', 'credit_id': '5894a909925141427e0079a5...	[{'credit_id': '5894a97d925141426c00818c', 'department': 'Directing', '...	439050
45472	[{'cast_id': 1002, 'character': 'Sister Angela', 'credit_id': '52fe4af1...	[{'credit_id': '52fe4af1c3a36847f81e9b15', 'department': 'Directing', '...	111109
45473	[{'cast_id': 6, 'character': 'Emily Shaw', 'credit_id': '52fe4776c3a368...	[{'credit_id': '52fe4776c3a368484e0c8387', 'department': 'Directing', '...	67758
45474	[{'cast_id': 2, 'character': '', 'credit_id': '52fe4ea59251416c7515d7d5...	[{'credit_id': '533bccebc3a36844cf0011a7', 'department': 'Directing', '...	227506
45475	[]	[{'credit_id': '593e676c92514105b702e68e', 'department': 'Directing', '...	461257

45476 rows × 3 columns

图 11-7　读取数据

（2）读取数据集文件 movies_metadata.csv 中的内容，然后根据年时间统计信息。代码如下：

```
meta = pd.read_csv('movies_metadata.csv')
meta['release_date'] = pd.to_datetime(meta['release_date'], errors='coerce')
meta['year'] = meta['release_date'].dt.year


meta['year'].value_counts().sort_index()
```

执行后会输出：

```
1874.0       1
1878.0       1
1883.0       1
1887.0       1
1888.0       2
          ...
2015.0    1905
2016.0    1604
2017.0     532
2018.0       5
2020.0       1
Name: year, Length: 135, dtype: int64
```

（3）因为在数据集中没有足够的 2018 年、2019 年和 2020 年的电影数据，因此只能获得 2017 年之前的电影信息。通过如下代码，预处理文件中 2017 年及以前年份的电影数据。

```
new_meta = meta.loc[meta.year <= 2017,['genres','id','title','year']]
new_meta
```

执行后会输出图 11-8 所示的结果。

	genres	id	title	year
0	[{'id': 16, 'name': 'Animation'}, {'id': 35, 'name': 'Comedy'}, {'id': ...	862	Toy Story	1995.0
1	[{'id': 12, 'name': 'Adventure'}, {'id': 14, 'name': 'Fantasy'}, {'id':...	8844	Jumanji	1995.0
2	[{'id': 10749, 'name': 'Romance'}, {'id': 35, 'name': 'Comedy'}]	15602	Grumpier Old Men	1995.0
3	[{'id': 35, 'name': 'Comedy'}, {'id': 18, 'name': 'Drama'}, {'id': 1074...	31357	Waiting to Exhale	1995.0
4	[{'id': 35, 'name': 'Comedy'}]	11862	Father of the Bride Part II	1995.0
...	...	...	...	...
45460	[{'id': 18, 'name': 'Drama'}, {'id': 28, 'name': 'Action'}, {'id': 1074...	30840	Robin Hood	1991.0
45462	[{'id': 18, 'name': 'Drama'}]	111109	Century of Birthing	2011.0
45463	[{'id': 28, 'name': 'Action'}, {'id': 18, 'name': 'Drama'}, {'id': 53, ...	67758	Betrayal	2003.0
45464	[]	227506	Satan Triumphant	1917.0
45465	[]	461257	Queerama	2017.0

45370 rows × 4 columns

图 11-8　预处理电影数据

（4）在数据中添加“cast”列和“crew”列，代码如下：

```
new_meta['id'] = new_meta['id'].astype(int)
data = pd.merge(new_meta, credits, on='id')

pd.set_option('display.max_colwidth', 75)
data
```

执行后会输出图 11-9 所示的结果。

（5）计算表达式节点或包含 Python 文本或容器显示的字符串，通过函数 make_genresList() 统计电影的类型。代码如下：

```
import ast
data['genres'] = data['genres'].map(lambda x: ast.literal_eval(x))
data['cast'] = data['cast'].map(lambda x: ast.literal_eval(x))
data['crew'] = data['crew'].map(lambda x: ast.literal_eval(x))

def make_genresList(x):
    gen = []
    st = " "
    for i in x:
```

```
            if i.get('name') == 'Science Fiction':
                scifi = 'Sci-Fi'
                gen.append(scifi)
            else:
                gen.append(i.get('name'))
        if gen == []:
            return np.NaN
        else:
            return (st.join(gen))

data['genres_list'] = data['genres'].map(lambda x: make_genresList(x))

data['genres_list']
```

执行后会输出：

```
0           Animation Comedy Family
1          Adventure Fantasy Family
2                    Romance Comedy
3              Comedy Drama Romance
4                            Comedy
                        ...
45440          Drama Action Romance
45441                         Drama
45442         Action Drama Thriller
45443                           NaN
45444                           NaN
Name: genres_list, Length: 45445, dtype: object
```

	genres	id	title	year	cast	crew
0	[{'id': 16, 'name': 'Animation'}, {'id': 35, 'name': 'Comedy'}, {'id': ...	862	Toy Story	1995.0	[{'cast_id': 14, 'character': 'Woody (voice)', 'credit_id': '52fe4284c3...	[{'credit_id': '52fe4284c3a36847f8024f49', 'department': 'Directing', '...
1	[{'id': 12, 'name': 'Adventure'}, {'id': 14, 'name': 'Fantasy'}, {'id':...	8844	Jumanji	1995.0	[{'cast_id': 1, 'character': 'Alan Parrish', 'credit_id': '52fe44bfc3a3...	[{'credit_id': '52fe44bfc3a36847f80a7cd1', 'department': 'Production', ...
2	[{'id': 10749, 'name': 'Romance'}, {'id': 35, 'name': 'Comedy'}]	15602	Grumpier Old Men	1995.0	[{'cast_id': 2, 'character': 'Max Goldman', 'credit_id': '52fe466a92514...	[{'credit_id': '52fe466a9251416c75077a89', 'department': 'Directing', '...
3	[{'id': 35, 'name': 'Comedy'}, {'id': 18, 'name': 'Drama'}, {'id': 1074...	31357	Waiting to Exhale	1995.0	[{'cast_id': 1, 'character': "Savannah 'Vannah' Jackson", 'credit_id': ...	[{'credit_id': '52fe44779251416c91011acb', 'department': 'Directing', '...
4	[{'id': 35, 'name': 'Comedy'}]	11862	Father of the Bride Part II	1995.0	[{'cast_id': 1, 'character': 'George Banks', 'credit_id': '52fe44959251...	[{'credit_id': '52fe44959251416c75039ed7', 'department': 'Sound', 'gend...
...	...	...	...	...	...	...
45440	[{'id': 18, 'name': 'Drama'}, {'id': 28, 'name': 'Action'}, {'id': 1074...	30840	Robin Hood	1991.0	[{'cast_id': 1, 'character': 'Sir Robert Hode', 'credit_id': '52fe44439...	[{'credit_id': '52fe44439251416c9100a899', 'department': 'Directing', '...
45441	[{'id': 18, 'name': 'Drama'}]	111109	Century of Birthing	2011.0	[{'cast_id': 1002, 'character': 'Sister Angela', 'credit_id': '52fe4af1...	[{'credit_id': '52fe4af1c3a36847f81e9b15', 'department': 'Directing', '...
45442	[{'id': 28, 'name': 'Action'}, {'id': 18, 'name': 'Drama'}, {'id': 53, ...	67758	Betrayal	2003.0	[{'cast_id': 6, 'character': 'Emily Shaw', 'credit_id': '52fe4776c3a368...	[{'credit_id': '52fe4776c3a368484e0c8387', 'department': 'Directing', '...
45443	[]	227506	Satan Triumphant	1917.0	[{'cast_id': 2, 'character': '', 'credit_id': '52fe4ea59251416c7515d7d5...	[{'credit_id': '533bccebc3a36844cf0011a7', 'department': 'Directing', '...
45444	[]	461257	Queerama	2017.0	[]	[{'credit_id': '593e676c92514105b702e68e', 'department': 'Directing', '...

图 11-9　添加“cast”列和“crew”列

（6）编写自定义函数 get_actor1(x) 和 get_actor2(x) 获取 actor 1 和 actor 2 的信息，代码如下：

```
def get_actor1(x):
    casts = []
    for i in x:
        casts.append(i.get('name'))
    if casts == []:
        return np.NaN
    else:
        return (casts[0])
```

```
    data['actor_1_name'] = data['cast'].map(lambda x: get_actor1(x))

    def get_actor2(x):
        casts = []
        for i in x:
            casts.append(i.get('name'))
        if casts == [] or len(casts)<=1:
            return np.NaN
        else:
            return (casts[1])data['actor_2_name'] = data['cast'].map(lambda x:
get_actor2(x))

    data['actor_2_name'] = data['cast'].map(lambda x: get_actor2(x))

    data['actor_2_name']
```

执行后会输出：

```
    0                  Tim Allen
    1              Jonathan Hyde
    2                Jack Lemmon
    3             Angela Bassett
    4               Diane Keaton
                       ...
    45440            Uma Thurman
    45441           Perry Dizon
    45442           Adam Baldwin
    45443      Nathalie Lissenko
    45444                    NaN
    Name: actor_2_name, Length: 45445, dtype: object
```

（7）编写自定义函数 get_actor3(x) 获取演员 3 的信息，代码如下：

```
    def get_actor3(x):
        casts = []
        for i in x:
            casts.append(i.get('name'))
        if casts == [] or len(casts)<=2:
            return np.NaN
        else:
            return (casts[2])

    data['actor_3_name'] = data['cast'].map(lambda x: get_actor3(x))

    data['actor_3_name']
```

执行后会输出：

```
    0              Don Rickles
    1           Kirsten Dunst
    2             Ann-Margret
    3          Loretta Devine
    4            Martin Short
                       ...
    45440      David Morrissey
    45441        Hazel Orencio
    45442        Julie du Page
    45443         Pavel Pavlov
    45444                  NaN
    Name: actor_3_name, Length: 45445, dtype: object
```

（8）编写自定义函数 get_directors() 获取导演信息，代码如下：

```
    def get_directors(x):
        dt = []
        st = " "
        for i in x:
```

```
        if i.get('job') == 'Director':
            dt.append(i.get('name'))
    if dt == []:
        return np.NaN
    else:
        return (st.join(dt))

data['director_name'] = data['crew'].map(lambda x: get_directors(x))
```

```
data['director_name']
```

执行后会输出：

```
0            John Lasseter
1             Joe Johnston
2            Howard Deutch
3          Forest Whitaker
4            Charles Shyer
                 ...
45440           John Irvin
45441             Lav Diaz
45442        Mark L. Lester
45443      Yakov Protazanov
45444         Daisy Asquith
Name: director_name, Length: 45445, dtype: object
```

（9）分别获取数据集中列“actor_1_name”“actor_1_name”“actor_2_name”“actor_2_name”“genres_list 和 title 的信息，代码如下：

```
movie = data.loc[:,['director_name','actor_1_name','actor_2_name',
'actor_3_name','genres_list','title']]
movie
```

执行后会输出图 11-10 所示的结果。

	director_name	actor_1_name	actor_2_name	actor_3_name	genres_list	title
0	John Lasseter	Tom Hanks	Tim Allen	Don Rickles	Animation Comedy Family	Toy Story
1	Joe Johnston	Robin Williams	Jonathan Hyde	Kirsten Dunst	Adventure Fantasy Family	Jumanji
2	Howard Deutch	Walter Matthau	Jack Lemmon	Ann-Margret	Romance Comedy	Grumpier Old Men
3	Forest Whitaker	Whitney Houston	Angela Bassett	Loretta Devine	Comedy Drama Romance	Waiting to Exhale
4	Charles Shyer	Steve Martin	Diane Keaton	Martin Short	Comedy	Father of the Bride Part II
...	...	...	...	...	...	...
45440	John Irvin	Patrick Bergin	Uma Thurman	David Morrissey	Drama Action Romance	Robin Hood
45441	Lav Diaz	Angel Aquino	Perry Dizon	Hazel Orencio	Drama	Century of Birthing
45442	Mark L. Lester	Erika Eleniak	Adam Baldwin	Julie du Page	Action Drama Thriller	Betrayal
45443	Yakov Protazanov	Iwan Mosschuchin	Nathalie Lissenko	Pavel Pavlov	NaN	Satan Triumphant
45444	Daisy Asquith	NaN	NaN	NaN	NaN	Queerama

45445 rows × 6 columns

图 11-10　获取数据集中的信息

（10）统计数据集中的数据数目，代码如下：

```
movie.isna().sum()
```

执行后会输出：

```
director_name     835
actor_1_name     2354
actor_2_name     3683
actor_3_name     4593
genres_list      2384
title               0
dtype: int64
```

（11）将“movie_title”列改为小写，然后打印输出定制的信息。代码如下：

```
movie = movie.rename(columns={'genres_list':'genres'})
movie = movie.rename(columns={'title':'movie_title'})

movie['movie_title'] = movie['movie_title'].str.lower()

movie['comb'] = movie['actor_1_name'] + ' ' + movie['actor_2_name'] + ' '+ movie
['actor_3_name'] + ' '+ movie['director_name'] +' ' + movie['genres']

movie
```

执行后会输出图 11-11 所示的结果。

	director_name	actor_1_name	actor_2_name	actor_3_name	genres	movie_title	comb
0	John Lasseter	Tom Hanks	Tim Allen	Don Rickles	Animation Comedy Family	toy story	Tom Hanks Tim Allen Don Rickles John Lasseter Animation Comedy Family
1	Joe Johnston	Robin Williams	Jonathan Hyde	Kirsten Dunst	Adventure Fantasy Family	jumanji	Robin Williams Jonathan Hyde Kirsten Dunst Joe Johnston Adventure Fanta...
2	Howard Deutch	Walter Matthau	Jack Lemmon	Ann-Margret	Romance Comedy	grumpier old men	Walter Matthau Jack Lemmon Ann-Margret Howard Deutch Romance Comedy
3	Forest Whitaker	Whitney Houston	Angela Bassett	Loretta Devine	Comedy Drama Romance	waiting to exhale	Whitney Houston Angela Bassett Loretta Devine Forest Whitaker Comedy Dr...
4	Charles Shyer	Steve Martin	Diane Keaton	Martin Short	Comedy	father of the bride part ii	Steve Martin Diane Keaton Martin Short Charles Shyer Comedy
...	...	...	...	...	...	...	...
45438	Ben Rock	Monty Bane	Lucy Butler	David Grammer	Horror	the burkittsville 7	Monty Bane Lucy Butler David Grammer Ben Rock Horror
45439	Aaron Osborne	Lisa Boyle	Kena Land	Zaneta Polard	Sci-Fi	caged heat 3000	Lisa Boyle Kena Land Zaneta Polard Aaron Osborne Sci-Fi
45440	John Irvin	Patrick Bergin	Uma Thurman	David Morrissey	Drama Action Romance	robin hood	Patrick Bergin Uma Thurman David Morrissey John Irvin Drama Action Romance
45441	Lav Diaz	Angel Aquino	Perry Dizon	Hazel Orencio	Drama	century of birthing	Angel Aquino Perry Dizon Hazel Orencio Lav Diaz Drama
45442	Mark L. Lester	Erika Eleniak	Adam Baldwin	Julie du Page	Action Drama Thriller	betrayal	Erika Eleniak Adam Baldwin Julie du Page Mark L. Lester Action Drama Th...

39201 rows × 7 columns

图 11-11　打印输出定制的信息

（12）使用函数 drop_duplicates() 根据“movie_title”列实现去重处理，代码如下：

```
movie.drop_duplicates(subset ="movie_title", keep = 'last', inplace = True)
movie
```

执行后会输出图 11-12 所示的结果。

	director_name	actor_1_name	actor_2_name	actor_3_name	genres	movie_title	comb
0	John Lasseter	Tom Hanks	Tim Allen	Don Rickles	Animation Comedy Family	toy story	Tom Hanks Tim Allen Don Rickles John Lasseter Animation Comedy Family
1	Joe Johnston	Robin Williams	Jonathan Hyde	Kirsten Dunst	Adventure Fantasy Family	jumanji	Robin Williams Jonathan Hyde Kirsten Dunst Joe Johnston Adventure Fanta...
2	Howard Deutch	Walter Matthau	Jack Lemmon	Ann-Margret	Romance Comedy	grumpier old men	Walter Matthau Jack Lemmon Ann-Margret Howard Deutch Romance Comedy
3	Forest Whitaker	Whitney Houston	Angela Bassett	Loretta Devine	Comedy Drama Romance	waiting to exhale	Whitney Houston Angela Bassett Loretta Devine Forest Whitaker Comedy Dr...
4	Charles Shyer	Steve Martin	Diane Keaton	Martin Short	Comedy	father of the bride part ii	Steve Martin Diane Keaton Martin Short Charles Shyer Comedy
...	...	...	...	...	...	...	...
45438	Ben Rock	Monty Bane	Lucy Butler	David Grammer	Horror	the burkittsville 7	Monty Bane Lucy Butler David Grammer Ben Rock Horror
45439	Aaron Osborne	Lisa Boyle	Kena Land	Zaneta Polard	Sci-Fi	caged heat 3000	Lisa Boyle Kena Land Zaneta Polard Aaron Osborne Sci-Fi
45440	John Irvin	Patrick Bergin	Uma Thurman	David Morrissey	Drama Action Romance	robin hood	Patrick Bergin Uma Thurman David Morrissey John Irvin Drama Action Romance
45441	Lav Diaz	Angel Aquino	Perry Dizon	Hazel Orencio	Drama	century of birthing	Angel Aquino Perry Dizon Hazel Orencio Lav Diaz Drama
45442	Mark L. Lester	Erika Eleniak	Adam Baldwin	Julie du Page	Action Drama Thriller	betrayal	Erika Eleniak Adam Baldwin Julie du Page Mark L. Lester Action Drama Th...

36341 rows × 7 columns

图 11-12　去重处理

11.4 情感分析和序列化操作

编写文件 sentiment.ipynb，功能是使用 pickle 模块实现数据序列化操作。通过 pickle 模块的序列化操作我们能够将程序中运行的对象信息保存到文件中去，永久存储；通过 pickle 模块的反序列化操作，我们能够从文件中创建上一次程序保存的对象。文件 sentiment.ipynb 的具体实现流程如下：

（1）使用函数 nltk.download() 下载 stopwords，然后读取文件 reviews.txt 的内容，代码如下：

```
nltk.download("stopwords")

dataset = pd.read_csv('reviews.txt',sep = '\t', names =['Reviews','Comments'])
dataset
```

执行后会输出图 11-13 所示的结果。

	Reviews	Comments
0	1	The Da Vinci Code book is just awesome.
1	1	this was the first clive cussler i've ever rea...
2	1	i liked the Da Vinci Code a lot.
3	1	i liked the Da Vinci Code a lot.
4	1	I liked the Da Vinci Code but it ultimatly did...
...	...	...
6913	0	Brokeback Mountain was boring.
6914	0	So Brokeback Mountain was really depressing.
6915	0	As I sit here, watching the MTV Movie Awards, ...
6916	0	Ok brokeback mountain is such a horrible movie.
6917	0	Oh, and Brokeback Mountain was a terrible movie.

6918 rows × 2 columns

图 11-13　读取文件 reviews.txt 的内容

（2）使用函数 TfidfVectorizer() 将文本转换为可用作估算器输入的特征向量，然后将数据保存到文件 tranform.pkl 中，并计算准确度评分。代码如下：

```
    topset = set(stopwords.words('english'))

    vectorizer = TfidfVectorizer(use_idf = True,lowercase = True, strip_accents='ascii',
stop_words=stopset)

    X = vectorizer.fit_transform(dataset.Comments)
    y = dataset.Reviews
    pickle.dump(vectorizer, open('tranform.pkl', 'wb'))

    X_train, X_test, y_train, y_test = train_test_split(X, y, test_size=0.20,
random_state=42)

    clf = naive_bayes.MultinomialNB()
    clf.fit(X_train,y_train)
    accuracy_score(y_test,clf.predict(X_test))*100

    clf = naive_bayes.MultinomialNB()
    clf.fit(X,y)
```

执行后会分别输出准确度评分：

```
97.47109826589595
98.77167630057804
```

（3）最后将数据保存到文件 nlp_model.pkl，代码如下：

```
filename = 'nlp_model.pkl'
pickle.dump(clf, open(filename, 'wb'))
```

11.5　Web 端实时推荐

使用 Flask 编写前端程序，然后调用前面创建的文件 nlp_model.pkl 和 tranform.pkl 中的数据，在搜索电影时利用 Ajax 技术实现实时推荐功能，并通过 themoviedb API 展示要搜索电影的详细信息。

11.5.1　Falsk 启动页面

文件 main.py 是 Flask 的启动页面，功能是调用文件 nlp_model.pkl 和 tranform.pkl 中的数据，根据用在表单中输入的数据提供实时推荐功能。文件 main.py 的主要实现代码如下：

```
#从磁盘加载nlp模型和tfidf矢量器
filename = 'nlp_model.pkl'
clf = pickle.load(open(filename, 'rb'))
vectorizer = pickle.load(open('tranform.pkl','rb'))

#将字符串列表转换为列表
def convert_to_list(my_list):
    my_list = my_list.split('","')
    my_list[0] = my_list[0].replace('["','')
    my_list[-1] = my_list[-1].replace('"]','')
    return my_list

#将数字列表转换为列表(eg. "[1,2,3]" to [1,2,3])
def convert_to_list_num(my_list):
    my_list = my_list.split(',')
    my_list[0] = my_list[0].replace("[","")
    my_list[-1] = my_list[-1].replace("]","")
    return my_list

def get_suggestions():
    data = pd.read_csv('main_data.csv')
    return list(data['movie_title'].str.capitalize())

app = Flask(__name__)

@app.route("/")
@app.route("/home")
def home():
    suggestions = get_suggestions()
    return render_template('home.html',suggestions=suggestions)


@app.route("/recommend",methods=["POST"])
def recommend():
    #从AJAX请求获取数据
    title = request.form['title']
    cast_ids = request.form['cast_ids']
    cast_names = request.form['cast_names']
    cast_chars = request.form['cast_chars']
    cast_bdays = request.form['cast_bdays']
    cast_bios = request.form['cast_bios']
    cast_places = request.form['cast_places']
    cast_profiles = request.form['cast_profiles']
    imdb_id = request.form['imdb_id']
```

```
        poster = request.form['poster']
        genres = request.form['genres']
        overview = request.form['overview']
        vote_average = request.form['rating']
        vote_count = request.form['vote_count']
        rel_date = request.form['rel_date']
        release_date = request.form['release_date']
        runtime = request.form['runtime']
        status = request.form['status']
        rec_movies = request.form['rec_movies']
        rec_posters = request.form['rec_posters']
        rec_movies_org = request.form['rec_movies_org']
        rec_year = request.form['rec_year']
        rec_vote = request.form['rec_vote']

        #获取自动完成的电影推荐
        suggestions = get_suggestions()

        #为每个需要转换为列表的字符串调用convert_to_list函数
        rec_movies_org = convert_to_list(rec_movies_org)
        rec_movies = convert_to_list(rec_movies)
        rec_posters = convert_to_list(rec_posters)
        cast_names = convert_to_list(cast_names)
        cast_chars = convert_to_list(cast_chars)
        cast_profiles = convert_to_list(cast_profiles)
        cast_bdays = convert_to_list(cast_bdays)
        cast_bios = convert_to_list(cast_bios)
        cast_places = convert_to_list(cast_places)

        #将字符串转换为列表 (eg. "[1,2,3]" to [1,2,3])
        cast_ids = convert_to_list_num(cast_ids)
        rec_vote = convert_to_list_num(rec_vote)
        rec_year = convert_to_list_num(rec_year)

        # 将字符串呈现为python字符串
        for i in range(len(cast_bios)):
            cast_bios[i] = cast_bios[i].replace(r'\n', '\n').replace(r'\"','\"')

        for i in range(len(cast_chars)):
            cast_chars[i] = cast_chars[i].replace(r'\n', '\n').replace(r'\"','\"')

        #将多个列表组合为一个字典，该字典可以传递到html文件，以便轻松处理该文件，并保留信息顺序
        movie_cards = {rec_posters[i]: [rec_movies[i],rec_movies_org[i],rec_vote[i],
rec_year[i]] for i in range(len(rec_posters))}

        casts = {cast_names[i]:[cast_ids[i], cast_chars[i], cast_profiles[i]] for i
in range(len(cast_profiles))}

        cast_details = {cast_names[i]:[cast_ids[i], cast_profiles[i], cast_bdays[i],
cast_places[i], cast_bios[i]] for i in range(len(cast_places))}

        # 从IMDB站点获取用户评论的网页抓取
        sauce = urllib.request.urlopen('https://www.imdb.com/title/{}/reviews?ref_=
tt_ov_rt'.format(imdb_id)).read()
        soup = bs.BeautifulSoup(sauce,'lxml')
        soup_result = soup.find_all("div",{"class":"text show-more__control"})

        reviews_list = [] # 审查清单
        reviews_status = [] #留言清单(good or bad)
        for reviews in soup_result:
            if reviews.string:
                reviews_list.append(reviews.string)
                # 将评审传递给我们的模型
                movie_review_list = np.array([reviews.string])
```

```
            movie_vector = vectorizer.transform(movie_review_list)
            pred = clf.predict(movie_vector)
            reviews_status.append('Positive' if pred else 'Negative')

        # 获取当前日期
        movie_rel_date = ""
        curr_date = ""
        if(rel_date):
            today = str(date.today())
            curr_date = datetime.strptime(today,'%Y-%m-%d')
            movie_rel_date = datetime.strptime(rel_date, '%Y-%m-%d')

        # 将评论和审查合并到词典中
        movie_reviews = {reviews_list[i]: reviews_status[i] for i in (len(reviews_list))}

        #将所有数据传递到html文件
        return
render_template('recommend.html',title=title,poster=poster,overview=overview,vote_average=
vote_average,
vote_count=vote_count,release_date=release_date,movie_rel_date=movie_rel_date,curr_date=
curr_date,runtime=runtime,status=status,genres=genres,movie_cards=movie_cards,reviews=
movie_reviews,casts=casts,cast_details=cast_details)

    if __name__ == '__main__':
        app.run(debug=True)
```

11.5.2　模板文件

在 Flask Web 项目中，使用模板文件实现前端功能。

（1）本 Web 项目的主页是由模板文件 home.html 实现的，功能是提供了一个表单供用户搜索电影，主要实现代码如下：

```
     <link rel= "stylesheet" type= "text/css" href= "{{ url_for('static',filename=
'style.css') }}">

     <script type="text/javascript">
       var films = {{suggestions|tojson}};
       $(document).ready(function(){
         $("#myModal").modal('show');
       });
     </script>

   </head>

   <body id="content" style="font-family: 'Noto Sans JP', sans-serif;">
   <div class="body-content">
      <div class="ml-container" style="display: block;">
           <a href="https://github.com/kishan0725/The-Movie-Cinema" target="_blank"
class="github-corner" title="View source on GitHub">
                        <svg data-toggle="tooltip"
                        data-placement="left" width="80" height="80" viewBox="0 0 250 250"
                         style="fill:#e50914; color:#fff; position: fixed;z-index:100; top: 0;
border: 0; right: 0;" aria-hidden="true">
                         <path d="M0,0 L115,115 L130,115 L142,142 L250,250 L250,0 Z"></path>
                         <path
                           d="M128.3,109.0 C113.8,99.7 119.0,89.6 119.0,89.6 C122.0,
82.7 120.5,78.6 120.5,78.6 C119.2,72.0 123.4,76.3 123.4,76.3 C127.3,80.9 125.5,
87.3 125.5,87.3 C122.9,97.6 130.6,101.9 134.4,103.2"
                           fill="currentColor" style="transform-origin: 130px 106px;" class=
"octo-arm"></path>
                         <path
                           d="M115.0,115.0 C114.9,115.1 118.7,116.5 119.8,L133.7,101.6 C136.9,
99.2 139.9,98.4 142.2,98.6 C133.8,88.0 127.5,74.4 143.8,58.0 C148.5,53.4 154.0,51.2 159.7,
51.0 C160.3,49.4 163.2,43.6 171.4,40.1 C171.4,40.1 176.1,42.5 178.8,56.2 C183.1,58.6 187.2,
```

```
61.8 190.9,65.4 C194.5,69.0 197.7,73.2 200.1,77.6 C213.8,80.2 216.3,84.9 216.3,84.9 C212.7,
93.1 206.9,96.0 205.4,96.6 C205.1,102.4 203.0,107.8 198.3,112.5 C181.9,128.9 168.3,
122.5 157.7,114.1 C157.9,116.9 156.7,120.9 152.7,124.9 L141.0,136.5 C139.8,137.7 141.6,
141.9 141.8,141.8 Z"
                        fill="currentColor" class="octo-body"></path>
                    </svg>
                  </a>
        <center><h1 class="app-title">电影推荐系统</h1></center>
        <div class="form-group shadow-textarea" style="margin-top: 30px;text-align:
center;color: white;">
            <input type="text" name="movie" class="movie form-control" id="autoComplete"
autocomplete="off" placeholder="Enter the Movie Name" style="background-color: #ffffff;
border-color:#ffffff;width: 60%;color: #181818" required="required" />
            <br>
        </div>

        <div class="form-group" style="text-align: center;">
          <button class="btn btn-primary btn-block movie-button" style="background-color:
#e50914;text-align: center;border-color: #e50914;width:120px;" disabled="true" >Enter</
button><br><br>
        </div>
       </div>

      <div id="loader" class="text-center">
      </div>

      <div class="fail">
        <center><h3>很抱歉您请求的电影不在我们的数据库中，请检查拼写或尝试其他电影！</h3></center>
      </div>

       <div class="results">
        <center>
          <h2 id="name" class="text-uppercase"></h2>
        </center>
       </div>

       <div class="modal fade" id="myModal" tabindex="-1" role="dialog" aria-labelledby=
"exampleModalLabel3" aria-hidden="true">
        <div class="modal-dialog modal-md" role="document">
          <div class="modal-content">
            <div class="modal-header" style="background-color: #e50914;color: white;">
              <h5 class="modal-title" id="exampleModalLabel3">Hey there!</h5>
              <button type="button" class="close" data-dismiss="modal" aria-label=
"Close">
                <span aria-hidden="true" style="color: white">&times;</span>
              </button>
            </div>
            <div class="modal-body">
              <p>如果您正在寻找的电影在输入时没有获得实时推荐，请不要担心，只需输入电影名称并按Enter
即可。即使你犯了一些打字错误，也可以得到推荐。</p>
            </div>
            <div class="modal-footer" style="text-align: center;">
              <button type="button" class="btn btn-secondary" data-dismiss="modal">
知道了</button>
            </div>
          </div>
        </div>
      </div>

       <footer class="footer">
        <br/>
        <div class="social" style="margin-bottom: 8px">
         </div>
      </footer>
```

```
        </div>

        <script
src="https://cdn.jsdelivr.net/npm/@tarekraafat/autocomplete.js@7.2.0/
dist/js/autoComplete.min.js"></script>
      <script type="text/javascript" src="{{url_for('static', filename=
'autocomplete.js')}}"></script>

      <script type="text/javascript" src="{{url_for('static', filename='recommend.js')}}"
></script>
      <script src="https://cdnjs.cloudflare.com/ajax/libs/popper.js/1.12.9/umd/popper.
min.js" integrity="sha384-ApNbgh9B+Y1QKtv3Rn7W3mgPxhU9K/ScQsAP7hUibX39j7fakFPskvXusvfa0b4Q"
crossorigin="anonymous"></script>
      <script src="https://maxcdn.bootstrapcdn.com/bootstrap/4.0.0/js/bootstrap.min.js"
integrity="sha384-JZR6Spejh4U02d8jOt6vLEHfe/JQGiRRSQQxSfFWpi1MquVdAyjUar5+76PVCmYl"
crossorigin="anonymous"></script>

    </body>
```

（2）编写模板文件 recommend.html，功能是当用户在表单中输入某电影名并按下 Enter 键后，会在此页面显示这部电影的详细信息。文件 recommend.html 的主要实现代码如下：

```
    <body id="content">

        <div class="results">
            <center>
              <h2 id="name" class="text-uppercase" style="font-family: 'Rowdies',
cursive;">{{title}}</h2>
            </center>
        </div>
        <br/>

      <div id="mycontent">
        <div id="mcontent">
          <div class="poster-lg">
            <img class="poster" style="border-radius: 40px;margin-left: 90px;" height="400"
width="250" src={{poster}}>
          </div>
          <div class="poster-sm text-center">
            <img class="poster" style="border-radius: 40px;margin-bottom: 5%;" height=
"400" width="250" src={{poster}}>
          </div>
          <div id="details">
            <br/>
            <h6 id="title" style="color:white;">电影名:  {{title}}</h6>
            <h6 id="overview" style="color:white;max-width: 85%">简介: <br/><br/>
       {{overview}}</h6>
            <h6 id="vote_average" style="color:white;">星级:  {{vote_average}}/
10 ({{vote_count}} votes)</h6>
            <h6 id="genres" style="color:white;">类型:  {{genres}}</h6>
            <h6 id="date" style="color:white;">上映日期:  {{release_date}}</h6>
            <h6 id="runtime" style="color:white;">上映时长:  {{runtime}}</h6>
            <h6 id="status" style="color:white;">状态:  {{status}}</h6>
          </div>
        </div>
      </div>
      <br/>

    {% for name, details in cast_details.items() if not cast_details.hidden %}
      <div class="modal fade" id="{{details[0]}}" tabindex="-1" role="dialog" aria-
labelledby="exampleModalLabel3" aria-hidden="true">
        <div class="modal-dialog modal-lg" role="document">
          <div class="modal-content">
            <div class="modal-header" style="background-color: #e50914;color: white;">
              <h5 class="modal-title" id="exampleModalLabel3">{{name}}</h5>
```

```
            <button type="button" class="close" data-dismiss="modal" aria-label=
"Close">
              <span aria-hidden="true" style="color: white">&times;</span>
            </button>
          </div>

          <div class="modal-body">
            <img class="profile-pic" src="{{details[1]}}" alt="{{name}} - profile" style=
"width: 250px;height:400px;border-radius: 10px;" />
            <div style="margin-left: 20px">
              <p><strong>B生日:</strong> {{details[2]}} </p>
              <p><strong>出生地:</strong> {{details[3]}} </p>
              <p>
                <p><strong>传记:</strong><p>
                {{details[4]}}
              </p>
            </div>
          </div>
          <div class="modal-footer">
            <button type="button" class="btn btn-secondary" data-dismiss="modal">
Close</button>
          </div>
        </div>
      </div>
    </div>
    {% endfor %}

    <div class="container">

      {% if casts|length > 1 %}
        <div class="movie" style="color: #E8E8E8;">
          <center>
            <h2 style="font-family: 'Rowdies', cursive;">演员列表</h2>
            <h5>(点击演员表了解更多信息)</h5>
          </center>
        </div>


        <div class="movie-content">
          {% for name, details in casts.items() if not casts.hidden %}
            <div class="castcard card" style="width: 14rem;" title="Click to know
more about {{name}}" data-toggle="modal" data-target="#{{details[0]}}">
              <div class="imghvr">
                <img class="card-img-top cast-img" id="{{details[0]}}" height="360"
width="240" alt="{{name}} - profile" src="{{details[2]}}">
                <figcaption class="fig">
                  <button class="card-btn btn btn-danger"> Know More </button>
                </figcaption>
              </div>
              <div class="card-body" style="font-family: 'Rowdies', cursive;font-
size: 18px;">
                <h5 class="card-title">{{name|upper}}</h5>
                <h5 class="card-title" style="font-size: 18px"><span style="color:
#756969;font-size: 18px;">AS {{details[1]|upper}}</span></h5>
              </div>
            </div>
          {% endfor %}
        </div>
      {% endif %}
      <br/>

    <center>
      {% if reviews %}
      <h2 style="font-family: 'Rowdies', cursive;color:white">USER REVIEWS</h2>
       <div class="col-md-12" style="margin: 0 auto; margin-top:25px;">
```

```
            <table class="table table-bordered" bordercolor="white" style="color:white">
                <thead>
                    <tr>
                      <th class="text-center" scope="col" style="width: 75%">评论</th>
                      <th class="text-center" scope="col">情感</th>
                    </tr>
                </thead>

              <tbody>
           {% for review, status in reviews.items() if not reviews.hidden %}
                       <tr style="background-color:#e5091485;">
                    <td>{{review}}</td>
                    <td>
                      <center>
                        {{status}} :
                        {% if status =='Positive' %}
                          &#128515;
                        {% else %}
                          &#128534;
                        {% endif %}
                      </center>
                    </td>
                       </tr>
                   {% endfor %}
                         </tbody>
                   </table>
        </div>

        {% if (curr_date) and (movie_rel_date) %}
          {% elif curr_date < movie_rel_date %}
          <div style="color:white;">
            <h1 style="color:white"> This movie is not released yet. Stay tuned! </h1>
          </div>
          {% else %}
          <div style="color:white;">
            <h1 style="color:white"> Sorry, the reviews for this movie are not available! :
( </h1>
          </div>
          {% endif %}
        {% else %}
          <div style="color:white;">
            <h1 style="color:white"> Sorry, the reviews for this movie are not available! :
( </h1>
          </div>
        {% endif %}
      </center>
      <br/>


        {% if movie_cards|length > 1 %}

          <div class="movie" style="color: #E8E8E8;">
            <center><h2 style="font-family: 'Rowdies', cursive;">RECOMMENDED MOVIES
FOR YOU</h2><h5>(Click any of the movies to get recommendation)</h5></center>
          </div>

          <div class="movie-content">
            {% for poster, details in movie_cards.items() if not movie_cards.hidden %}
              <div class="card" style="width: 14rem;" title="{{details[1]}}" onclick=
"recommendcard(this)">
                <div class="imghvr">
                  <img class="card-img-top" height="360" width="240" alt="{{details[0]}} -
poster" src={{poster}}>
                  <div class="card-img-overlay" >
```

```
                <span class="card-text" style="font-size:15px;background:
#000000b8;color:white;padding:2px 5px;border-radius: 10px;"><span class="fa fa-star
checked">  {{details[2]}}/10</span></span>
              </div>
              <div class=".card-img-overlay" style="position: relative;">
                <span class="card-text" style="font-size:15px;position:absolute;
bottom:20px;left:15px;background: #000000b8;color:white;padding: 5px;border-radius:
10px;">{{details[3]}}</span>
              </div>
              <figcaption class="fig">
                <button class="card-btn btn btn-danger"> Click Me </button>
              </figcaption>
            </div>
            <div class="card-body">
              <h5 class="card-title" style="font-family: 'Rowdies', cursive;font-size:
17px;">{{details[0]|upper}}</h5>
            </div>
          </div>
        {% endfor %}
      </div>
    {% endif %}
  <br/><br/><br/><br/>
    </div>
```

11.5.3 后端处理

在本 Flask Web 项目中，除了使用主文件 main.py 实现后端处理功能外，还是用 JS 技术实现了后端功能。编写文件 recommend.js，功能是调用 themoviedb API 实现实时推荐，并根据电影名获取这部电影的详细信息。文件 recommend.js 的具体实现流程如下：

（1）监听用户是否在电影搜索页面的文本框中输入内容，并监听是否单击 Enter 按钮。代码如下：

```
  $(function() {
    //按钮将被禁用，直到我们在输入字段中输入内容
    const source = document.getElementById('autoComplete');
    const inputHandler = function(e) {
      if(e.target.value==""){
        $('.movie-button').attr('disabled', true);
      }
      else{
        $('.movie-button').attr('disabled', false);
      }
    }
    source.addEventListener('input', inputHandler);

    $('.fa-arrow-up').click(function(){
      $('html, body').animate({scrollTop:0}, 'slow');
    });

    $('.app-title').click(function(){
      window.location.href = '/';
    })

    $('.movie-button').on('click',function(){
      var my_api_key = '你的API密钥';
      var title = $('.movie').val();
      if (title=="") {
        $('.results').css('display','none');
        $('.fail').css('display','block');
      }

      if (($('.fail').text() && ($('.footer').css('position') == 'absolute'))) {
```

```
        $('.footer').css('position', 'fixed');
      }

      else{
        load_details(my_api_key,title);
      }
    });
  });
```

（2）编写函数 recommendcard()，在单击推荐的电影选项时调用此函数。代码如下：

```
  function recommendcard(e){
    $("#loader").fadeIn();
    var my_api_key = '你的API密钥';
    var title = e.getAttribute('title');
    load_details(my_api_key,title);
  }
```

（3）编写函数 recommendcard()，功能是从 API 获取电影的详细信息（基于电影名称）。代码如下：

```
  function load_details(my_api_key,title){
    $.ajax({
      type: 'GET',
      url:'https://api.themoviedb.org/3/search/movie?api_key='+my_api_key+'&query='
+title,
      async: false,
      success: function(movie){
        if(movie.results.length<1){
          $('.fail').css('display','block');
          $('.results').css('display','none');
          $("#loader").delay(500).fadeOut();
        }
        else if(movie.results.length==1) {
          $("#loader").fadeIn();
          $('.fail').css('display','none');
          $('.results').delay(1000).css('display','block');
          var movie_id = movie.results[0].id;
          var movie_title = movie.results[0].title;
          var movie_title_org = movie.results[0].original_title;
          get_movie_details(movie_id,my_api_key,movie_title,movie_title_org);
        }
        else{
          var close_match = {};
          var flag=0;
          var movie_id="";
          var movie_title="";
          var movie_title_org="";
          $("#loader").fadeIn();
          $('.fail').css('display','none');
          $('.results').delay(1000).css('display','block');
          for(var count in movie.results){
            if(title==movie.results[count].original_title){
              flag = 1;
              movie_id = movie.results[count].id;
              movie_title = movie.results[count].title;
              movie_title_org = movie.results[count].original_title;
              break;
            }
            else{
              close_match[movie.results[count].title] = similarity(title,  movie.
results[count].title);
            }
          }
          if(flag==0){
```

```
            movie_title = Object.keys(close_match).reduce(function(a, b){ return
close_match[a] > close_match[b] ? a : b });
            var index = Object.keys(close_match).indexOf(movie_title)
            movie_id = movie.results[index].id;
            movie_title_org = movie.results[index].original_title;
          }
          get_movie_details(movie_id,my_api_key,movie_title,movie_title_org);
        }
      },
      error: function(error){
        alert('出错了 - '+error);
        $("#loader").delay(100).fadeOut();
      },
    });
  }
```

（4）编写函数 similarity()，功能是使用距离参数 length 获取与请求的电影名称最接近的匹配。代码如下：

```
  function similarity(s1, s2) {
    var longer = s1;
    var shorter = s2;
    if (s1.length < s2.length) {
      longer = s2;
      shorter = s1;
    }
    var longerLength = longer.length;
    if (longerLength == 0) {
      return 1.0;
    }
    return (longerLength - editDistance(longer, shorter)) / parseFloat(longerLength);
  }

  function editDistance(s1, s2) {
    s1 = s1.toLowerCase();
    s2 = s2.toLowerCase();

    var costs = new Array();
    for (var i = 0; i <= s1.length; i++) {
      var lastValue = i;
      for (var j = 0; j <= s2.length; j++) {
        if (i == 0)
          costs[j] = j;
        else {
          if (j > 0) {
            var newValue = costs[j - 1];
            if (s1.charAt(i - 1) != s2.charAt(j - 1))
              newValue = Math.min(Math.min(newValue, lastValue),
                costs[j]) + 1;
            costs[j - 1] = lastValue;
            lastValue = newValue;
          }
        }
      }
      if (i > 0)
        costs[s2.length] = lastValue;
    }
    return costs[s2.length];
  }
```

（5）编写函数 get_movie_details()，功能是根据电影 id 获取这部电影的所有详细信息。代码如下：

```
  function get_movie_details(movie_id,my_api_key,movie_title,movie_title_org) {
    $.ajax({
```

```
      type:'GET',
      url:'https://api.themoviedb.org/3/movie/'+movie_id+'?api_key='+my_api_key,
      success: function(movie_details){
        show_details(movie_details,movie_title,my_api_key,movie_id,movie_title_org);
      },
      error: function(error){
        alert("API Error! - "+error);
        $("#loader").delay(500).fadeOut();
      },
    });
  }
```

（6）编写函数 show_details()，功能是将电影的详细信息传递给 Flask，以便使用 imdb id 显示和抓取这部电影的评论信息。代码如下：

```
  function show_details(movie_details,movie_title,my_api_key,movie_id,movie_title_
org){
    var imdb_id = movie_details.imdb_id;
    var poster;
    if(movie_details.poster_path){
      poster = 'https://image.tmdb.org/t/p/original'+movie_details.poster_path;
    }
    else {
      poster = 'static/default.jpg';
    }
    var overview = movie_details.overview;
    var genres = movie_details.genres;
    var rating = movie_details.vote_average;
    var vote_count = movie_details.vote_count;
    var release_date = movie_details.release_date;
    var runtime = parseInt(movie_details.runtime);
    var status = movie_details.status;
    var genre_list = []
    for (var genre in genres){
      genre_list.push(genres[genre].name);
    }
    var my_genre = genre_list.join(", ");
    if(runtime%60==0){
      runtime = Math.floor(runtime/60)+" hour(s)"
    }
    else {
      runtime = Math.floor(runtime/60)+" hour(s) "+(runtime%60)+" min(s)"
    }

    //调用“get_movie_cast”以获取所查询电影的最佳演员阵容
    movie_cast = get_movie_cast(movie_id,my_api_key);

    //调用“get_individual_cast”以获取个人演员阵容的详细信息
    ind_cast = get_individual_cast(movie_cast,my_api_key);

    // 调用'get_Recommensions'，从TMDB API获取给定电影id的推荐电影
    recommendations = get_recommendations(movie_id, my_api_key);

    details = {
        'title':movie_title,
        'cast_ids':JSON.stringify(movie_cast.cast_ids),
        'cast_names':JSON.stringify(movie_cast.cast_names),
        'cast_chars':JSON.stringify(movie_cast.cast_chars),
        'cast_profiles':JSON.stringify(movie_cast.cast_profiles),
        'cast_bdays':JSON.stringify(ind_cast.cast_bdays),
        'cast_bios':JSON.stringify(ind_cast.cast_bios),
        'cast_places':JSON.stringify(ind_cast.cast_places),
        'imdb_id':imdb_id,
        'poster':poster,
        'genres':my_genre,
```

```
        'overview':overview,
        'rating':rating,
        'vote_count':vote_count.toLocaleString(),
        'rel_date':release_date,
        'release_date':new Date(release_date).toDateString().split(' ').slice(1).
join(' '),
        'runtime':runtime,
        'status':status,
        'rec_movies':JSON.stringify(recommendations.rec_movies),
        'rec_posters':JSON.stringify(recommendations.rec_posters),
        'rec_movies_org':JSON.stringify(recommendations.rec_movies_org),
        'rec_year':JSON.stringify(recommendations.rec_year),
        'rec_vote':JSON.stringify(recommendations.rec_vote)
    }

    $.ajax({
      type:'POST',
      data:details,
      url:"/recommend",
      dataType: 'html',
      complete: function(){
        $("#loader").delay(500).fadeOut();
      },
      success: function(response) {
        $('.results').html(response);
        $('#autoComplete').val('');
        $('.footer').css('position','absolute');
        if ($('.movie-content')) {
          $('.movie-content').after('<div class="gototop"><i title="Go to Top" class=
"fa fa-arrow-up"></i></div>');
        }
        $(window).scrollTop(0);
      }
    });
  }
```

（7）编写函数 get_individual_cast()，功能是获取某个演员的详细信息。代码如下：

```
  function get_individual_cast(movie_cast,my_api_key) {
      cast_bdays = [];
      cast_bios = [];
      cast_places = [];
      for(var cast_id in movie_cast.cast_ids){
        $.ajax({
          type:'GET',

url:'https://api.themoviedb.org/3/person/'+movie_cast.cast_ids[cast_id]+
'?api_key='+my_api_key,
          async:false,
          success: function(cast_details){
            cast_bdays.push((new Date(cast_details.birthday)).toDateString().
split(' ').slice(1).join(' '));
            if(cast_details.biography){
              cast_bios.push(cast_details.biography);
            }
            else {
              cast_bios.push("Not Available");
            }
            if(cast_details.place_of_birth){
              cast_places.push(cast_details.place_of_birth);
            }
            else {
              cast_places.push("Not Available");
            }
          }
        });
```

```
        }
        return {cast_bdays:cast_bdays,cast_bios:cast_bios,cast_places:cast_places};
    }
```

（8）编写函数 get_movie_cast()，功能是获取所请求电影演员阵容的详细信息。代码如下：

```
    function get_movie_cast(movie_id,my_api_key){
        cast_ids= [];
        cast_names = [];
        cast_chars = [];
        cast_profiles = [];
        top_10 = [0,1,2,3,4,5,6,7,8,9];
        $.ajax({
          type:'GET',
          url:"https://api.themoviedb.org/3/movie/"+movie_id+"/credits?api_key="+
my_api_key,
          async:false,
          success: function(my_movie){
            if(my_movie.cast.length>0){
              if(my_movie.cast.length>=10){
                top_cast = [0,1,2,3,4,5,6,7,8,9];
              }
              else {
                top_cast = [0,1,2,3,4];
              }
              for(var my_cast in top_cast){
                cast_ids.push(my_movie.cast[my_cast].id)
                cast_names.push(my_movie.cast[my_cast].name);
                cast_chars.push(my_movie.cast[my_cast].character);
                if(my_movie.cast[my_cast].profile_path){
                  cast_profiles.push("https://image.tmdb.org/t/p/original"+my_movie.cast
[my_cast].profile_path);
                }
                else {
                  cast_profiles.push("static/default.jpg");
                }
              }
            }
          },
          error: function(error){
            alert("出错了！ - "+error);
            $("#loader").delay(500).fadeOut();
          }
        });

        return
{cast_ids:cast_ids,cast_names:cast_names,cast_chars:cast_chars,cast_profiles:cast_profiles};
    }
```

（9）编写函数 get_recommendations()，功能是获得实时推荐的电影信息。代码如下：

```
      function get_recommendations(movie_id, my_api_key) {
        rec_movies = [];
        rec_posters = [];
        rec_movies_org = [];
        rec_year = [];
        rec_vote = [];

        $.ajax({
          type: 'GET',
          url:
"https://api.themoviedb.org/3/movie/"+movie_id+"/recommendations?api_key="+my_api_key,
          async: false,
          success: function(recommend) {
            for(var recs in recommend.results) {
              rec_movies.push(recommend.results[recs].title);
```

```
              rec_movies_org.push(recommend.results[recs].original_title);
              rec_year.push(new Date(recommend.results[recs].release_date).
getFullYear());
              rec_vote.push(recommend.results[recs].vote_average);
              if(recommend.results[recs].poster_path){
                rec_posters.push("https://image.tmdb.org/t/p/original"+recommend.
results[recs].poster_path);
              }
              else {
                rec_posters.push("static/default.jpg");
              }
            }
          },
          error: function(error) {
            alert("出错了! - "+error);
            $("#loader").delay(500).fadeOut();
          }
        });
        return
{rec_movies:rec_movies,rec_movies_org:rec_movies_org,rec_posters:rec_posters,rec_year:
rec_year,rec_vote:rec_vote};
      }
```

到此为止，整个项目介绍完毕。运行 Flask 主程序文件 main.py，然后在浏览器中输入 http://127.0.0.1:5000/ 显示 Web 主页，如图 11-14 所示。

图 11-14　系统主页

在表单中输入电影名中的单词，系统会实时推荐与之相关的电影名。例如，输入“love”后的效果如图 11-15 所示。

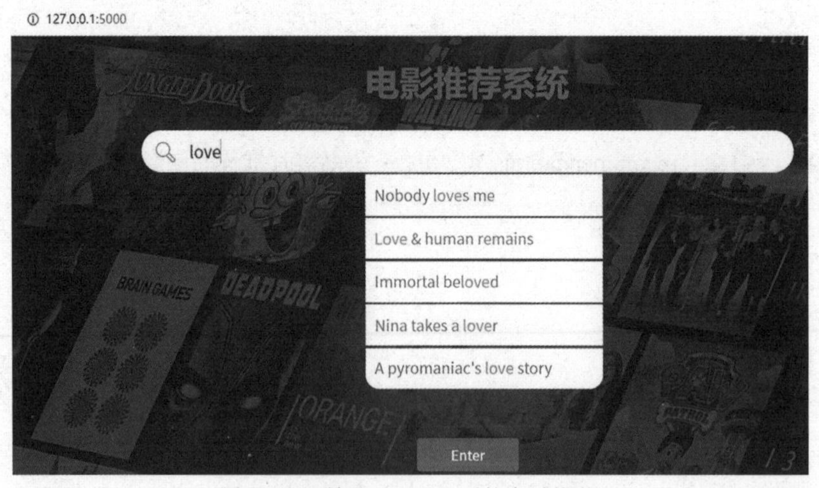

图 11-15　输入“love”后的实时推荐

如果选择实时推荐的第 3 个选项“Immortal beloved”，单击 Enter 按钮后会在新页面中显示这部电影的详细信息，如图 11-16 所示。

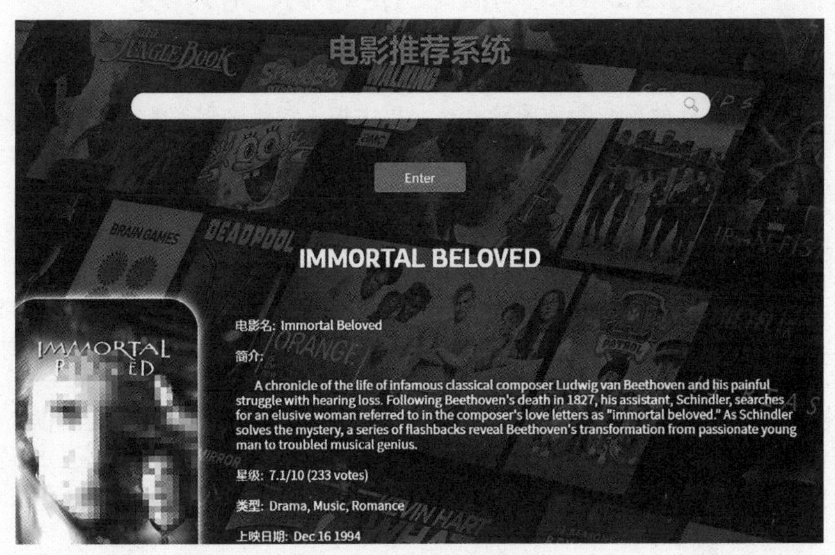

图 11-16　电影详情信息

第 12 章　服装推荐系统开发

强化学习是机器学习的范式和方法论之一，用于描述和解决智能体（agent）在与环境的交互过程中通过学习策略以达成回报最大化或实现特定目标的问题。本章详细讲解基于强化学习的推荐系统的知识和用法。

12.1　背景介绍

随着电子商务和在线购物的兴起，越来越多的消费者选择在网上购买服装和时尚商品。然而，在庞大的服装市场中找到适合个人喜好和风格的服装并不容易。这就导致了消费者面临了一个常见的问题：在众多的选择中，如何找到符合自己偏好的服装？

为了解决这个问题，服装推荐系统应运而生。服装推荐系统利用机器学习和推荐算法，根据用户的喜好、个人风格和其他相关因素，为用户提供个性化的服装推荐。通过分析用户的购物历史、喜好偏好、社交媒体数据等信息，推荐系统可以更好地理解用户的喜好和需求，并根据这些信息进行准确的推荐。服装推荐系统的目标是为用户提供以下优势：

- 个性化推荐：根据用户的个人喜好和风格，推荐系统能够筛选出适合用户的服装款式、品牌和配件。
- 多样性推荐：推荐系统不仅关注用户的偏好，还会推荐一些与用户过去购买行为不同但可能引起兴趣的新款式和品牌，提供更丰富的选择。
- 实时更新：推荐系统可以根据用户的最新行为和时尚趋势进行实时更新，确保推荐结果的时效性和准确性。
- 提供搭配建议：除了单品推荐，服装推荐系统还可以根据用户购买的服装提出搭配建议，帮助用户更好地搭配和组合服装，提供整体的时尚指导。
- 提升用户体验：通过为用户提供个性化的服装推荐，推荐系统可以提升用户的购物体验，节省用户的时间和精力，同时增加用户的满意度和忠诚度。

随着技术的不断进步和数据的积累，服装推荐系统的性能和准确度也在不断提高。通过使用机器学习、深度学习和大数据分析等技术，推荐系统能够更好地理解用户的需求和喜好，为用户提供个性化且准确的服装推荐，为用户的购物体验增添了更多的乐趣和便利性。

12.2　系统分析

本节详细讲解该项目的基本知识和基本功能。

12.2.1　系统介绍

该服装品牌拥有 50 多个在线商店、4 800 多家线下门店，旗下的在线商店为购物者提供了广泛的产品选择。但是由于选择太多，顾客可能无法快速找到他们感兴趣的或正在寻找的商品，最终可能不会购买。为了提升购物体验，产品推荐至关重要。更重要的是，帮助顾客做出正确选择也对可持续性有积极的影响，因为它减少了退货，从而减少了运输过程中的碳排放。本项目将使用该品牌数据集，为顾客开发一个商品推荐系统，帮助用户实现完美的购物体验。

12.2.2　系统功能分析

产品推荐对于提升客户体验并帮助他们从庞大的产品库中找到合适的产品至关重要。当客户找到合适的产品时，他们往往会将该商品添加到购物车中，增加有效销售率。在本推荐系统中，整个推荐功能通过如下三部分实现：

- 候选生成模型
- 从生成的候选项中找到客户可能喜欢的相关商品
- 对生成的候选项进行排序

（1）候选生成模型。

候选生成模型采用以下策略实现：

- 策略 1：推荐过去 1 周内类似用户购买的商品。
- 策略 2：推荐过去 1 周内最受欢迎的商品以及与这些商品一起购买的其他商品。
- 策略 3：推荐去年同一时间最受欢迎的商品。

（2）查找与查询用户相关的商品。

前一步生成的候选项进行模型处理，该模型将根据用户的先前购买情况，对与查询用户相关的商品进行分类。经过训练的模型利用商品图像学习用户和商品的潜在特征。大多数基于图像的推荐模型都依赖于使用预训练的推荐系统网络来提取商品图像特征。本项目通过联合训练整个图像网络和推荐模型，提取商品的潜在图像特征，并进一步改进图像特征以获得更好的表示。本项目中的模型利用经过校准的 ResNet50 组件提取商品的图像特征。

因此，本项目的主要思想是在训练模型学习用户和商品的潜在特征时，还会反向训练图像提取模型的最后几层，以微调图像嵌入。这有助于学习用户和商品的特征。

（3）对生成的候选项进行排序。

经过筛选的候选项随后被传递给排序模型，以便将最相关的商品排在首位。

12.3 准备数据集

本项目使用的数据集是某品牌集团提供的，在里面包含了相关商品信息和会员用户的购买信息，本项目将基于该数据集对用户有针对性地推荐商品。

12.3.1 产品介绍

该品牌是一家时尚零售公司，以提供时尚、质量良好且价格实惠的时尚服装而闻名。其多样化的产品线、时尚趋势的跟踪和敏捷的供应链而备受消费者喜爱。

产品包括男装、女装、儿童服装、鞋履、配饰和家居用品，公司定期推出新的设计合作系列，与知名设计师、时尚品牌和艺术家合作，为消费者带来独特的时尚选择。

12.3.2 数据集介绍

在这个数据集中，可以找到顾客的购买历史、点击记录和其他与购物行为相关的数据。这些数据被用于构建和训练机器学习模型，以便为顾客提供个性化的时尚推荐。通过分析顾客的购买模式、喜好和行为，可以改进推荐系统的准确性和用户体验。

需要注意的是，这个数据集只包含了部分顾客的数据，而不是全部顾客的数据。此外，这个数据集也是经过一定的处理和匿名化，以保护顾客的隐私和数据安全。

数据集中的内容如下：

- images：包含了与每个 article_id 相对应的图像的文件夹，图像被放置在以 article_id 的前三位数字开头的子文件夹中。注意，并非所有的 article_id 值都有相应的图像。
- articles.csv：每个可购买的 article_id 的详细元数据。
- customers.csv：数据集中每个 customer_id 的元数据。
- sample_submission.csv：格式正确的示例提交文件。
- transactions_train.csv：训练数据，包括每个日期每个顾客的购买记录，以及其他信息。重复的行表示对同一物品的多次购买。我们的任务是预测在训练数据期后的 7 天内，每个顾客将购买哪些 article_id。

12.4 工具类

在一个项目中，utils 目录通常用于存放通用的工具函数或类。这些工具函数或类可以在整个项目的不同部分被多次使用，以提供一些常见的功能和操作。通常，utils 目录中的文件包括与数据处理、文件读写、日志记录、异常处理、图像处理、配置读取等相关的工具函数或类。这样的目录结构可以帮助项目保持整洁和组织性，使开发人员能够更轻松地复用和管理这些通用工具。

12.4.1 读取文件

编写文件 read_utils.py 定义用于读取文件的函数，这些函数提供了方便的方法来读取各种类型的文件和数据，并将它们转换为适当的数据结构以供进一步处理和分析。文件 read_utils.py 的主要实现代码如下：

```
def read_csv(file_path, **kargs):
    if len(kargs.keys()) == 3:
        return pd.read_csv(file_path,
                        converters = kargs['converters'],
                        usecols = kargs['usecols'],
                        dtype = kargs['dtype'],
                        )
    else:
        return pd.read_csv(file_path)


def read_from_parquet(file_path):
    return pd.read_parquet(file_path)

def read_from_pickle(file_path, compression = 'gzip'):
    if compression == '':
        return pd.read_pickle(file_path)
    else:
        return pd.read_pickle(file_path, compression = compression)


def read_yaml_file(file_path):
    with open(file_path, "rb") as yaml_file:
        return yaml.safe_load(yaml_file)

def read_yaml_key(file_path, key, subkey = None):
    config = read_yaml_file(file_path)
    value = config[key]

    if subkey != None:
        value = value[subkey]
    return value

def read_compressed_numpy_array_data(file_path):
    return np.load(file_path)['arr_0']


def read_object(file_path: str, ) -> object:

    with open(file_path, "rb") as file_obj:
        return dill.load(file_obj)
```

- read_csv(file_path, **kargs)：读取 csv 文件并返回一个 pandas 数据帧（DataFrame）。此函数可以接受一些关键字参数，包括 converters（转换器函数）、usecols（要读取的列）和 dtype（列的数据类型）。
- read_from_parquet(file_path)：从 parquet 文件中读取数据，并返回一个 pandas 数据帧。
- read_from_pickle(file_path, compression='gzip')：从 pickle 文件中读取数据，并返回一个

pandas 数据帧。可以选择使用压缩（gzip）。

- read_yaml_file(file_path)：从 yaml 文件中读取数据，并返回一个字典。
- read_yaml_key(file_path, key, subkey=None)：从 yaml 配置文件中读取指定的键（key）的值，并返回。可以选择读取键的子键（subkey）的值。
- read_compressed_numpy_array_data(file_path)：从文件中加载压缩的 NumPy 数组数据，并返回一个 NumPy 数组。
- read_object(file_path: str) -> object：从文件中加载对象（通过使用 dill 库进行序列化），并返回该对象。

12.4.2 写入、保存数据

编写文件 write_utils.py，定义了用于保存数据的函数，这些函数能够将数据保存到不同的文件格式中，如 parquet、pickle、yaml 和压缩的 NumPy 数组。通过这些函数，可以将数据保存到文件以供以后使用或共享。文件 write_utils.py 的具体实现代码如下：

```
def save_to_parquet(df, file_path, replace = False):
    if replace:
        if os.path.exists(file_path):
            os.remove(file_path)
    os.makedirs(os.path.dirname(file_path), exist_ok = True)
    df.to_parquet(file_path)

def save_to_pickle(df, file_path, replace = False):
    if replace:
        if os.path.exists(file_path):
            os.remove(file_path)
    os.makedirs(os.path.dirname(file_path), exist_ok = True)
    df.to_pickle(file_path, compression = 'gzip', protocol = 4)

def save_yaml_data(file_path, content, replace = False):
    if replace:
        if os.path.exists(file_path):
            os.remove(file_path)

    os.makedirs(os.path.dirname(file_path), exist_ok = True)
    with open(file_path, "w") as file:
        yaml.dump(content, file)

def save_compressed_numpy_array_data(file_path, array):
    dir_path = os.path.dirname(file_path)
    os.makedirs(dir_path, exist_ok = True)
    np.savez_compressed(file_path, array)

def save_object(file_path: str, obj: object) -> None:
    logging.info("save_object method of main_utils class started.")
    os.makedirs(os.path.dirname(file_path), exist_ok=True)
    with open(file_path, "wb") as file_obj:
        dill.dump(obj, file_obj)
    logging.info("save_object method of main_utils class ended.")
```

- save_to_parquet(df, file_path, replace=False)：将数据帧保存为 parquet 文件。在保存之前，它会检查目录是否存在，如果不存在则会创建目录。可以选择是否替换已存在的文件。
- save_to_pickle(df, file_path, replace=False)：将数据帧保存为 pickle 文件。在保存之前，它会检查目录是否存在，如果不存在则会创建目录。可以选择是否替换已存在的文件。
- save_yaml_data(file_path, content, replace=False)：将内容保存到 yaml 文件中。在保存之前，它会检查目录是否存在，如果不存在则会创建目录。可以选择是否替换已存在的文件。
- save_compressed_numpy_array_data(file_path, array)：将 NumPy 数组数据保存为压缩文件

格式（.npz）。在保存之前，它会检查目录是否存在，如果不存在则会创建目录。

- save_object(file_path: str, obj: object) -> None：将对象保存到文件中（通过使用 dill 库进行序列化）。在保存之前，它会检查目录是否存在，如果不存在则会创建目录。

12.5 数据集处理

在 notebooks 目录中保存了和数据处理相关的 Notebook 文件：data_cleaning.ipynb、eda_feature_eng.ipynb 和 initial_analysis.ipynb。

12.5.1 初步分析

文件 initial_analysis.ipynb 实现对数据的初步分析功能，对数据集进行初步的探索，获取数据的基本信息、形状和分布。这有助于我们对数据集有一个整体的了解，并为后续的分析和处理做好准备。我们看一下文件 initial_analysis.ipynb 的具体实现流程。

（1）读取数据集中 articles 主表的数据，并将其存储在名为 df_articles 的 DataFrame 中，然后展示 DataFrame 的前三行数据。代码如下：

```
    ARTICLES_MASTER_TABLE = os.path.join(PROJECT_ROOT,
                                        hlpread.read_yaml_key(os.path.join(PROJECT_
ROOT, CONFIGURATION_PATH),'data_source','data_folders'),
                                        hlpread.read_yaml_key(os.path.join(PROJECT_
ROOT, CONFIGURATION_PATH),'data_source','raw_data'),
                                        hlpread.read_yaml_key(os.path.join(PROJECT_
ROOT, CONFIGURATION_PATH),'data_source','article_data'),
                                        )

    df_articles = pd.read_csv(ARTICLES_MASTER_TABLE)
    df_articles.head(3)
```

执行后会输出：

```
        article_id product_code prod_name product_type_no product_type_name product_
group_name
    graphical_appearance_no graphical_appearance_name colour_group_code colour_group_
name ...
    department_name index_code index_name index_group_no index_group_name section_no
section_name
    garment_group_no garment_group_name detail_desc
    0 108775015 108775 Strap top 253 Vest top Garment Upper body 1010016 Solid 9
    Black ... Jersey Basic A Ladieswear 1 Ladieswear 16 Womens Everyday Basics 1002
Jersey Basic
    Jersey top with narrow shoulder straps.
    1 108775044 108775 Strap top 253 Vest top Garment Upper body 1010016 Solid 10
    White ... Jersey Basic A Ladieswear 1 Ladieswear 16 Womens Everyday Basics 1002
Jersey Basic Jersey top with narrow shoulder straps.
    2 108775051 108775 Strap top (1) 253 Vest top Garment Upper body 1010017 Stripe 11
Off White ... Jersey Basic A Ladieswear 1 Ladieswear 16 Womens Everyday Basics 1002
Jersey Basic   Jersey top with narrow shoulder straps.
    3 rows × 25 columns
```

（2）获取 DataFrame 的形状信息，即数据框中的观测数量和变量数量。执行后返回一个元组，其中包含 DataFrame df_articles 的行数和列数。代码如下：

```
    df_articles.shape
```

执行后会输出：

```
    (105542, 25)
```

（3）获取 DataFrame 的列标签，即数据框中的变量名称。执行后返回一个包含 DataFrame df_articles 的列名的索引对象。代码如下：

```
df_articles.columns
```

执行后会输出：

```
Index(['article_id', 'product_code', 'prod_name', 'product_type_no',
       'product_type_name', 'product_group_name', 'graphical_appearance_no',
       'graphical_appearance_name', 'colour_group_code', 'colour_group_name',
       'perceived_colour_value_id', 'perceived_colour_value_name',
       'perceived_colour_master_id', 'perceived_colour_master_name',
       'department_no', 'department_name', 'index_code', 'index_name',
       'index_group_no', 'index_group_name', 'section_no', 'section_name',
       'garment_group_no', 'garment_group_name', 'detail_desc'],
      dtype='object')
```

（4）对 DataFrame df_articles 进行空值检查，执行后返回一个包含每列空值数量的 series 对象，其中每个列名对应的值表示该列中的空值数量。代码如下：

```
df_articles.isnull().sum()
执行后会输出:
article_id                        0
product_code                      0
prod_name                         0
product_type_no                   0
product_type_name                 0
product_group_name                0
graphical_appearance_no           0
graphical_appearance_name         0
colour_group_code                 0
colour_group_name                 0
perceived_colour_value_id         0
perceived_colour_value_name       0
perceived_colour_master_id        0
perceived_colour_master_name      0
department_no                     0
department_name                   0
index_code                        0
index_name                        0
index_group_no                    0
index_group_name                  0
section_no                        0
section_name                      0
garment_group_no                  0
garment_group_name                0
detail_desc                     416
dtype: int64
```

具体来说，df_articles.isnull() 返回一个布尔类型的 DataFrame，其中每个单元格的值为 true（如果是空值）或 false（如果不是空值）。然后，方法 sum() 对每列进行求和，将 true 的数量累加，从而得到每列的空值数量。这对于了解 DataFrame 中的缺失数据情况非常有用，可以帮助数据分析人员决定如何处理这些缺失值。

（5）返回 DataFrame df_articles 中第 5 行的数据。代码如下：

```
df_articles.iloc[5]
```

执行后会输出：

```
article_id                                       110065011
product_code                                        110065
prod_name                                  OP T-shirt (Idro)
product_type_no                                        306
product_type_name                                      Bra
product_group_name                               Underwear
graphical_appearance_no                            1010016
graphical_appearance_name                            Solid
colour_group_code                                       12
```

```
colour_group_name                                              Light Beige
perceived_colour_value_id                                                1
perceived_colour_value_name                                   Dusty Light
perceived_colour_master_id                                              11
perceived_colour_master_name                                         Beige
department_no                                                         1339
department_name                                            Clean Lingerie
index_code                                                               B
index_name                                               Lingeries/Tights
index_group_no                                                           1
index_group_name                                                Ladieswear
section_no                                                              61
section_name                                              Womens Lingerie
garment_group_no                                                      1017
garment_group_name                                      Under-, Nightwear
detail_desc       Microfibre T-shirt bra with underwired, moulde...
Name: 5, dtype: object
```

（6）获取 DataFrame df_articles 中的前 10 行和除最后一列之外的所有列的数据。代码如下：

```
df_articles.iloc[0:10,:-1]
```

执行后返回一个包含前 10 行和除最后一列之外的所有列数据的 DataFrame，如下：

```
    article_id product_code prod_name product_type_no product_type_name product_
group_name graphical_appearance_no graphical_appearance_name colour_group_code
colour_group_name ... department_no department_name index_code index_name  index_group_
no index_group_name section_no section_name garment_group_no garment_group_name
    0  108775015 108775 Strap top 253 Vest top Garment Upper body  1010016 Solid   9
    Black      ... 1676 Jersey Basic  A Ladieswear 1 Ladieswear 16 Womens Everyday
Basics 1002 Jersey Basic
    1  108775044 108775 Strap top 253 Vest top Garment Upper body  1010016 Solid
10 White ... 1676 Jersey Basic A Ladieswear 1 Ladieswear 16 Womens Everyday Basics 1002
Jersey Basic
    2  108775051 108775 Strap top (1) 253 Vest top Garment Upper body 1010017
Stripe  11      Off White         ...      1676     Jersey Basic    A        Ladieswear      1
Ladieswear      16      Womens Everyday Basics 1002    Jersey Basic
    3  110065001        110065  OP T-shirt (Idro)       306      Bra Underwear 1010016
Solid  9        Black   ...     1339    Clean Lingerie B        Lingeries/Tights        1
Ladieswear      61      Womens Lingerie         1017    Under-, Nightwear
    4  110065002        110065  OP T-shirt (Idro)       306      Bra     Underwear 1010016
Solid  10       White   ...     1339    Clean Lingerie B Lingeries/Tights     1
Ladieswear      61      Womens Lingerie         1017    Under-, Nightwear
    5  110065011        110065  OP T-shirt (Idro)       306      Bra  Underwear 1010016
Solid  12       Light Beige       ...      1339    Clean Lingerie  B     Lingeries/Tights
1       Ladieswear      61      Womens Lingerie         1017    Under-, Nightwear
    6  111565001 111565 20 den 1p Stockings  304 Underwear Tights Socks & Tights
1010016 Solid   9 Black ... 3608 Tights basic  B Lingeries/Tights     1 Ladieswear
62      Womens Nightwear, Socks & Tigh         1021    Socks and Tights
    7  111565003 111565 20 den 1p Stockings 302 Socks Socks & Tights 1010016
Solid 13 Beige ... 3608 Tights basic B Lingeries/Tights 1 Ladieswear 62 Womens
Nightwear, Socks & Tigh        1021    Socks and Tights
    8  111586001 111586 Shape Up 30 den 1p Tights 273 Leggings/Tights Garment
Lower body      1010016 Solid   9       Black    ...    3608    Tights basic    B
Lingeries/Tights        1       Ladieswear      62      Womens Nightwear, Socks & Tigh
1021    Socks and Tights
    9  111593001        111593  Support 40 den 1p Tights        304     Underwear Tights
Socks & Tights 1010016 Solid    9       Black   ...     3608    Tights basic    B
Lingeries/Tights        1       Ladieswear      62      Womens Nightwear, Socks & Tigh
1021    Socks and Tights
    10 rows × 24 columns
```

在数据集中有如下两列重要信息：

- “desc_detail”是关于商品的简要信息。但有 416 个商品没有提供这些详细信息。因此，我们将不使用这个特征进行商品嵌入。

- “product_name”中包含像“(1)”这样的特殊字符和数字。虽然我们可以删除特殊字符，但是有些商品名称中包含了数字，例如以套装形式出售的袜子，其中名称中包含了套装中的商品数量。如果我们使用这个特征，需要在处理“product_name”时考虑这种情况。

哪些特征组合可能对描述商品及对交易数据进行探索性数据分析有帮助呢？

（7）返回列 product_type_name 中唯一的值，该值是一个包含所有不重复的产品类型名称的数组。这个操作可以帮助我们了解数据集中有哪些不同的产品类型。代码如下：

```
df_articles.product_type_name.unique()
```

执行后会输出：

```
array(['Vest top', 'Bra', 'Underwear Tights', 'Socks', 'Leggings/Tights',
       'Sweater', 'Top', 'Trousers', 'Hair clip', 'Umbrella',
       'Pyjama jumpsuit/playsuit', 'Bodysuit', 'Hair string', 'Unknown',
       'Hoodie', 'Sleep Bag', 'Hair/alice band', 'Belt', 'Boots',
       'Bikini top', 'Swimwear bottom', 'Underwear bottom', 'Swimsuit',
       'Skirt', 'T-shirt', 'Dress', 'Hat/beanie', 'Kids Underwear top',
       'Shorts', 'Shirt', 'Cap/peaked', 'Pyjama set', 'Sneakers',
       'Sunglasses', 'Cardigan', 'Gloves', 'Earring', 'Bag', 'Blazer',
       'Other shoe', 'Jumpsuit/Playsuit', 'Sandals', 'Jacket', 'Costumes',
       'Robe', 'Scarf', 'Coat', 'Other accessories', 'Polo shirt',
       'Slippers', 'Night gown', 'Alice band', 'Straw hat', 'Hat/brim',
       'Tailored Waistcoat', 'Necklace', 'Ballerinas', 'Tie',
       'Pyjama bottom', 'Felt hat', 'Bracelet', 'Blouse',
       'Outdoor overall', 'Watch', 'Underwear body', 'Beanie', 'Giftbox',
       'Sleeping sack', 'Dungarees', 'Outdoor trousers', 'Wallet',
       'Swimwear set', 'Swimwear top', 'Flat shoe', 'Garment Set', 'Ring',
       'Waterbottle', 'Wedge', 'Long John', 'Outdoor Waistcoat', 'Pumps',
       'Flip flop', 'Braces', 'Bootie', 'Fine cosmetics',
       'Heeled sandals', 'Nipple covers', 'Chem. cosmetics', 'Soft Toys',
       'Hair ties', 'Underwear corset', 'Bra extender', 'Underdress',
       'Underwear set', 'Sarong', 'Leg warmers', 'Blanket', 'Hairband',
       'Tote bag', 'Weekend/Gym bag', 'Cushion', 'Backpack', 'Earrings',
       'Bucket hat', 'Flat shoes', 'Heels', 'Cap', 'Shoulder bag',
       'Side table', 'Accessories set', 'Headband', 'Baby Bib',
       'Keychain', 'Dog Wear', 'Washing bag', 'Sewing kit',
       'Cross-body bag', 'Moccasins', 'Towel', 'Wood balls',
       'Zipper head', 'Mobile case', 'Pre-walkers', 'Toy', 'Marker pen',
       'Bumbag', 'Dog wear', 'Eyeglasses', 'Wireless earphone case',
       'Stain remover spray', 'Clothing mist'], dtype=object)
```

（8）返回列 product_group_name 中唯一的值，这个操作可以帮助我们了解数据集中有哪些不同的产品组。代码如下：

```
df_articles.product_group_name.unique()
```

执行后会返回一个包含所有不重复的产品组名称的数组：

```
array(['Garment Upper body', 'Underwear', 'Socks & Tights',
       'Garment Lower body', 'Accessories', 'Items', 'Nightwear',
       'Unknown', 'Underwear/nightwear', 'Shoes', 'Swimwear',
       'Garment Full body', 'Cosmetic', 'Interior textile', 'Bags',
       'Furniture', 'Garment and Shoe care', 'Fun', 'Stationery'],
      dtype=object)
```

（9）返回 index_name 列中唯一的值，该值是一个包含所有不重复的索引名称的数组。这个操作可以帮助我们了解数据集中有哪些不同的索引名称。代码如下：

```
df_articles.index_name.unique()
```

执行后会输出：

```
array(['Ladieswear', 'Lingeries/Tights', 'Baby Sizes 50-98', 'Menswear',
       'Ladies Accessories', 'Sport', 'Children Sizes 92-140', 'Divided',
       'Children Sizes 134-170', 'Children Accessories, Swimwear'],
      dtype=object)
```

（10）我们在“colour_group_name”“graphical_appearance_name”“garment_group_name”和“product_type_name”特征中有一个“Unknown”的标签类型，如果对任何物品进行交易，我们需要考虑这些标签。当与交易表进行合并时，我们可能需要处理其中的任何记录。

每个 article_id 应该是长度为 10，因此，在前面补充 0 以获取产品详细页面。通过如下代码统计每个产品代码（product_code）的出现次数，并按降序重置索引，将列名改为 'no_count'。然后将索引列名改为 'product_code'，将上述统计结果与 df_articles 数据框中的 'product_code' 和 'prod_name' 列进行合并。使用 'product_code' 列作为合并键，使用内连接方式进行合并。

最后将合并结果存储在变量 data 中并打印 data 中前 10 个产品代码的数据。

```
data = (df_articles['product_code'].value_counts()
                    .reset_index(name = 'no_count')
                    .rename(columns = {'index':'product_code'})
                    .merge(df_articles[['product_code','prod_name']]
                            .groupby('product_code')
                            .nth(0)
                            .reset_index(),
                        on = 'product_code',
                        how = 'inner'
                        )
                )

#Top 20 product code
data[:10]
```

执行后会输出：

```
product_code      no_count        prod_name
0   783707  75      1pk Fun
1   684021  70      Wow printed tee 6.99
2   699923  52      Mike tee
3   699755  49      Yate
4   685604  46      TOM FANCY
5   739659  44      Dragonfly dress
6   664074  41      Charlie Top
7   570002  41      ROY SLIM RN T-SHIRT
8   562245  41      Luna skinny RW
9   685816  41      RONNY REG RN T-SHIRT
```

（11）在数据集中大约有 47 000 个独特的产品代码对应着 105 000 个商品。这意味着大约有 49% 的商品具有相同的产品代码，只是颜色等方面存在差异。这在从图像生成商品嵌入时将会有所帮助。接下来让我们随机抽样一些产品代码，比较这些商品，看看它们之间的差异。

代码如下：

```
    # 随机选择商品，并显示商品的图片和详细信息
    groupby = "product_code"
    hlpimage.show_item_img_detail(items=hlpdf.random_sample_by_catagory(df=df_articles,
filter='', group_by=groupby, no_sample=15),
                                  show_item_detail=False)

    # 随机选择一个具有大约75个独特商品的商品
    hlpimage.show_item_img_detail(df_articles[df_articles.product_code == 783707])

    # 设置筛选条件和分组方式，显示随机选择的商品的图片和详细信息
    filter = {'index_group_name': 'Baby/Children'}
    groupby = "product_group_name"
    hlpimage.show_item_img_detail(items=hlpdf.random_sample_by_catagory(df_articles,
filter, groupby, no_sample=4),
                                  show_item_detail=True)

    # 设置筛选条件和分组方式，显示随机选择的商品的图片和详细信息
    filter = {'index_group_name': 'Ladieswear'}
```

```
    groupby = "product_group_name"
    hlpimage.show_item_img_detail(items=hlpdf.random_sample_by_catagory(df_articles,
filter, groupby, no_sample=4),
                                  show_item_detail=True)

    # 根据筛选条件过滤数据，并显示前5行（除最后一列）
    filter = (df_articles.index_group_name == "Baby/Children") & (df_articles.product_
type_name == "Fine cosmetics")
    df_articles[filter].iloc[:5, :-1]

    # 设置显示的最大行数。None: 无限制
    # pd.set_option('display.max_rows', None)
    # pd.set_option('display.max_rows', 50) #此设置无效

    # 获取指定列的索引值
    col_index = df_articles.columns.get_indexer(['article_id', 'product_code', 'prod_
name', 'product_type_name',
                                                 'product_group_name', 'index_name',
'index_group_name',
                                                 'garment_group_name'])

    # 随机选择50个商品进行分析
    # replace=True表示可以多次选择相同的值
    chosen_idx = np.random.choice(df_articles.shape[0], replace=False, size=50)
    df_articles.iloc[chosen_idx, col_index]

    # pd.reset_option('display.max_rows') # 重置最大行数设置，恢复默认
    # 可以假设article_id是递增的，即新商品添加到目录时，编号递增
    sorted(df_articles.article_id.unique())[:15]  # 此处的商品编号并不是按递增顺序排列

    # 商品的编号不是按照递增顺序排列的
```

上述代码的实现流程如下：

①随机选择一些商品，并显示它们的图片和基本信息；

②随机选择一个具有大约 75 个独特商品的商品，并显示其图片和详细信息；

③使用特定的筛选条件和分组方式，随机选择一些商品，并显示它们的图片和详细信息；

④根据特定的筛选条件过滤数据，并显示满足条件的商品的前 5 行（不包括最后一列）；

⑤设置要显示的最大行数和指定列的索引值，然后随机选择一些商品进行分析，并显示所选列的数据；

⑥检查商品编号是否按递增顺序排列，发现它们并不是按递增顺序排列的。

（12）开始处理 Customer 数据，首先读取客户主数据文件并将其存储到名为 df_customer 的 DataFrame 中。

代码如下：

```
    CUSTOMER_MASTER_TABLE = os.path.join(PROJECT_ROOT,
                                         hlpread.read_yaml_key(os.path.join(PROJECT_
ROOT, CONFIGURATION_PATH),'data_source','data_folders'),
                                         hlpread.read_yaml_key(os.path.join(PROJECT_
ROOT, CONFIGURATION_PATH),'data_source','raw_data'),
                                         hlpread.read_yaml_key(os.path.join(PROJECT_
ROOT, CONFIGURATION_PATH),'data_source','customer_data'),
                                        )

    df_customer = hlpread.read_csv(CUSTOMER_MASTER_TABLE)
    df_customer.head()
```

执行后输出：

```
       customer_id FN Active club_member_status fashion_news_frequency age postal_code
    0  00000dbacae5abe5e23885899a1fa44253a17956c6d1c3... NaN NaN ACTIVE NONE49.0
    52043ee2162cf5aa7ee79974281641c6f11a68d276429a...
```

```
1   0000423b00ade91418cceaf3b26c6af3dd342b51fd051e... NaN NaN ACTIVE NONE25.0
2973abc54daa8a5f8ccfe9362140c63247c5eee03f1d93...
2   000058a12d5b43e67d225668fa1f8d618c13dc232df0ca... NaN NaN ACTIVE NONE24.0
64f17e6a330a85798e4998f62d0930d14db8db1c054af6...
3   00005ca1c9ed5f5146b52ac8639a40ca9d57aeff4d1bd2...  NaN NaN ACTIVE NONE54.0
5d36574f52495e81f019b680c843c443bd343d5ca5b1c2...
4   00006413d8573cd20ed7128e53b7b13819fe5cfc2d801f... 1.0 1.0 ACTIVE Regularly 52.0
25fa5ddee9aac01b35208d01736e5794231 7d756b32ddd...
```

具体来说，上述代码使用函数 os.path.join() 将项目根目录（PROJECT_ROOT）与配置文件中指定的数据文件夹路径、原始数据文件路径和客户数据文件名进行连接，从而生成客户主数据文件的完整路径。然后，hlpread.read_csv 函数被调用，该函数接受完整路径作为参数，并读取 CSV 文件内容到 df_customer DataFrame 中。最后，使用 head 函数查看 df_customer DataFrame 的前几行数据。

（13）使用 Seaborn 库和 Matplotlib 库绘制了关于顾客年龄的可视化图表，可视化分析顾客的年龄分布情况，通过箱线图和直方图展示了不同的视角，帮助我们更好地理解和分析顾客年龄的特征。代码如下：

```
sns.boxplot(x = df_customer.age)
sns.displot(df_customer, x = "age",  binwidth = 5)
plt.show()
```

执行后的效果如图 12-1 所示。

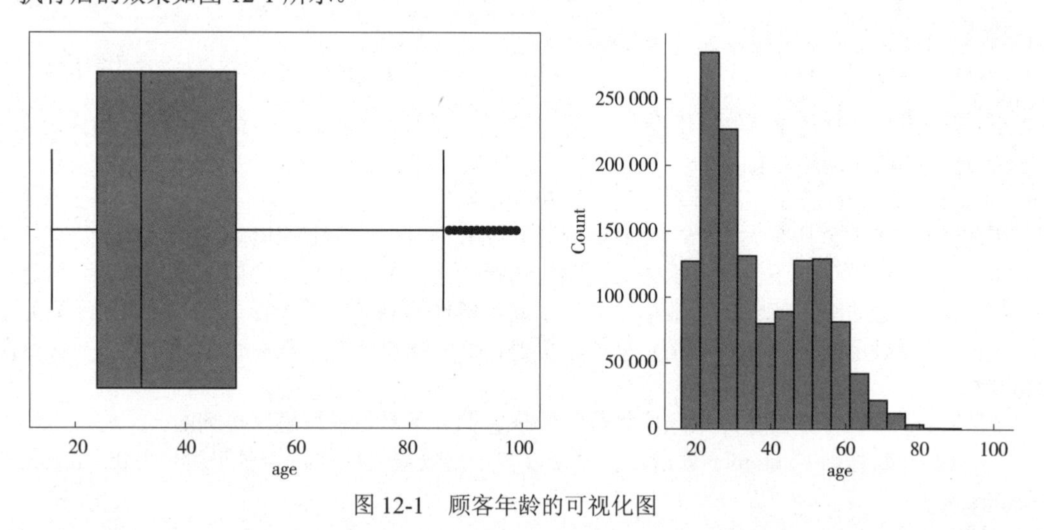

图 12-1　顾客年龄的可视化图

（14）开始处理交易数据，首先通过如下代码读取交易数据文件，并将其存储在名为 df_transaction 的 Pandas DataFrame 中。

```
    TRANSACTION_DATA_TABLE = os.path.join(PROJECT_ROOT,
                                    hlpread.read_yaml_key(os.path.join(PROJECT_
ROOT, CONFIGURATION_PATH),'data_source','data_folders'),
                                    hlpread.read_yaml_key(os.path.join(PROJECT_
ROOT, CONFIGURATION_PATH),'data_source','raw_data'),
                                    hlpread.read_yaml_key(os.path.join(PROJECT_
ROOT, CONFIGURATION_PATH),'data_source','transaction_data'),
                                   )

    df_transaction = pd.read_csv(TRANSACTION_DATA_TABLE,
                            parse_dates = ['t_dat'],
                           )
    df_transaction.head()
```

执行后输出：

```
t_dat                       customer_id          article_id      price   sales_channel_id
0   2018-09-20 000058a12d5b43e67d225668fa1f8d618c13dc232df0ca... 663713001 0.050831 2
1   2018-09-20 000058a12d5b43e67d225668fa1f8d618c13dc232df0ca... 541518023 0.030492 2
2   2018-09-20 00007d2de826758b65a93dd24ce629ed66842531df6699... 505221004 0.015237 2
3   2018-09-20 00007d2de826758b65a93dd24ce629ed66842531df6699... 685687003 0.016932 2
4   2018-09-20 00007d2de826758b65a93dd24ce629ed66842531df6699... 685687004 0.016932 2
```

（15）计算交易数据中的最早日期和最晚日期，并打印输出这两个日期的信息。代码如下：

```
max_t_date = df_transaction.t_dat.max()
min_t_date = df_transaction.t_dat.min()
print(f'Transaction records from: {min_t_date} to {max_t_date}')
```

（16）创建一个计数条形图来显示不同销售渠道的交易记录数量，并设置相应的标签和图例。代码如下：

```
ax = sns.countplot(
                    data = df_transaction,
                    x = 'sales_channel_id',
                    hue ='sales_channel_id',
                  )

ax.set_xlabel("Sales Channel")
ax.set_ylabel("Count")
ax.legend(labels = ['Offline', 'Online'])
```

代码执行后的效果如图 12-2 所示。

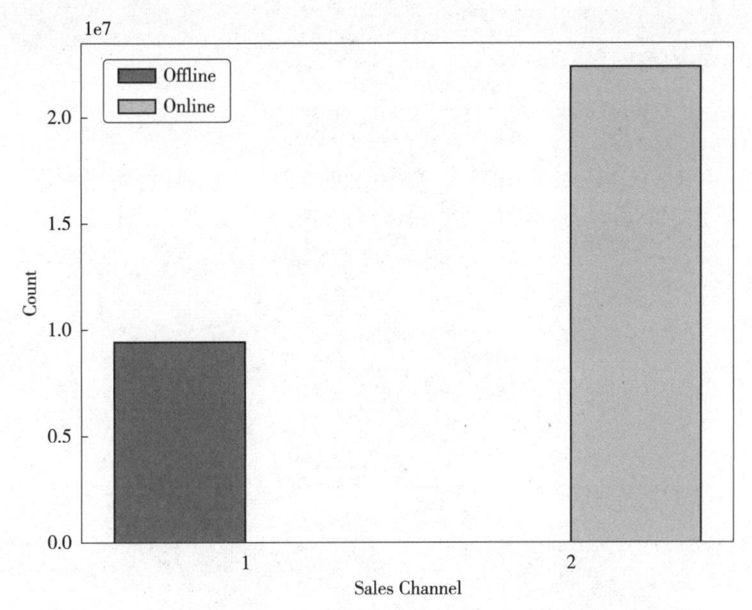

图 12-2　可视化不同销售渠道（线上、线下）的交易记录数量

12.5.2　数据清洗

在经过前面的初步分析之后，可能会发现数据集中存在噪声、缺失值、异常值等问题。为了确保数据的质量和一致性，需要进行数据清洗。下面介绍编写文件 data_cleaning.ipynb 实现数据清洗功能的具体实现流程。

（1）加载数据集文件，使用给定的文件路径配置信息构建完整的文件路径，以便后续对相应文件进行读取和处理操作。代码如下：

```
    current_dir = os.path.dirname(os.path.realpath('__file__'))
    PROJECT_ROOT = os.path.abspath(os.path.join(current_dir, os.pardir))
    CUSTOMER_MASTER_TABLE = os.path.join(PROJECT_ROOT,
                                         hlpread.read_yaml_key(os.path.join(PROJECT_
ROOT, CONFIGURATION_PATH),'data_source','data_folders'),
                                         hlpread.read_yaml_key(os.path.join(PROJECT_
ROOT, CONFIGURATION_PATH),'data_source','raw_data'),
                                         hlpread.read_yaml_key(os.path.join(PROJECT_
ROOT, CONFIGURATION_PATH),'data_source','customer_data'),
                                         )
    ARTICLES_MASTER_TABLE = os.path.join(PROJECT_ROOT,
                                         hlpread.read_yaml_key(os.path.join(PROJECT_
ROOT, CONFIGURATION_PATH),'data_source','data_folders'),
                                         hlpread.read_yaml_key(os.path.join(PROJECT_
ROOT, CONFIGURATION_PATH),'data_source','raw_data'),
                                         hlpread.read_yaml_key(os.path.join(PROJECT_
ROOT, CONFIGURATION_PATH),'data_source','article_data'),
                                         )
    TRANSACTION_DATA = os.path.join(PROJECT_ROOT,
                                         hlpread.read_yaml_key(os.path.join(PROJECT_
ROOT, CONFIGURATION_PATH),'data_source','data_folders'),
                                         hlpread.read_yaml_key(os.path.join(PROJECT_
ROOT, CONFIGURATION_PATH),'data_source','raw_data'),
                                         hlpread.read_yaml_key(os.path.join(PROJECT_
ROOT, CONFIGURATION_PATH),'data_source','transaction_data'),
                                         )
    MISSING_ITEM_IMAGES = os.path.join(PROJECT_ROOT,
                                       hlpread.read_yaml_key(os.path.join(PROJECT_ROOT,
CONFIGURATION_PATH),'data_source','data_folders'),
                                       hlpread.read_yaml_key(os.path.join(PROJECT_ROOT,
CONFIGURATION_PATH),'data_source','interim_data'),
                                       hlpread.read_yaml_key(os.path.join(PROJECT_ROOT,
CONFIGURATION_PATH),'data_source','item_image_missing'),
                                         )
```

（2）读取名为CUSTOMER_MASTER_TABLE的CSV文件，并将特定列进行数据类型转换、重命名和缺失值填充。最后，打印输出df_customer的前5行数据。代码如下：

```
    categorical_column = lambda x: ('NONE' if pd.isna(x) or len(x) == 0
else 'NONE' if x =='None' else x)

    df_customer = pd.read_csv(CUSTOMER_MASTER_TABLE,
                              converters =
                                          {
                                           'fashion_news_frequency': categorical_column
                                          },
                              usecols = ['customer_id', 'FN', 'Active', 'club_member_
status','fashion_news_frequency', 'age'],
                              dtype =
                                      {
                                        'club_member_status': 'category'
                                      }
                             )



    df_customer.FN.fillna(0, inplace = True)
    df_customer.FN = df_customer.FN.astype(bool)

    df_customer.Active.fillna(0, inplace = True)
    df_customer.Active = df_customer.Active.astype(bool)

    df_customer.rename(columns = {'FN':'subscribe_fashion_newsletter','Active':
'active'}, inplace = True)
    df_customer['fashion_news_frequency'] = df_customer['fashion_news_frequency'].
astype('category')
```

```
    df_customer.customer_id = df_customer.customer_id.apply(lambda x: int(x[-16:],16) ).
astype('int64')
    df_customer.head()
```

执行后输出：

```
    customer_id subscribe_fashion_newsletter active  club_member_status fashion_news_
frequency age
    0   6883939031699146327    False   False   ACTIVE  NONE    49.0
    1   -7200416642310594310   False   False   ACTIVE  NONE    25.0
    2   -6846340800584936      False   False   ACTIVE  NONE    24.0
    3   -94071612138601410     False   False   ACTIVE  NONE    54.0
    4   -283965518499174310    True    True    ACTIVE  Regularly       52.0
```

（3）对 df_customer 的 age 列进行描述性统计分析，并绘制箱线图和直方图。代码如下：

```
df_customer.age.describe()
sns.boxplot(x = df_customer.age)
sns.displot(df_customer, x = "age",  binwidth = 5)
plt.show()
```

执行后会显示绘制的箱线图和直方图，如图 12-3 所示。

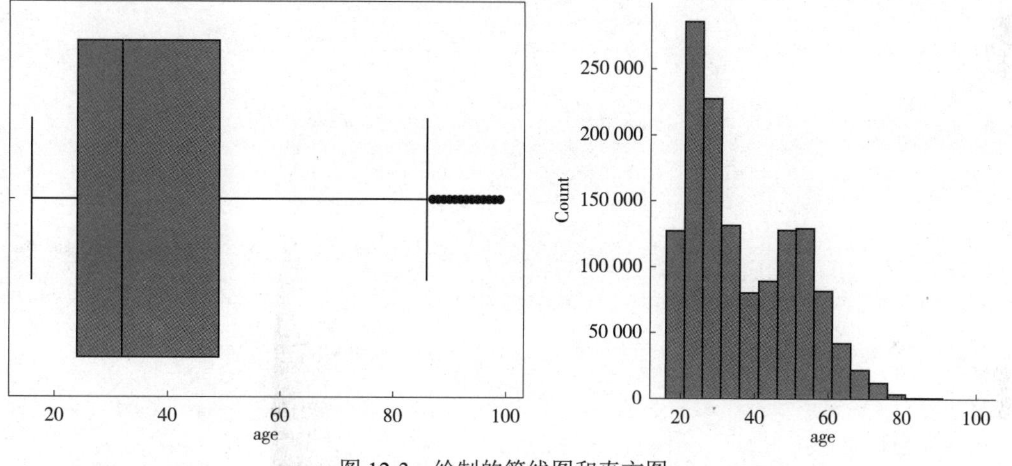

图 12-3　绘制的箱线图和直方图

（4）开始移除异常值。通过如下代码计算年龄数据的四分位数（Q1, Q3）和四分位距（IQR），然后根据上限（upper limit）标记年龄超过上限的客户为异常值。同时，计算年龄的中位数，并将缺失值填充为中位数，将年龄数据转换为无符号 8 位整数类型。最后，将生成的数据框的前几行打印出来。

```
Q1, Q3 = np.nanpercentile(df_customer.age, [25, 75])

print('Q1 25 percentile of the given data is, ', Q1)
print('Q1 75 percentile of the given data is, ', Q3)

IQR = Q3 - Q1
print('Interquartile range is', IQR)
up_lim = Q3 + 1.5 * IQR
print('Upper limit is', up_lim)

df_customer['is_outlier'] = df_customer.age > up_lim

age_median = df_customer.age.median(skipna = True)
print(f'Median age: {age_median}')
df_customer.age = df_customer.age.fillna(value = age_median)
```

```
    df_customer.age = np.uint8(df_customer.age)

    df_customer.head()
```

执行后输出：

```
      customer_id subscribe_fashion_newsletter      active  club_member_status  fashion_
news_frequency age      is_outlier
    0   6883939031699146327     False   False   ACTIVE  NONE    49      False
    1   -7200416642310594310    False   False   ACTIVE  NONE    25      False
    2   -6846340800584936       False   False   ACTIVE  NONE    24      False
    3   -94071612138601410      False   False   ACTIVE  NONE    54      False
    4   -283965518499174310     True    True    ACTIVE  Regularly       52      False
```

（5）开始处理交易数据，首先从 pickle 文件中读取交易数据到 DataFrame，然后对日期时间列进行格式转换，然后进行数据类型转换和列重命名，以减少内存使用并提高数据的可读性。代码如下：

```
    df_transaction = pd.read_pickle(TRANSACTION_DATA,
                                    compression = 'gzip'
                                   )

    df_transaction.t_dat = pd.to_datetime(df_transaction.t_dat)

    df_transaction.article_id = pd.to_numeric(df_transaction.article_id, downcast =
'unsigned')

    df_transaction.price = df_transaction.price.astype('float16')

    df_transaction.customer_id = df_transaction.customer_id.apply(lambda x: int(x[-16:],
16) ).astype('int64')

    df_transaction.sales_channel_id =  df_transaction.sales_channel_id.apply(lambda x:
False if (x == 1) else True)
    df_transaction.rename(columns = {'sales_channel_id':'online_sale'}, inplace = True)

    print("Shape of transaction records:" + str(df_transaction.shape))

    df_transaction.head()
```

执行后会输出：

```
        t_dat   customer_id     article_id      price   online_sale
    0   2018-09-20      -6846340800584936       663713001       0.050842        True
    1   2018-09-20      -6846340800584936       541518023       0.030487        True
    2   2018-09-20      -8334631767138808638    505221004       0.015236        True
    3   2018-09-20      -8334631767138808638    685687003       0.016937        True
    4   2018-09-20      -8334631767138808638    685687004       0.016937        True
```

（6）从交易数据中删除重复记录，并保留第一条记录。打印删除重复记录后的交易数据形状，对交易数据按照“customer_id”和“article_id”进行分组，并统计每个组中“price”的计数。使用 lambda 函数筛选出计数大于 1 的组，重新命名计数列为“count”，并将结果重置为新的 DataFrame。代码如下：

```
    df_transaction.drop_duplicates(keep = 'first', inplace = True)
    print("Shape of transaction records after droping duplicate:" + str(df_transaction.
shape))
    df_group = df_transaction.groupby(['customer_id','article_id'])['price'].count().
pipe(lambda  dfx: dfx.loc[dfx > 1]).reset_index(name = 'count')
    df_group.head()
```

执行后会输出：

```
          customer_id         article_id    count
    0   -9223352921020755230   706016001        2
```

```
1   -9223343869995384291   519583013       2
2   -9223343869995384291   583534014       3
3   -9223343869995384291   649671009       2
4   -9223343869995384291   655784014       2
```

（7）在交易数据中添加一个新的列“index_col”，该列的值为数据的索引。然后将“df_group” DataFrame 中的“customer_id”和“article_id”列与“df_transaction” DataFrame 进行内连接（inner join）操作，根据这两列进行数据的合并。最后返回合并后的 DataFrame 的前 5 行数据。代码如下：

```
df_transaction['index_col'] = df_transaction.index
df_group = (df_group[['customer_id','article_id']]
            .merge(df_transaction,
                   on = ['customer_id','article_id'],
                   how = 'inner')
            )
df_group.head()
```

执行后会输出：

```
customer_id article_id        t_dat price      online_sale  index_col
0   -9223352921020755230   706016001      2019-10-12      0.033875False    17854648
1   -9223352921020755230   706016001      2019-10-26      0.033875False    18327866
2   -9223343869995384291   519583013      2019-03-16      0.010155True     7428712
3   -9223343869995384291   519583013      2019-03-20      0.010155True     7584492
4   -9223343869995384291   583534014      2019-02-21      0.014389True     6435020
```

（8）对 DataFrame 按照“t_dat”列进行排序，然后计算每个购买记录的上一次购买时间，并添加到 DataFrame 中。最后计算每个购买记录与上一次购买时间之间的时间间隔，并将结果添加到 DataFrame 中。代码如下：

```
    df_group.sort_values(by = 't_dat',  inplace = True)
    df_group['previous_purchase'] = df_group.groupby(['customer_id','article_id'])['t_
dat'].shift(periods = 1)
    df_group['previous_purchase'] = pd.to_datetime(df_group['previous_purchase'],
errors = 'coerce')
    df_group['time_pass_before_last_purchase'] = ((df_group['t_dat'] - df_group
['previous_purchase']).dt.days).fillna(0).astype(int)
    df_group.head()
```

执行后会输出：

```
      customer_id article_id t_dat price online_sale index_col previous_purchase time_
pass_before_ last_purchase
    1845563 2818613237059253259  562245058 2018-09-20 0.033875 False 2103  NaT 0
    39824   -8971660418312476665 571436010 2018-09-20 0.012184 False 3697  NaT 0
    39825   -8971660418312476665 571436010 2018-09-20 0.013542 False 3698  2018-09-20 0
    1667034 1648773112888926075  651327001 2018-09-20 0.018677 True  544   NaT 0
    2740283 8630231611017253359  700833004 2018-09-20 0.064392 True  14252 NaT 0
```

（9）绘制顾客在最后一次购买之前经过的天数的直方图。代码如下：

```
usecol = ['article_id','product_type_name']
df_articles = pd.read_csv(ARTICLES_MASTER_TABLE,
                          usecols = usecol
                         )

df_subset = df_group[df_group.time_pass_before_last_purchase != 0]
df_subset = df_articles.merge(df_subset,
                              on = 'article_id',
                              how ='inner')
df_subset.head()

del [df_articles]
```

```
gc.collect()


plt.figure(figsize = (15,5),
           dpi = 100,
           clear = True,
           constrained_layout =  True
           )

ax = sns.histplot(data = df_subset, x = 'time_pass_before_last_purchase', bins = 74)

ax.set_xticks(list(range(0,740,10)))
ax.set_xlim(0,370)
ax.set_xlabel("Days elapsed before last purchase")
ax.set_ylabel("Count")
plt.show()
```

对上述代码的说明如下：

①首先，从“ARTICLES_MASTER_TABLE”中读取“article_id”和“product_type_name”两列的数据，存储在 DataFrame “df_articles”中。

②从“df_group”中筛选出“time_pass_before_last_purchase”不等于 0 的记录，存储在 DataFrame “df_subset”中。

③将“df_articles”和“df_subset”根据“article_id”列进行内连接，得到新的 DataFrame “df_subset”。

④绘制直方图，展示“time_pass_before_last_purchase”的分布情况。

⑤对内存中的变量进行删除和垃圾回收操作。

⑥显示绘制的直方图。

绘制的直方图效果如图 12-4 所示。

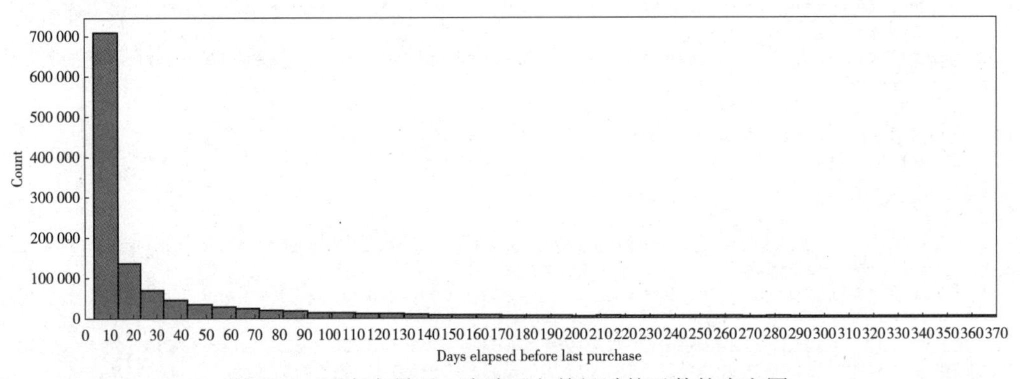

图 12-4　顾客在最后一次购买之前经过的天数的直方图

（10）绘制产品类型的计数柱状图。创建一个图形对象（Figure）并设置其属性，使用 Seaborn 库的 countplot 函数绘制柱状图，其中 X 轴表示产品类型，Y 轴表示计数。通过设置旋转角度使 X 轴标签垂直显示。显示绘制的图形并清除图形对象以释放资源。

代码如下：

```
fig_WS = plt.figure(num = 1,
                    figsize = (15,5),
                    dpi = 100,
                    clear = True,
                    constrained_layout =  True
                    )

ax = sns.countplot(data = df_subset,
```

```
                    x = 'product_type_name',
                    order = df_subset['product_type_name'].value_
counts().index
                    )

    ax.set_xticklabels(ax.get_xticklabels(),
                    rotation = 90
                    )

    ax.set_xlabel("Product Type")
    ax.set_ylabel("Count")

    plt.show()
    fig_WS.clf()
```

执行后会绘制产品类型的计数柱状图，如图 12-5 所示。

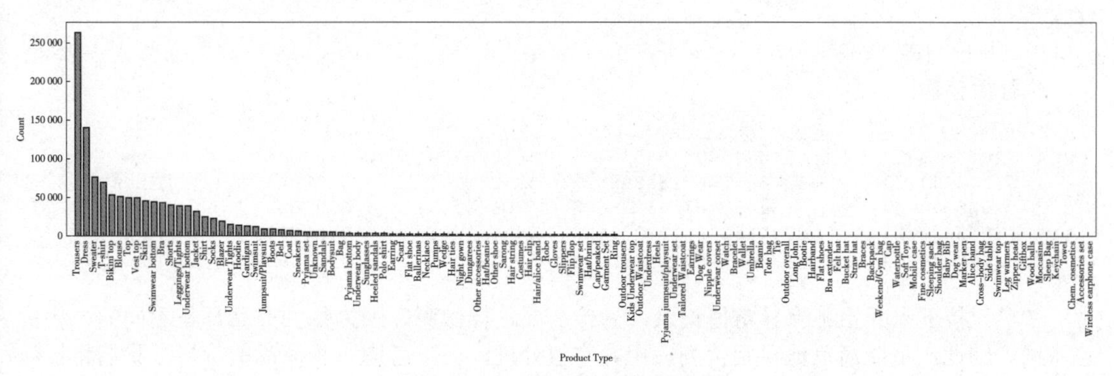

图 12-5　产品类型的计数柱状图

在众多商品中，属于配件类别的物品，例如内衣、帽子、发夹、钱包、腰带等，用户可能会多次购买。几乎 85% 的重新购买的物品属于服装类，如裤子、连衣裙、毛衣、T 恤等。很可能用户不会购买相同的物品多次，因为不同颜色的物品会有不同的 article_id。几乎 90% 的重新购买的物品在 30 天内完成，而该品牌有 30 天的退货政策。因此，我们可以假设这些是退货的物品，用户以不同尺码购买了相同的物品，而该品牌将其视为新交易，并可能在维护一个单独的退货交易表。

由于我们希望向用户推荐与他们过去购买的物品类似的新物品，所以我们可以删除这些重复的物品，其中他们再次购买了相同的物品，只保留用户对该物品最后一次交易的记录。

（11）对数据框（DataFrame）进行排序，按照 customer_id、article_id 和 t_dat 进行降序排序。这样做的目的是删除重复的购买记录，并保留每个顾客对每个物品的第一次购买记录。

代码如下：

```
    df_group.sort_values(by = ['customer_id','article_id','t_dat'], inplace = True,
ascending = False)
    df_group.head()
```

执行后会输出：

```
        customer_id article_id  t_dat price online_sale index_col previous_purchase
time_pass_before_last_purchase
    2831516 9223333063893176977 607834005 2018-11-18 0.017776 False 2620551  2018-11-08 10
    2831515 9223333063893176977 607834005 2018-11-08 0.025406 True  2265236  NaT 0
    2831514 9223148401910457466 830770001 2019-12-14 0.029358 False 20126479 2019-11-08 36
    2831513 9223148401910457466 830770001 2019-11-08 0.033875 False 18773300 NaT 0
    2831512 9223148401910457466 767377003 2019-06-09 0.050842 False 11590886 2019-06-06 3
```

（12）从主交易数据表中删除所有重复的行。从 df_group 数据表中删除重复的顾客和物品组合，只保留每个组合的第一次购买记录。选择特定的列（article_id、t_dat、customer_id、 price、online_sale）从 df_group 数据表中提取出来。将提取的数据表与主交易数据表进行连接，添加到主交易数据表的末尾。然后，从主交易数据表中删除列“index_col”。显示更新后的主交易数据表的前几行。

代码如下：

```
    df_transaction.drop(index = df_group.index_col, inplace = True)
    df_group.drop_duplicates(subset = ['customer_id','article_id'], keep = 'first',
inplace = True)
    usecol = ['article_id', 't_dat', 'customer_id', 'price', 'online_sale']
    df_transaction = pd.concat([df_transaction,
                               df_group[usecol]
                               ],
                               axis = 0)
    df_transaction.drop(columns = ['index_col'],
                        axis = 1,
                        inplace = True)
    df_transaction.head()
```

执行后会输出：

```
    t_dat      customer_id    article_id     price   online_sale
    1  2018-09-20     -6846340800584936      541518023      0.030487      True
    2  2018-09-20     -8334631767138808638   505221004      0.015236      True
    3  2018-09-20     -8334631767138808638   685687003      0.016937      True
    4  2018-09-20     -8334631767138808638   685687004      0.016937      True
    5  2018-09-20     -8334631767138808638   685687001      0.016937      True
```

（13）接下来开始删除异常值记录，为什么要这样做呢？因为每种商品都是不同的，售价也不同。因此，不能简单地对定价列应用异常值处理，而不考虑每种商品的价格。我们将按商品分组，找出该商品组类型中价格的异常值。

注意：由于动态定价的存在，某些商品的价格可能比其他商品高得多。

绘制在线销售与离线销售价格散点图，首先将数据中在线销售和离线销售的价格分别提取出来，然后进行描述性统计分析。接下来，打印在线销售价格的描述统计信息和离线销售价格的描述统计信息。然后创建一个图表，并将在线销售和离线销售的价格分别以散点图的形式绘制出来。设置图表的标题、坐标轴标签和刻度，并显示绘制的图表。

代码如下：

```
    online_sales = df_transaction[df_transaction.online_sale == 1]['price']
    offline_sales = df_transaction[df_transaction.online_sale == 0]['price']

    print("="*20 + "Online Sales" + "="*20)
    print(online_sales.describe())

    print("="*20 + "Offline Sales" + "="*20)
    print(offline_sales.describe())
    fig = plt.figure(figsize = (15,10))

    y_index = range(online_sales.shape[0])
    ax = sns.scatterplot(y = online_sales, x = y_index, color = ['red'], label =
"Online")

    y_index = range(offline_sales.shape[0])
    ax = sns.scatterplot(y = offline_sales, x = y_index, color = ['blue'] , label =
"Offline")

    ax.set_title("Sales Price")
    ax.set_ylabel("Price")
    ax.set_xlabel("Index")
    ax.set_yticks(np.linspace(0.01, 0.5, num = 40))
    #ax.grid()
```

```
    ax.legend(title = 'Sales Channel')

    plt.show()
```

执行效果如图 12-6 所示。

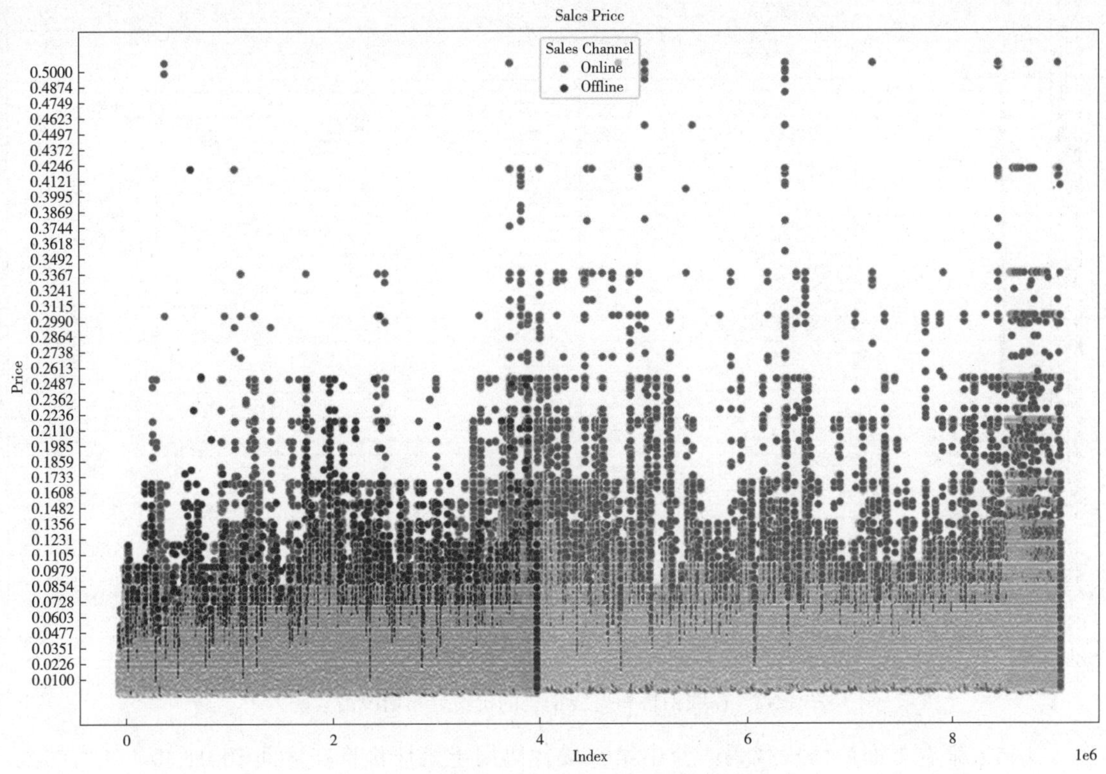

图 12-6　在线销售与离线销售价格散点图

（14）使用散点图绘制在线销售和离线销售的价格分布情况。

代码如下：

```
    fig = plt.figure(figsize = (15,10))

    #online_sales = df_transaction[df_transaction.online_sale == 1]['price'].values
    sorted_online_price = np.sort(online_sales)[::-1]
    y_index = range(online_sales.shape[0])
    ax = sns.scatterplot(y = sorted_online_price, x = y_index, color = ['red'], label =
"Online")


    #offline_sales = df_transaction[df_transaction.online_sale == 0]['price'].values
    sorted_offline_price = np.sort(offline_sales)[::-1]
    y_index = range(offline_sales.shape[0])
    ax = sns.scatterplot(y = sorted_offline_price, x = y_index, color = ['blue'] , label
= "Offline")

    ax.set_title("Sorted Sales Price")
    ax.set_ylabel("Price")
    ax.set_xlabel("Index")
    ax.set_yticks(np.linspace(0.01, 0.5, num = 50))
    ax.grid()
    ax.legend(title = 'Sales Channel')

    plt.show()
```

执行效果如图 12-7 所示。

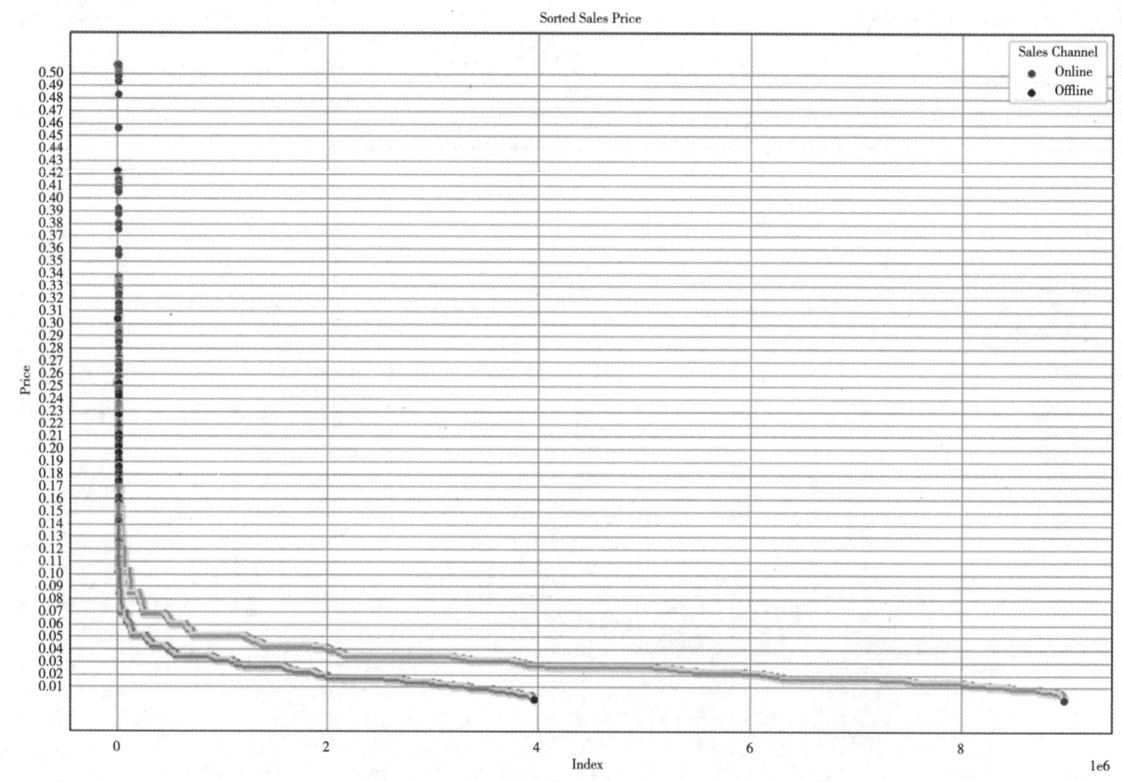

图 12-7 在线销售和离线销售的价格分布情况散点图

（15）来看下面的两段代码，其中第一段代码用于统计价格在区间 [0.01, 0.17] 内的数据所占的比例，并输出结果。第二段代码用于统计价格大于 0.17 的数据所占的比例，并输出结果。

```
    per = df_transaction[(df_transaction.price >=0.01) & (df_transaction.price<=
0.17)].shape[0]
    per = per/df_transaction.shape[0]
    print(f'Percentage of data between [0.01, 0.17]: {per}')
    per = df_transaction[(df_transaction.price > 0.17)].shape[0]
    per = per/df_transaction.shape[0]
    print(f'Percentage of data more then 0.17: {per}')

    fig, axis = plt.subplots(nrows = 1, ncols = 2, figsize = (20,10))
    sns.distplot(online_sales, ax = axis[0])
    sns.distplot(offline_sales, ax = axis[1])
    plt.suptitle("Distribution of the sale price")
    axis[0].set_title("Online Sale Price")
    axis[1].set_title("Offline Sale Price")
    plt.show()
```

执行后会创建一个大小为 20×10 的图形，并分为一行两列的子图。左侧子图显示在线销售价格的分布情况，右侧子图显示离线销售价格的分布情况。图形的标题为“Distribution of the sale price”，左侧子图标题为“Online Sale Price”，右侧子图标题为“Offline Sale Price”，如图 12-8 所示。

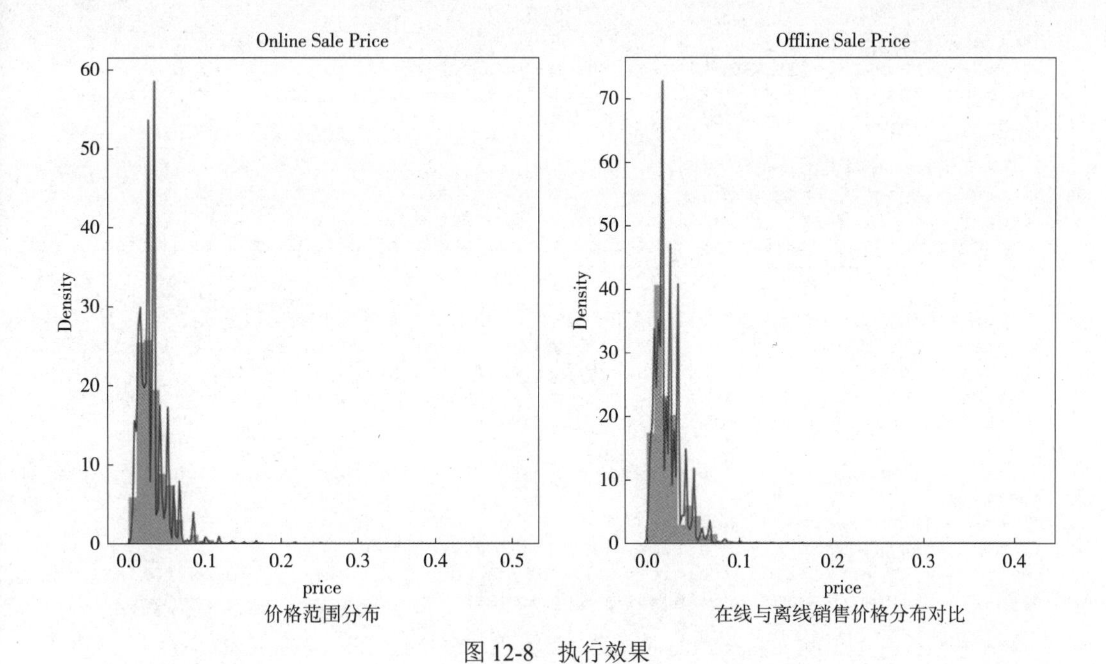

价格范围分布　　在线与离线销售价格分布对比

图 12-8　执行效果

（16）对相似的 product_type_name 进行分组，为了减少唯一 product type name 的基数，采取以下步骤实现：

①创建一个新的列“product_type_name_org”，复制原始值并更新“product_type_name”。

②根据它们所属的类别对产品进行分组。

代码如下：

```
    unique_product_type = df_article.product_type_name.unique()
    print(f'Number of unique product type before: {len(unique_product_type)}')

    colname = 'product_type_name_org'
    colindex = ['product_type_name']
    # 将原始值复制到新列 “_org”
    df_article[colname] = df_article.product_type_name

    # 合并所有“hat”“cap”“beanie”产品类型为“Hat Cap”
    # Beanie看起来像某种帽子
    filters = ["Hat", "Cap", "Beanie"]
    items = hlpeda.filter_types(filters, unique_product_type)
    rowindex = df_article[df_article.product_type_name.isin(items)].index.tolist()
    df_article.loc[rowindex, colindex] = "Hat Cap"

    # 将所有“Wood balls”“Side table”等产品类型合并为“Cloths Care”
    filters = ["Wood balls", "Side table", "Stain remover spray", "Sewing kit",
"Clothing mist", "Zipper head"]
    items = hlpeda.filter_types(filters, unique_product_type)
    rowindex = df_article[df_article.product_type_name.isin(items)].index.tolist()
    df_article.loc[rowindex, colindex] = "Cloths Care"

    # 将所有“Ring”“Necklace”“Bracelet”“Earring”产品类型合并为“Jewellery”
    filters = ["Ring", "Necklace", "Bracelet", "Earring"]
    items = hlpeda.filter_types(filters, unique_product_type)
    rowindex = df_article[df_article.product_type_name.isin(items)].index.tolist()
    df_article.loc[rowindex, colindex] = "Jewellery"

    # 将所有“Polo shirt”产品类型合并为“Shirt”
```

```
    filters = ["Polo shirt"]
    items = hlpeda.filter_types(filters, unique_product_type)
    rowindex = df_article[df_article.product_type_name.isin(items)].index.tolist()
    df_article.loc[rowindex, colindex] = "Shirt"

    # 将所有“Bag”产品类型合并为“Bag”
    filters = ["Bag", 'Backpack']
    items = hlpeda.filter_types(filters, unique_product_type)
    rowindex = df_article[df_article.product_type_name.isin(items)].index.tolist()
    df_article.loc[rowindex, colindex] = "Bag"

    # 将所有“Swimwear bottom”“Swimsuit”“Bikini top”产品类型合并为“Swimwear”
    filters = ["Swimwear"]
    items = hlpeda.filter_types(filters, unique_product_type)
    rowindex = df_article[df_article.product_type_name.isin(items)].index.tolist()
    df_article.loc[rowindex, colindex] = "Swimwear"

    # 将所有“Underwear bottom”“Underwear Tights”“Underwear body”“Long John”产品类型合并
为“Underwear”
    filters = ["Underwear", "Long John"]
    items = hlpeda.filter_types(filters, unique_product_type)
    rowindex = df_article[df_article.product_type_name.isin(items)].index.tolist()
    df_article.loc[rowindex, colindex] = "Underwear"

    # 将所有“Hair”“Alice band”“Hairband”产品类型合并为“Hair Accessories”
    filters = ["Hair", "Alice band", "Hairband"]
    items = hlpeda.filter_types(filters, unique_product_type)
    rowindex = df_article[df_article.product_type_name.isin(items)].index.tolist()
    df_article.loc[rowindex, colindex] = "Hair Accessories"

    # 将所有“Sandals”“Heeled sandals”“Wedge”“Pumps”“Slippers”产品类型合并为“Sandals”
    # Ballerinas是一种用于芭蕾舞演出的凉鞋类型
    filters = ["Sandals", "Heels", "Flip flop", "Wedge", "Pump", "Slipper", "Ballerinas"]
    items = hlpeda.filter_types(filters, unique_product_type)
    rowindex = df_article[df_article.product_type_name.isin(items)].index.tolist()
    df_article.loc[rowindex, colindex] = "Sandals"

    # 将所有“Toy”“Soft Toys”产品类型合并为“Toys”
    filters = ["Toy"]
    items = hlpeda.filter_types(filters, unique_product_type)
    rowindex = df_article[df_article.product_type_name.isin(items)].index.tolist()
    df_article.loc[rowindex, colindex] = "Toy"

    # 将所有“Flat Shoe”“Other Shoe”“Boots”“Sneakers”产品类型合并为“Shoe”
    filters = ["shoe", "Boot", "Leg warmer", "Sneakers"]
    items = hlpeda.filter_types(filters, unique_product_type)
    rowindex = df_article[df_article.product_type_name.isin(items)].index.tolist()
    df_article.loc[rowindex, colindex] = "Shoe"

    # 将所有“Dog wear”产品类型合并为“Dog wear”
    filters = ["Dog wear"]
    items = hlpeda.filter_types(filters, unique_product_type)
    rowindex = df_article[df_article.product_type_name.isin(items)].index.tolist()
    df_article.loc[rowindex, colindex] = "Dog wear"

    # 将所有“Sunglasses”“EyeGlasses”产品类型合并为“Glasses”
    filters = ["glasses"]
    items = hlpeda.filter_types(filters, unique_product_type)
    rowindex = df_article[df_article.product_type_name.isin(items)].index.tolist()
    df_article.loc[rowindex, colindex] = "Glasses"

    # 将所有“Cosmetics”“Chem. Cosmetics”产品类型合并为“Cosmetics”
    filters = ["Cosmetics"]
    items = hlpeda.filter_types(filters, unique_product_type)
```

```
    rowindex = df_article[df_article.product_type_name.isin(items)].index.tolist()
    df_article.loc[rowindex, colindex] = "Cosmetics"

    # 将所有“earphone case”“case”产品类型合并为“Mobile Accesories”
    filters = ["earphone case", "case"]
    items = hlpeda.filter_types(filters, unique_product_type)
    rowindex = df_article[df_article.product_type_name.isin(items)].index.tolist()
    df_article.loc[rowindex, colindex] = "Mobile Accesories"

    # 将所有“Bra extender”产品类型合并为“Bra”
    filters = ["Bra extender"]
    items = hlpeda.filter_types(filters, unique_product_type)
    rowindex = df_article[df_article.product_type_name.isin(items)].index.tolist()
    df_article.loc[rowindex, colindex] = "Bra"

    # 将所有“Nipple covers”产品类型（不属于Nightwear部门名称）合并为“Bar”
    filters = ["Nipple covers"]
    rowindex = df_article[(df_article.department_name != 'Nightwear') &
                      (df_article.product_type_name.isin(filters))].index.tolist()
    df_article.loc[rowindex, colindex] = "Bra"

    # 将所有“Tailored Waistcoat”“Outdoor Waistcoat”产品类型合并为“Waistcoat”
    filters = ["Waistcoat"]
    items = hlpeda.filter_types(filters, unique_product_type)
    rowindex = df_article[df_article.product_type_name.isin(items)].index.tolist()
    df_article.loc[rowindex, colindex] = "Waistcoat"

    # 将“Outdoor trousers”产品类型合并为“Trousers”
    filters = ["Outdoor trousers"]
    items = hlpeda.filter_types(filters, unique_product_type)
    rowindex = df_article[df_article.product_type_name.isin(items)].index.tolist()
    df_article.loc[rowindex, colindex] = "Trousers"

    # UnderDress是与某些裙子一起穿的。
    # 因此，让我们将它们与Dress部分分组，因为如果用户以前购买了裙子，他们可能需要搭配着穿的
UnderDress
    filters = ["Underdress"]
    items = hlpeda.filter_types(filters, unique_product_type)
    rowindex = df_article[df_article.product_type_name.isin(items)].index.tolist()
    df_article.loc[rowindex, colindex] = "Dress"

    # 将“Towel”,“Blanket”“Cushion”“Waterbottle”“Robe”产品类型合并为“House Accesories”
    filters = ["Towel", "Blanket", "Cushion", "Waterbottle", "Robe"]
    items = hlpeda.filter_types(filters, unique_product_type)
    rowindex = df_article[df_article.product_type_name.isin(items)].index.tolist()
    df_article.loc[rowindex, colindex] = "House Accesories"

    print(f'Number of new unique product type after: {df_article.product_type_name.
nunique()}')
```

执行后会输出显示数据框中的新唯一产品类型的数量：

```
Number of unique product type before: 130
Number of new unique product type after: 66
```

（17）绘制一个水平条形图，显示每个产品类型的数量统计。

代码如下：

```
class_label_cnt = df_article.product_type_name.value_counts()
fig = plt.figure(figsize = (10,20))
class_label_cnt.plot.barh()
```

执行效果如图 12-9 所示。

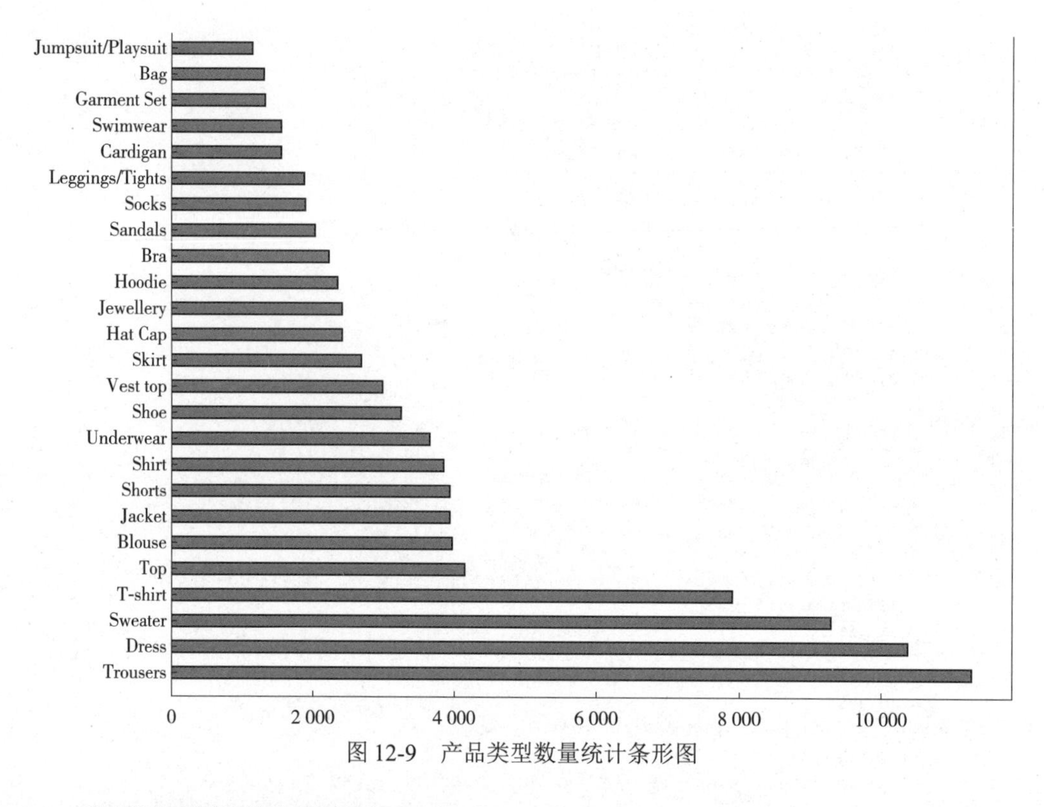

图 12-9　产品类型数量统计条形图

12.5.3　探索性数据分析和特征工程

在数据清洗之后，可以进行更深入的探索性数据分析（EDA）和特征工程。EDA 可以帮助我们理解数据集中的关系、趋势和分布，为后续的建模和预测准备好数据。特征工程则涉及从原始数据中提取、转换和创建新特征，以便用于机器学习模型的训练。编写文件 eda_feature_eng.ipynb 实现探索性数据分析和特征工程功能，这里不再讲解这个文件的具体实现过程。

12.6　实现推荐模型

在项目中的"src\models"目录中的源代码主要用于实现不同的推荐模型和算法，用于实现推荐系统的各个组件。

12.6.1　实现商品推荐和排序

编写文件 predict_model.py 实现推荐系统的类 Recommendation，它提供了一系列方法来生成推荐候选项并进行排序。这个类的目的是根据用户的历史行为和商品信息，生成个性化的商品推荐列表。它使用了预先计算好的数据文件和训练好的模型来提高推荐的效果。文件 predict_model.py 的具体实现代码如下：

```
class Recommendation:

    def __init__(self):
        # 上一年度热门商品列表
        self.popular_items_last_year_list = []

        self.resnet_obj = None
        self.ranking_obj = None
        #self.customer_mapping = None
        #self.article_mapping_obj = None
        self.pairs_items_obj = None
```

```
        self.items_paried_together_obj = None
        self.transaction_data_obj = None

    def popular_items_last_year(self, ntop=15):
        """
        获取上一年度热门商品

        参数:
        - ntop: 返回的热门商品数量

        返回:
        - popular_items_last_year_list: 上一年度热门商品列表
        """
        if self.pairs_items_obj is None:
            POPULAR_ITEMS_LAST_YEAR = os.path.join(
                hlpread.read_yaml_key(CONFIGURATION_PATH, 'model', 'output_
folder'),
                hlpread.read_yaml_key(CONFIGURATION_PATH, 'candidate-popular-items-
last-year',
                                      'popular-items-last-year-folder'),
                hlpread.read_yaml_key(CONFIGURATION_PATH, 'candidate-popular-items-
last-year',
                                      'popular-items-last-year-output')
            )
            self.pairs_items_obj = hlpread.read_object(POPULAR_ITEMS_LAST_YEAR)

        if len(self.popular_items_last_year_list) != ntop:
            self.popular_items_last_year_list = list(self.pairs_items_obj.keys())
[:ntop]

        return self.popular_items_last_year_list

    def items_paried_together(self, customer_id, popular_items_last_year_list,
ntop=20):
        """
        获取商品组合推荐

        参数:
        - customer_id: 用户ID
        - popular_items_last_year_list: 上一年度热门商品列表
        - ntop: 返回的商品组合推荐数量

        返回:
        - items_paried_together: 商品组合推荐列表
        """
        customer_id = int(customer_id[-16:], 16)

        # 候选1: 上一年度热门商品的组合推荐
        # 获取与上一年度购买的热门商品相关的前ntop个商品组合推荐
        # items_paried_to_gether是一个键值对，每个键表示一个商品，值是用户购买该商品时一起购
买的商品列表
        if self.items_paried_together_obj is None:
            ITEMS_PAIRED_TOGETHER = os.path.join(
                hlpread.read_yaml_key(CONFIGURATION_PATH, 'model', 'output_
folder'),
                hlpread.read_yaml_key(CONFIGURATION_PATH, 'candidate-item-purchase-
together',
                                      'item-purchase-together-folder'),
                hlpread.read_yaml_key(CONFIGURATION_PATH, 'candidate-item-purchase-
together',
                                      'item-purchase-together-output')
            )
            self.items_paried_together_obj = hlpread.read_object(ITEMS_PAIRED_
TOGETHER)
```

```
            items_paried_together = [self.items_paried_together_obj[x][:ntop] for x in
popular_items_last_year_list]
            items_paried_together = list(np.concatenate(items_paried_together).flat)

            # 候选2: 如果用户在过去一个月内进行了任何购买，推荐与这些商品一起购买的其他用户购买的商品
            # t_dat = date.today()
            if self.transaction_data_obj is None:
                TRANSACTION_DATA = os.path.join(
                    hlpread.read_yaml_key(CONFIGURATION_PATH, 'data_source', 'data_
folders'),
                    hlpread.read_yaml_key(CONFIGURATION_PATH, 'data_source',
'processed_data_folder'),
                    hlpread.read_yaml_key(CONFIGURATION_PATH, 'data_source', 'train_
data')
                )
                self.transaction_data_obj = hlpread.read_from_parquet(TRANSACTION_DATA)
                self.last_tran_date_record = self.transaction_data_obj.t_dat.max()  #
这将在实际环境中替换为当前日期

            article_user_purchase_last_4week_tran = self.transaction_data_obj[
                (self.transaction_data_obj.t_dat >= (self.last_tran_date_record -
timedelta(weeks=4))) &
                (self.transaction_data_obj.customer_id == customer_id)
            ].article_id.unique()

            # 如果用户在过去四周内没有交易记录，则仍会获取上一周销售的前n个热门商品作为候选项
            item_paried_together_for_items_user_purchase_last_4week = []
            if len(article_user_purchase_last_4week_tran) > 0:
                item_paried_together_for_items_user_purchase_last_4week = [
                    self.items_paried_together_obj[x][:ntop] for x in article_user_
purchase_last_4week_tran
                ]
                item_paried_together_for_items_user_purchase_last_4week = list(
                    np.concatenate(item_paried_together_for_items_user_purchase_
last_4week).flat)

            # 候选3: 上一周销售的热门商品
            vc = self.transaction_data_obj[
                self.transaction_data_obj.t_dat >= (self.last_tran_date_record -
timedelta(weeks=1))].article_id.value_counts()
            vc = vc.reset_index()
            vc.rename(columns={'index': 'article_id', 'article_id': 'cnt'},
inplace=True)
            vc = vc[~vc.article_id.isin(items_paried_together)]
            vc = vc[~vc.article_id.isin(item_paried_together_for_items_user_purchase_
last_4week)]
            vc.sort_values(by='cnt', ascending=False, inplace=True)

            top_items_sold_last_1week = list(vc[:ntop].article_id)

            # 最终的候选项列表
            items_paried_together = popular_items_last_year_list + items_paried_
together + \
                                    item_paried_together_for_items_user_purchase_
last_4week + top_items_sold_last_1week
            items_paried_together = list(set(items_paried_together))  # 列表中不包含重复项

            return items_paried_together

        def candinate_generation(self, customer_id):
            """
            生成候选项
```

```
        参数:
        - customer_id: 用户ID

        返回:
        - candinate_lists: 候选项列表
        """
        candinate_lists = []

        # 上一年度热门商品同时出售的商品
        candinate_lists = self.popular_items_last_year()
        candinate_lists = self.items_paried_together(customer_id, candinate_lists)

        return candinate_lists

    def find_relevent_items_of_candinate(self, customer_id, candinate_items):
        """
        查找候选项中的相关商品

        参数:
        - customer_id: 用户ID
        - candinate_items: 候选项列表

        返回:
        - df_relevent_items: 相关商品的DataFrame，包括customer_id、article_id和y_hat
        """
        if self.resnet_obj is None:
            self.resnet_obj = resnet_based_prevence(False)

        # 查找候选商品的相关得分/y_hat
        df_relevent_items = self.resnet_obj.predict(customer_id, candinate_items,
-1)
        # customer_id, article_id, y_hat
        return df_relevent_items

    def rank_relevent_items(self, recommended_items):
        """
        对相关商品进行排序

        参数:
        - recommended_items: 相关商品列表

        返回:
        - ranked_recommended_list: 排序后的推荐商品列表
        """
        if self.ranking_obj is None:

            saved_model = os.path.join(read_yaml_key(CONFIGURATION_PATH, 'model',
'output_folder'),
                                       read_yaml_key(CONFIGURATION_PATH, 'lightgbm-
param', 'ranking-model-output-folder'),
                                       # read_yaml_key(CONFIGURATION_PATH,
'lightgbm-param','ranking-model-5feature-folder'),
                                       read_yaml_key(CONFIGURATION_PATH, 'lightgbm-
param', 'saved_model')
                                       )

            saved_pipeline = os.path.join(read_yaml_key(CONFIGURATION_PATH,
'model', 'output_folder'),
                                          read_yaml_key(CONFIGURATION_PATH,
'lightgbm-param',
                                                        'ranking-model-output-
folder'),
                                          read_yaml_key(CONFIGURATION_PATH,
'lightgbm-param', 'saved_engg_pipeline')
```

```
                    )

            self.ranking_obj = ranking_model(saved_model, saved_pipeline,
CONFIGURATION_PATH)

        ranked_recommended_list = self.ranking_obj.predict(recommended_items)

        return ranked_recommended_list

    def predict(self, customer_id):
        """
        预测推荐商品

        参数:
        - customer_id: 用户ID

        返回:
        - recommended_items: 推荐的商品列表
        """
        recommended_items = []

        # 第1步: 将customer_id转换为userid, 即将customer_id转换为哈希等效值
        # 在特征流水线中处理
        # user_id = customer_id.apply(lambda x: int(x[-16:],16) ).astype('int64')
        # if  self.customer_mapping == None:
        #     self.customer_mapping = encoder_customer_userid()
        # user_id = self.customer_mapping.transform(user_id)

        # 第2步: 获取推荐的候选项
        log.write_log(f'Get candinate for customer: {customer_id}...', log.logging.
DEBUG)
        candinate_lists = self.candinate_generation(customer_id)

        # 第3步: 从候选项中找到相关商品
        log.write_log(f'Find relevent items from shortlisted candinate for
customer: {customer_id}...', log.logging.DEBUG)
        relevent_items = self.find_relevent_items_of_candinate(customer_id,
candinate_lists)

        # 第4步: 对最终的推荐商品进行排序
        log.write_log(f'Rank the relevent items from shortlisted candinate for
customer: {customer_id}...', log.logging.DEBUG)
        recommended_items = self.rank_relevent_items(relevent_items)
        # 第5步: 将item_id转换为article_id
        # 排序模型将返回带有article_ids和item_ids的数据帧
        # if self.article_mapping_obj == None:
        #    self.article_mapping_obj = encode_article_itemid()
        # recommended_items = self.article_mapping_obj.inverse_transform
(recommended_items)

        # 第6步: 返回排名前15的商品
        log.write_log(f'Return Top 10 relevent items to recommend for the customer:
{customer_id}...', log.logging.DEBUG)
        return recommended_items[:15]
```

- __init__(self)：初始化函数，初始化一些属性。
- popular_items_last_year(self, ntop=15)：获取去年热门商品列表，此函数会读取预先计算好的数据文件，并返回指定数量的热门商品列表。
- items_paried_together(self, customer_id, popular_items_last_year_list, ntop=20)：获取与指定用户和热门商品相关联的商品列表。此函数会读取预先计算好的数据文件，并返回与用户购买的热门商品相关联的商品列表。
- candinate_generation(self, customer_id)：生成推荐候选项列表。此函数会调用上述两个方法

来获取热门商品列表和相关商品列表，并将它们合并为候选项列表。

- find_relevent_items_of_candinate(self, customer_id, candinate_items)：根据候选项列表找到相关的商品。此函数会使用一个名为 resnet_based_prevence 的模型进行预测，并返回包含相关商品的数据帧。
- rank_relevent_items(self, recommended_items)：对相关商品进行排序。此函数会使用一个名为 ranking_model 的模型对相关商品进行排序，并返回排序后的商品列表。
- predict(self, customer_id)：进行推荐的主要方法。此函数会调用上述方法来生成候选项列表、获取相关商品和对商品进行排序，并返回前 15 个排名最高的商品。

12.6.2　排序模型

在上面的商品推荐和排序文件 predict_model.py 中，调用了文件 ranking_model.py 中的功能模块。编写文件 ranking_model.py 实现排序模型，该模型用于根据商品特征和用户特征对推荐候选项进行排序。在此文件中创建了一个用于排名模型的特征处理和数据获取的类 ranking_model，封装了特征处理流程和数据获取操作，方便在实际应用中使用。文件 ranking_model.py 的具体实现流程如下：

（1）编写初始化函数 __init__(self, model_file, pipeline_file)，用于创建 ranking_model 类的实例。在初始化时，可以传入已保存的模型文件和特征工程流水线文件的路径，并加载已训练的模型和特征工程流水线。

代码如下：

```
    def __init__(self, saved_model, saved_pipeline, config_path = CONFIGURATION_PATH):

        self.config_path = config_path
        self.saved_model_filepath = saved_model
        self.saved_pipeline_filepath = saved_pipeline
        self.fited_pipeline = False
        self.model_trained = False
        self.fs = None

        if os.path.exists(self.saved_model_filepath) == True:

          self.model_trained = True
          self.ranker_bst = lgb.Booster(model_file = self.saved_model_filepath)

        if os.path.exists(self.saved_pipeline_filepath) == True:

          self.fited_pipeline = True
          self.feature_engg = read_object(self.saved_pipeline_filepath)
```

（2）创建初始化仓库路径的方法 init_repo_path(self, is_training)，该方法用于设置数据仓库的路径，方便后续获取训练和在线数据的操作。

代码如下：

```
    def init_repo_path(self, is_training):

      if self.fs == None:

        repo_path =  os.path.join(
                                read_yaml_key(self.config_path, 'feature_store',
'feature_store_folder')

                            )

        self.fs = FeatureStore(repo_path = repo_path)

        if is_training == False:
```

```
        fv = ['user_avg_median_purchase_price_fv',
              'user_avg_median_purchase_price_last_8week_fv',
              #'customer_elapsed_day_fv',
              'item_previous_days_sales_count_fv',
              'item_avg_sales_price_fv'
              ]
        self.fs.materialize_incremental(end_date = datetime.utcnow() - timedelta
(days = 1),
                                        feature_views = fv
                                       )
```

（3）编写方法 get_train_user_features(self) 获取训练用户的特征，该方法从数据仓库中获取训练数据中的用户特征，返回一个包含用户特征的列表。

代码如下：

```
    def get_training_user_features(self, X):

        if self.fs == None:
          return X

        X = self.fs.get_historical_features(
                                          entity_df = X,
                                          features = self.user_features_list
                                        ).to_df()
        #X.columns
        X.rename(columns = {'user_prev_median_purchase_price': 'user_last8week_median_
purchase_price'},
                 inplace = True)


        X = self.fs.get_historical_features(
                                          entity_df = X,
                                          features = self.user_features_list2
                                        ).to_df()
        X.rename(columns = {'user_prev_median_purchase_price': 'user_overall_median_
purchase_price'},
                          inplace = True)

        return X
```

（4）编写方法 get_train_item_features(self) 获取训练商品的特征，该方法从数据仓库中获取训练数据中的商品特征，返回一个包含商品特征的列表。

代码如下：

```
    def get_training_item_features(self, X):
        X = self.fs.get_historical_features(
                                        entity_df = X,
                                        features = self.item_features_list
                                        ).to_df()

        return X
```

（5）编写方法 get_online_user_features(self) 获取在线用户特征的方法，该方法从数据仓库中获取在线数据中的用户特征，返回一个包含用户特征的列表。

代码如下：

```
    def get_online_user_features(self, X):
        X_User_Elapsed_Feat = self.fs.get_online_features(
                                                    entity_rows = X[['customer_
id']].to_dict(orient = 'records'),
                                                    features = self.user_features_
list
```

```
                                              ).to_df()
        X_User_Elapsed_Feat.rename(columns = {'user_median_purchase_price': 'user_
last8week_median_purchase_price'},
                 inplace = True)
        X_User_Median_Purchase_Feat = self.fs.get_online_features(
                                                    entity_rows =
X[['customer_id']].to_dict(orient = 'records'),
                                                    features = self.user_
features_list2
                                                    ).to_df()
        X_User_Median_Purchase_Feat.rename(columns = {'user_median_purchase_price':
'user_overall_median_purchase_price'},
                          inplace = True)
        X_return = X_User_Median_Purchase_Feat.merge(X_User_Elapsed_Feat, on =
['customer_id'], how = 'inner')
        X = X.merge(X_return, on = ['customer_id'], how = 'inner')
        return X
```

（6）编写方法 get_online_item_features(self) 获取在线商品特征的方法，该方法从数据仓库中获取在线数据中的商品特征，返回一个包含商品特征的列表。

代码如下：

```
      def get_online_item_features(self, X):
        dt_items = X[['article_id']].drop_duplicates().reset_index(drop = True)
        X_Item_Feat = self.fs.get_online_features(
                                        entity_rows = dt_items.to_dict(orient =
'records'),
                                        features = self.item_features_list,
                                        ).to_df()

        X['prev_day_sales_cnt'] = X['sale_count']
        X['item_prev_median_sales_price'] = X['item_median_sales_price']
        X = X.merge(X_Item_Feat, on = ['article_id'], how = 'inner')
        return X
```

（7）编写方法 get_user_previous_purchase_details(self, *X*) 获取用户之前的购买详情的方法，该方法根据给定的用户 ID，在数据仓库中查询该用户的购买历史记录，并返回购买详情。

代码如下：

```
      def get_user_previous_purchase_details(self, X):
        USER_AVG_MEDIAN_PURCHASE_PRICE_LAST_8WEEK = os.path.join(
read_yaml_key(self.config_path,'data_source','data_folders'),
read_yaml_key(self.config_path,'data_source','feature_folder'),
read_yaml_key(self.config_path,'customer_features','customer_folder'),
read_yaml_key(self.config_path,'customer_features','user_avg_median_purchase_price_
last_8week'),
                                                                    )
        user_purchase_detail = read_from_parquet(USER_AVG_MEDIAN_PURCHASE_PRICE_
LAST_8WEEK)
        X = X.merge(user_purchase_detail[[
                                      'customer_id',
                                      'user_median_purchase_price',
                                   ]],
                  on = ['customer_id'],
                  how = 'inner')

        X.rename(columns = {'user_median_purchase_price': 'user_last8week_median_
purchase_price'},
                 inplace = True)

        del user_purchase_detail
```

```
        gc.collect()

        USER_AVG_MEDIAN_PURCHASE_PRICE = os.path.join(
                                                              read_yaml_key(self.config_path,
'data_source','data_folders'),
                                                              read_yaml_key(self.config_path,
'data_source','feature_folder'),
                                                              read_yaml_key(self.config_path,
'customer_features','customer_folder'),
                                                              read_yaml_key(self.config_path,
'customer_features','user_avg_median_purchase_price'),
                                                            )

        user_purchase_detail = read_from_parquet(USER_AVG_MEDIAN_PURCHASE_PRICE)
        X = X.merge(user_purchase_detail[[
                                            'customer_id',
                                            'user_median_purchase_price',
                                          ]],
                    on = ['customer_id'],
                    how = 'inner')

        X.rename(columns = {'user_median_purchase_price': 'user_overall_median_
purchase_price'},
                           inplace = True)

        del user_purchase_detail
        gc.collect()

        return X
```

（8）编写方法 get_items_previous_sales_details(self, X) 获取商品之前的销售详情的方法，该方法根据给定的商品 id，在数据仓库中查询该商品的销售历史记录，并返回销售详情。

代码如下：

```
      def get_items_previous_sales_details(self, X):

        ALL_ITEM_SALES_COUNT = os.path.join(
                                                    read_yaml_key(self.config_path,'data_
source','data_folders'),
                                                    read_yaml_key(self.config_path,'data_
source','feature_folder'),
                                                    read_yaml_key(self.config_path,'article_
feature','article_folder'),
                                                    #read_yaml_key(self.config_path,'article_
feature','item_sales_count'),
                                                    read_yaml_key(self.config_path,'article_
feature','item_prev_days_sales_count'),
                                                  )

        item_sale_count = read_from_parquet(ALL_ITEM_SALES_COUNT)

        X = X.merge(item_sale_count[[
                                            'article_id',
                                            #'prev_day_sales_cnt',
                                            'prev_1w_sales_cnt',
                                            'prev_year_sales_cnt',
                                            'sale_count'
                                          ]],
                    on = ['article_id'],
                    how = 'inner')

        del [item_sale_count]
        gc.collect()
```

```
        ITEM_AVG_SALES_PRICE = os.path.join(
                                                        read_yaml_key(self.config_path,'data_
source','data_folders'),
                                                        read_yaml_key(self.config_path,'data_
source','feature_folder'),
                                                        read_yaml_key(self.config_path,'article_
feature','article_folder'),
                                                        read_yaml_key(self.config_path,'article_
feature','item_avg_median_sales_price'),
                                                    )
        item_median_sales_counts = read_from_parquet(ITEM_AVG_SALES_PRICE)

        X = X.merge(item_median_sales_counts[[
                                                'article_id',
                                                'item_median_sales_price',
                                                #'item_prev_mean_sales_price',
                                                ]],
                    on = ['article_id'],
                    how = 'inner')

        X.rename(columns = { "sale_count": "prev_day_sales_cnt", "item_median_sales_
price": "item_prev_median_sales_price"} , inplace = True)

        del item_median_sales_counts
        gc.collect()
        return X
```

（9）编写方法 feature_transform(self, *X*, is_training) 实现特征转换，该方法接收一个特征数据的列表作为输入，使用预先定义的特征处理流水线对输入数据进行转换。转换包括序列编码和目标编码等操作，转换后的特征数据将作为模型的输入。

代码如下：

```
    def feature_transform(self, X, is_training):

        if self.fited_pipeline == False:

          ordinal_encoder_columns = ['product_group_name']
          ordinal_encoder_label_columns = ['label']

          target_encode_columns = ['product_desc']
          target_encode_label = ['label']
          seed = 1001

          q_list = [0.1, 0.25, 0.5, 0.75, 0.9]
          quartile_features = {
                                    'user_overall_median_purchase_price': {'groupby_col':
'product_desc', 'quartile_list': q_list},
                                    'user_last8week_median_purchase_price': {'groupby_col':
'product_desc', 'quartile_list': q_list},
                                    'item_prev_median_sales_price': {'groupby_col':
'product_desc', 'quartile_list': q_list},
                                    'prev_day_sales_cnt': {'groupby_col': 'product_desc',
'quartile_list': q_list},
                                    'prev_1w_sales_cnt': {'groupby_col': 'product_desc',
'quartile_list': q_list},
                                    #'prev_2w_sales_cnt': {'groupby_col': 'product_desc',
'quartile_list': q_list},
                                    #'prev_3w_sales_cnt': {'groupby_col': 'product_desc',
'quartile_list': q_list},
                                    #'prev_4w_sales_cnt': {'groupby_col': 'product_desc',
'quartile_list': q_list},
                                  }

          bin_features = {
```

```
                        'color': [0.35, 0.4, 0.45, 0.5, 0.55, 0.6, 0.65, 0.7, 0.75,
0.8, 0.85, 0.9, 0.95],
                        #'avg_elapse_days_per_tran': [0.25, 0.5, 0.75, 0.9],
                        #'days_pass_since_last_purchase': [0.1, 0.2, 0.3, 0.4, 0.5,
0.6, 0.7, 0.8 ,0.9],
                     }

        self.feature_engg = Pipeline( steps = [
                                          ('transform_article_mapping', transform_
article_mapping(config_path = self.config_path)),

                                          ('transform_customer_mapping', transform_
customer_mapping(hash_conversion = False, config_path = self.config_path)),

                                          ('transform_color_rgb', transform_color_
rgb()),

                                          ('merge_catagorical_feature', merge_
catagorical_feature()),

                                          ('catagory_ordinal_encode', catagory_
ordinal_encoder(ordinal_encoder_label_columns,
ordinal_encoder_columns)),

                                          ('catagory_leave_one_encoder', catagory_
leave_one_out_encoder(target_encode_label,
target_encode_columns,
seed)),

                                          ('bin_feature_based_on_other_features',
bin_feature_based_on_feature(quartile_features)),

                                          ('bin_feature', bin_feature(bin_features))
                                      ]
                                  ,verbose =  True
                            )

          X = self.feature_engg.fit_transform(X)
          save_object(self.saved_pipeline_filepath , self.feature_engg)

        else:

            X = self.feature_engg.transform(X)

        return X
```

（10）编写方法 get_features(self, *X*, is_training) 获取特征，该方法接收特征数据 *X* 和一个布尔值 is_training，用于指示是否为训练模式。在训练模式下，调用 get_items_features 方法和 get_user_features 方法获取商品特征和用户特征，并通过 feature_transform 方法对特征数据进行转换。最后返回转换后的特征数据。

代码如下：

```
    def get_features(self, X, is_training):

        X = self.get_items_features(X, is_training = is_training)

        X = self.get_user_features(X, is_training = is_training)

        X = self.feature_transform(X, is_training = is_training)

        return X
```

（11）编写方法 train_model(self, *X*) 实现模型训练，该方法接收特征数据 *X*，调用 get_features 方法获取特征数据，并进行模型训练。从特征数据中选择训练所需的特征列，并按照用户 id 和标签进行排序。计算每个用户的样本数，并将其作为 group 参数传递给 LightGBM 模型。将标签列转换为整数类型，并从特征数据中删除用户 id、商品 id 和标签列，得到训练数据集 ddf_x_train。使用 LightGBM 模型训练训练数据集，并将训练好的模型保存。

代码如下：

```
    def train_model(self, X):

        try:

            X = self.get_features(X, True)

            x_train = X[['label',
                         'item_id', 'user_id',
                         'product_group_name_oce',
                         'product_desc_tce',
                         'user_overall_median_purchase_price_bin', #'item_median_sales_
price_for_product_type_bin',
                         'user_last8week_median_purchase_price_bin',
                         'item_prev_median_sales_price_bin',
                         'prev_day_sales_cnt_bin',
                         'prev_1w_sales_cnt_bin',
                         'color_bin',
                         'graphical_appearance_no',
                         #'days_pass_since_last_purchase_bin',
                        ]]

            x_train = x_train.sort_values(by = ['user_id', 'label'],  ascending = [True,
False] , na_position = 'first')

            qids_train = x_train.groupby("user_id")["item_id"].count().reset_index()
            qids_train.columns = ['user_id','cnt']
            #qids_train = qids_train.sort_values('user_id',  ascending = True).cnt.to_
pandas().to_numpy() #Code when use cudf dataframe
            qids_train = qids_train.sort_values('user_id',  ascending = True).cnt.to_
numpy() #Code when use pandas dataframe

            # Relevance label for train
            y_train = x_train['label'].astype(int)


            # Keeping only the features on which we would train our model
            ddf_x_train = x_train.drop(["user_id", "item_id", "label"], axis = 1) #,
inplace = True

            #ddf_x_train = lgb.Dataset(data = ddf_x_train.to_pandas(), label = y_train.
to_pandas(), group = qids_train, free_raw_data = False) #Code when use cudf dataframe
            ddf_x_train = lgb.Dataset(data = ddf_x_train, label = y_train, group =
qids_train, free_raw_data = False) #Code when use pandas dataframe

            param = read_yaml_key(self.config_path,'lightgbm-param','param')

            self.ranker_bst = lgb.train(params = param,
                                        num_boost_round = param['n_estimators'],
                                        train_set = ddf_x_train,
                                        keep_training_booster = True
                                        )


            self.ranker_bst.save_model(self.saved_model_filepath)

        except Exception as e:
            raise RecommendationException(e, sys) from e
```

（12）编写方法 predict(self, *X*) 实现模型预测，该方法接收特征数据 *X*，调用 get_features 方法获取特征数据，并使用训练好的 LightGBM 模型进行预测。从特征数据中选择预测所需的特征列。通过 self.ranker_bst.predict 方法使用训练好的模型对特征数据进行预测，得到预测结果。将预测结果与 articleID 列合并，并按照预测结果的降序对数据进行排序。返回包含 articleID 和预测结果的数据。

代码如下：

```
    def predict(self, X):

        X = self.get_features(X, False)

        col = ['product_group_name_oce',
               'product_desc_tce',
               'user_overall_median_purchase_price_bin', #'item_median_sales_price_
for_product_type_bin',
               'user_last8week_median_purchase_price_bin',
               'item_prev_median_sales_price_bin',
               'prev_day_sales_cnt_bin',
               'prev_1w_sales_cnt_bin',
               'color_bin',
               'graphical_appearance_no',
               #'days_pass_since_last_purchase_bin',
              ]

        X['rank'] = self.ranker_bst.predict(data = X[col])

        X = X[['article_id', 'rank']]
        X.sort_values('rank', ascending = False, inplace = True)

        return X
```

上述方法的主要功能是获取和处理排名模型所需的特征数据，为模型训练和预测提供支持。另外，文件 predict_model.py 还用到了如下的自定义文件功能：

- src.models.pipeline.catagory_leave_one_out_encoder：用于类别 Leave-One-Out 编码的自定义管道。
- src.models.pipeline.bin_feature_based_on_feature：基于特征的二值化特征的自定义管道。
- src.models.pipeline.transform_customer_mapping：用于转换客户映射的自定义管道。
- src.models.pipeline.merge_catagorical_feature：用于合并类别特征的自定义管道。
- src.models.pipeline.transform_article_mapping：用于转换文章映射的自定义管道。
- src.models.pipeline.catagory_ordinal_encoder：用于类别序数编码的自定义管道。
- src.models.pipeline.transform_color_rgb：用于转换颜色 RGB 的自定义管道。

12.6.3 基于 ResNet 的图像推荐模型

在上面的商品推荐和排序文件 predict_model.py 中，也调用了文件 resnet_image_based_model.py 中的功能模块。编写文件 resnet_image_based_model.py，功能是实现了一个基于 ResNet 的图像推荐模型。文件 resnet_image_based_model.py 的具体实现流程如下：

（1）创建类 resnet_based_prevence，该类的主要功能是实现基于 ResNet 的图像推荐模型，包括数据处理、特征工程、模型定义和编译等功能。通过调用这些方法，可以生成用于训练集成模型的数据、进行特征转换和构建图像推荐模型。定义初始化方法 __init__(self, is_training, config_path = CONFIGURATION_PATH)，这是类 resnet_based_prevence 的构造方法，用于初始化类的属性。

- is_training：一个布尔值，表示模型是否处于训练状态。
- config_path：配置文件的路径，默认为 CONFIGURATION_PATH。

代码如下：

```
class resnet_based_prevence:

    def __init__(self, is_training , config_path = CONFIGURATION_PATH):

        self.is_training = is_training
        self.config_path = config_path
        self.ensemble_model_thresholds = {}
        self.all_models = []
        self.merge_stack_model = None
        self.model_thresholds = 0.5
```

（2）编写方法 generate_data_for_nth_ensemble_model(self, train_tran, ensemble_model_number, pos_neg_ratio)，功能是生成用于第 *n* 个集成模型训练的数据。

- train_tran：训练数据集。
- ensemble_model_number：集成模型的编号。
- pos_neg_ratio：正样本和负样本的比例。

代码如下：

```
    def generate_data_for_nth_ensemble_model(self, train_tran, ensemble_model_
number, pos_neg_ratio):

        #Split -ve and +ve sample from dataset
        train_tran_pos = train_tran[train_tran.label == 1]
        #train_tran_pos.user_id.nunique()
        train_tran_neg = train_tran[train_tran.label == 0]

        #Count number of +ve sample we have for each user based on that we will get
-ve sample for each user for a given ensemble_model_number
        train_tran_neg = (train_tran_neg.merge((train_tran_pos[['user_id','label']]
                                                .groupby('user_id')['label']
                                                .count()
                                                .reset_index(name = 'cnt')
                                            ),
                                            on = 'user_id',
                                            how = 'inner')
                        )
        train_tran_neg['total_neg_sample_per_ensemble'] = train_tran_neg['cnt'] *
pos_neg_ratio

        #train_tran_neg.groupby('user_id').label.count()

        total_neg_sample_per_ensemble = len(train_tran_pos) * pos_neg_ratio

        #Generate -ve sample based on the total +ve sample we have per user
        df_train_tran = pd.DataFrame()

        group_neg_user = train_tran_neg.groupby('user_id')
        ensemble_number = ensemble_model_number

        for i, x in enumerate(group_neg_user.groups):

            grp_key = group_neg_user.get_group(x)

            total_neg_sample_per_user = grp_key.iloc[0,grp_key.columns.get_
loc("total_neg_sample_per_ensemble")]

            data_start_index = ensemble_number * total_neg_sample_per_user
            data_end_index = data_start_index + total_neg_sample_per_user

            if i == 0:
                df_train_tran = grp_key[['user_id','item_id','label','image_path']]
```

```
[data_start_index: data_end_index] #grp_key.nth(list(range(0, 10)))

                else:
                    df_train_tran = pd.concat([df_train_tran,
                                              (grp_key[['user_id','item_id','label',
'image_path']][data_start_index: data_end_index])],
                                              axis = 0)

            df_train_tran = pd.concat([train_tran_pos[['user_id','item_id','label',
'image_path']], df_train_tran], axis = 0)
            #df_train_tran = df_train_tran.sort_values(by = 'user_id')
            #Shuffle that will help for data pass for training
            df_train_tran = df_train_tran.sample(frac = 1).reset_index(drop = True)

            del [train_tran_pos, train_tran_neg]
            gc.collect()

            return df_train_tran
```

（3）编写方法 feature_eng(self, X) 实现特征工程，对输入数据进行预处理和特征转换。参数 X 表单后输入的数据。

代码如下：

```
        def feature_eng(self, X):

            log.write_log('Transform mapping customer/article to user/item started...',
log.logging.DEBUG)
            engg = Pipeline( steps = [
                                              ('transform_article_mapping', transform_
article_mapping(config_path = self.config_path)),

                                              ('transform_customer_mapping', transform_
customer_mapping(hash_conversion = True, config_path = self.config_path)),
            ])

            X = engg.fit_transform(X)
            log.write_log('Transform mapping customer/article to user/item
completed...', log.logging.DEBUG)

            log.write_log(f'Map article id to image path started for {str(X.
shape[0])}...', log.logging.DEBUG)
            X['image_path'] = list(map(get_image_path, X['article_id']))
            log.write_log('Map article id to image path completed...', log.logging.
DEBUG)

            X = X[X.image_path != ""]

            return X
```

（4）编写方法 model_def(self, parms, unique_user, unique_item)，功能是定义模型结构和编译模型，各个参数的具体说明如下：

- parms：模型的超参数字典。
- unique_user：唯一用户数。
- unique_item：唯一物品数。

代码如下：

```
        def model_def(self, parms, unique_user, unique_item):

            #HyperParamaters
            SEED = parms["SEED"]
            L2_reg = parms["L2_reg"]
            CHANNEL = parms["CHANNEL"]
```

```
        IMAGE_SIZES = parms["IMAGE_SIZES"]
        EMBEDDING_U = parms["EMBEDDING_U"]
        EMBEDDING_I = parms["EMBEDDING_I"]
        NUM_UNIQUE_ITEMS = unique_item
        NUM_UNIQUE_USERS = unique_user
        EMBEDDING_IMG = parms["EMBEDDING_IMG"]
        LEARNING_RATE = parms["LEARNING_RATE"]
        GLOBAL_BATCH_SIZE = parms["GLOBAL_BATCH_SIZE"]
        INTER_EMBEDDING_I =  parms["INTER_EMBEDDING_I"]

        TOTAL_TRAINABLE_LAYERS : 176
        NUMBER_NON_TRAINABLE_LAYERS = TOTAL_TRAINABLE_LAYERS - parms["FINE_TUNE_
LAYERS"]

        num_replicas_in_sync : 8 #TPU
        LEARNING_RATE = LEARNING_RATE * num_replicas_in_sync

        #**************************** Optimizer, Loss Function and Metric
************************

        init_lr = LEARNING_RATE
        #print(f"Learning rate(lr): {init_lr}")
        params = {}
        params['alpha'] = 0.8
        params['num_replicas_in_sync'] = num_replicas_in_sync #TPU
        params['global_batch_size'] = GLOBAL_BATCH_SIZE
        params['from_logits'] = True

        fn_loss = WeightLossBinaryCrossentropy(param = params)

        fn_optimizer = Adam(learning_rate = init_lr)

        #**************************** Define Model ************************
        weight_initializers = RandomUniform(minval = NUM_UNIQUE_USERS-1, maxval = 1,
seed = SEED)


        #**************************** User Embedding ************************
        User_Input = Input(shape = (1,), name = 'User_Input')


        User_Embed = Embedding(input_dim = NUM_UNIQUE_USERS,
                               input_length = 1,
                               output_dim = EMBEDDING_U,
                               embeddings_initializer = weight_initializers,
                               name = 'User_Embed'
                               )(User_Input)

        User_Embed_Batch_Normalize = BatchNormalization(name = 'User_Embed_Batch_
Normalize')(User_Embed)
        user_embedding = Flatten(name = "user_embedding")(User_Embed_Batch_
Normalize)


        #**************************** Image Embedding ************************
        Image_Input = Input(shape = ((IMAGE_SIZES, IMAGE_SIZES, CHANNEL)), name =
'Image_Input')
        model_RESENT50 = ResNet50(weights = 'imagenet', include_top = False,
                                  pooling = 'avg',
                                  input_shape = (IMAGE_SIZES, IMAGE_SIZES,
CHANNEL)
                                  )
        model_RESENT50.trainable = True
        number_of_layers = len(model_RESENT50.layers)
```

```
        print('Number of layers: ', number_of_layers)

        # Freeze all the layers before the `fine_tune_at` layer
        for layer in range(0, NUMBER_NON_TRAINABLE_LAYERS):
            model_RESENT50.layers[layer].trainable =  False

        non_trainable_layers_cnt = 0
        trainable_layers_cnt = 0

        for layer in range(0,len(model_RESENT50.layers)):

            if model_RESENT50.layers[layer].trainable == True:
                trainable_layers_cnt += 1

            elif model_RESENT50.layers[layer].trainable == False:
                non_trainable_layers_cnt += 1
        print('Number of non trainable layers in ResNet.....', non_trainable_
layers_cnt)
        print('Number of trainable layers in ResNet.....', trainable_layers_cnt)


        Image_RESNET_Output = model_RESENT50(Image_Input)

        Image_Embed_Dense = Dense(units = EMBEDDING_IMG,
                                  activation = 'relu',
                                  kernel_regularizer = l2(L2_reg),
                                  kernel_initializer = weight_initializers,
                                  name = 'Image_Embed_Dense')(Image_RESNET_
Output)
        Image_Embed  = BatchNormalization(name = 'image_embedding')(Image_Embed_
Dense)


        #***************************** Item embedding ************************

        Item_Input = Input(shape = (1,), name = 'Item_Input')

        Item_Embed = Embedding(input_dim = NUM_UNIQUE_ITEMS,
                               input_length = 1,
                               output_dim = INTER_EMBEDDING_I,
                               embeddings_initializer = weight_initializers,
                               name = "Item_Embed"
                               )(Item_Input)

        Item_Embed_Batch_Normalize = BatchNormalization(name = 'Item_Embed_Batch_
Normalize')(Item_Embed)
        Item_Embed_ReShape = Flatten(name = 'Item_Embed_Reshape')(Item_Embed_Batch_
Normalize)

        Item_Image_Embedding = Concatenate(axis = 1, name = 'Item_Image_Concate')
([Item_Embed_ReShape, Image_Embed])
        Item_Image_Embed_Dense = Dense(units = EMBEDDING_I,
                                       activation = 'relu',
                                       kernel_regularizer = l2(L2_reg),
                                       kernel_initializer = weight_initializers,
                                       name = 'Item_Image_Embed_Dense')(Item_
Image_Embedding)
        item_embedding = BatchNormalization(name = 'item_embedding')(Item_Image_
Embed_Dense)


        #**************************** Model ************************
        dot_user_item = Multiply(name = 'mul_user_item')([user_embedding, item_
embedding])
```

```
        logits = tf.math.reduce_sum(dot_user_item, 1, name = 'reduce_sum_logits')
        y_hat = logits

        Img_Rec = Model(inputs = [User_Input, Item_Input, Image_Input], outputs = [y_
hat], name = 'Image_Recommendation')

        Img_Rec.compile(optimizer = fn_optimizer,
                        loss = fn_loss
                    )

        return Img_Rec
```

（5）编写方法 train_merge_model_def(self)，用于定义合并集成模型进行训练。它使用 tf.keras.Sequential() 创建一个顺序模型，并添加各个层。输入层的形状为 (4,)，其中包含一个具有 5 个单元和 sigmoid 激活方法的全连接层。输出层有 1 个单元和 sigmoid 激活方法。该模型使用 Adam 优化器进行编译，采用二元交叉熵损失方法，并计算多个指标，如召回率、真阳性和假阴性。该方法返回合并集成模型。

代码如下：

```
    def train_merge_model_def(self):

        Merge_Ensemble_Rec = tf.keras.Sequential()

        Merge_Ensemble_Rec.add(tf.keras.layers.Input(shape=(4,), name = 'input'))
        Merge_Ensemble_Rec.add(tf.keras.layers.Dense(5, activation = 'sigmoid',
name = 'layer_1'))
        #model.add(tf.keras.layers.Dense(2, activation = 'sigmoid', name =
'layer_2')) #Adding new layer is not helping as recll and preciesson turn to be 0
        #model.add(tf.keras.layers.Dense(1, activation = 'relu', name = 'layer_2'))
        Merge_Ensemble_Rec.add(tf.keras.layers.Dense(1, activation = 'sigmoid',
name = 'output'))
        hp_learning_rate = 0.4

        Merge_Ensemble_Rec.compile(
            optimizer = tf.keras.optimizers.Adam(learning_rate = hp_learning_
rate),
            loss = tf.keras.losses.BinaryCrossentropy(),
            metrics = [tf.keras.metrics.Recall(name = "recall"),
                       #tf.keras.metrics.Precision(name = "precision"),
                       tf.keras.metrics.TruePositives(name = "true_positives"),
                       #tf.keras.metrics.FalsePositives(name = "false_
positives"),
                       tf.keras.metrics.FalseNegatives(name = "false_negatives")
                      ]
            )

        return Merge_Ensemble_Rec
```

（6）编写方法 train(self, X) 训练基于图像的集成模型。它接收数据集 X 作为输入。通过 feature_eng 方法对数据集进行预处理。它加载模型参数并初始化训练所需的变量。迭代遍历各个集成模型，并使用 generate_data_for_nth_ensemble_model 方法为每个集成模型生成数据。训练数据被分批处理，并在每个时期进行训练。使用 Img_Rec.train_on_batch() 计算损失，并计算每个时期的平均损失。训练损失被保存到文件中，并在训练结束时保存集成模型。还在每个时期后清理内存并进行垃圾回收。

代码如下：

```
    def train(self, X):

        #Pipeline to transform customer/article and generate image path
        X = self.feature_eng(X)
```

```
        #Load model model paramaters
        parms = read_yaml_key(self.config_path,'image-based-ensemble-models','param')

        ############################    Define model      ############################
        unique_user = X['customer_id'].nunique()
        unique_item = X['article_id'].nunique()
        Img_Rec = self.model_def(parms, unique_user, unique_item)


        GLOBAL_BATCH_SIZE = parms["GLOBAL_BATCH_SIZE"]
        #current_lr = parms['LEARNING_RATE']
        number_ensemble = read_yaml_key(self.config_path,'image-based-ensemble-models',
'number_ensemble_models')
        epochs = read_yaml_key(self.config_path,'image-based-ensemble-models','epochs')
        training_model_loss = read_yaml_key(self.config_path,'image-based-ensemble-
models','training_model_loss')
        end_of_training_loss  = read_yaml_key(self.config_path,'image-based-
ensemble-models','end_of_training_loss')
        saved_training_model = read_yaml_key(self.config_path,'image-based-ensemble-
models','saved_training_model')
        pos_neg_ratio = 10

        epoch_training_loss = []
        epoch_loss_metric = Mean()
        for ensemble in range(0, number_ensemble):

            #print(f'Ensemble batch {ensemble}')

            df_train_tran = self.generate_data_for_nth_ensemble_model(X, ensemble,
pos_neg_ratio)

            train_batch = (tf.data.Dataset
                        .from_tensor_slices((df_train_tran['user_id'],
                                             df_train_tran['item_id'],
                                             df_train_tran['image_path'],
                                             df_train_tran['label']
                                            ))
                        .map(decode_train_image, num_parallel_calls = tf.data.
experimental.AUTOTUNE)
                        .prefetch(GLOBAL_BATCH_SIZE)
                        .batch(GLOBAL_BATCH_SIZE)
                        )

            for epoch in range(0, epochs):

                step_training_loss = []
                epoch_loss_metric.reset_states()
                batch_cnt = 0

                for  Users, Items, Image_Embeddings, Labels in train_batch:

                    loss  = Img_Rec.train_on_batch(x = [Users, Items, Image_
Embeddings], y = [Labels])
                    epoch_loss_metric.update_state(loss)
                    step_training_loss.append(loss)

                    """
                    if batch_cnt % 10 == 0:
                        template = ("Epoch {}, Batch {}, Current Batch Loss: {},
Average Loss: {}, Lr: {}")
                        print(template.format(epoch + 1,
                                              batch_cnt,
```

```
                                      loss,
                                      epoch_loss_metric.result().numpy(),
                                      current_lr))
                        """

                    batch_cnt += 1

                    del [Users, Items, Image_Embeddings, Labels]
                    gc.collect()


                epoch_loss = float(epoch_loss_metric.result().numpy())
                epoch_training_loss.append(epoch_loss)
                #print('Average training losses over epoch done %d: %.4f' % (epoch,
epoch_loss,))

                # Save training loss
                save_file_path = training_model_loss + 'cp-epoch:{epoch:d}-step-
loss.npz'
                save_file_path = save_file_path.format(epoch = epoch, ensemble = 0)
                hlpwrite.save_compressed_numpy_array_data(save_file_path, step_
training_loss)

                #print('='*50)
                #print('\n')
                #print('\n')
                gc.collect()

            # Save training loss per epoch
            save_file_path = end_of_training_loss + 'cp-epoch-loss.npz'
            save_file_path = save_file_path.format(ensemble = 0)
            hlpwrite.save_compressed_numpy_array_data(save_file_path, epoch_
training_loss)


            # Save the ensemble model
            save_file_path = saved_training_model + '/Img_Rec_model.h5'
            save_file_path = save_file_path.format(epoch = epoch, ensemble = 0)

            if not os.path.exists(os.path.dirname(save_file_path)):
                os.makedirs(os.path.dirname(save_file_path))

            Img_Rec.save(save_file_path)
            print(f"Saved model after end of epoch: {epoch}")

            del [train_batch]
            gc.collect()
```

（7）编写方法 load_all_image_based_models(self, n_models=-1) 加载训练好的基于图像的集成模型。它首先检查模型是否已经加载，如果尚未加载，则根据配置设置获取模型文件的路径。然后，它迭代遍历由 n_models 参数指定的模型数量（如果传入 -1，则加载所有模型）。每个模型使用 tf.keras.models 中的 load_model() 加载，并添加到 all_models 列表中。另外，此方法还针对每个集成模型调用 load_threshold_model() 方法。

代码如下：

```
    def load_all_image_based_models(self, n_models = -1 ):
        if len(self.all_models) == 0 :

            log.write_log('Load model started...', log.logging.DEBUG)
            models_paths = os.path.join(
                                          hlpread.read_yaml_key(CONFIGURATION_PATH,
'model', 'output_folder'),
                                          hlpread.read_yaml_key(CONFIGURATION_PATH,
```

```
'image-based-ensemble-models', 'models-ensemble-outputs-folder'),
                                        )
                #ensemble_models_paths = models_paths

                #ensemble = 'ensemble_{ensemble:d}'
                ensemble_models_paths = os.path.join(models_paths,
                                                    hlpread.read_yaml_
key(CONFIGURATION_PATH,
                                                                    'image-based-
ensemble-models',
                                                                    'ensemble_
folder'),
                                                    hlpread.read_yaml_
key(CONFIGURATION_PATH,
                                                                    'image-based-
ensemble-models',
                                                                    'saved_
model')
                                                    )

                self.all_models = []

                if n_models == -1:
                    n_models = 0
                    for entry in os.listdir(models_paths):
                        if re.search('ensemble_', entry):
                            n_models += 1

                for i in range(n_models):

                    model_path = ensemble_models_paths.format(ensemble = i)
                    if os.path.exists(model_path) == True:

                        #self.all_models.append(model_from_json(read_object(model_
path)))
                        self.all_models.append(load_model(model_path, custom_objects =
{'WeightLossBinaryCrossentropy': WeightLossBinaryCrossentropy}))
                        self.load_theshold_model(i)

                    else:
                        log.write_log(f'Ensemble model: {model_path} does not exists.',
log.logging.DEBUG)

                log.write_log('Load model completed...', log.logging.DEBUG)

            if self.merge_stack_model == None:

                log.write_log('Load merge ensemble started...', log.logging.DEBUG)

                models_paths = os.path.join(
                                        hlpread.read_yaml_key(CONFIGURATION_PATH,
'model', 'output_folder'),
                                        hlpread.read_yaml_key(CONFIGURATION_PATH,
'image-based-ensemble-models', 'models-ensemble-outputs-folder'),
                                        hlpread.read_yaml_key(CONFIGURATION_PATH,
'image-based-ensemble-models', 'merge_ensemble'),
                                        hlpread.read_yaml_key(CONFIGURATION_PATH,
'image-based-ensemble-models', 'merge_ensemble_saved_model'),
                                        )

                self.merge_stack_model = load_model(models_paths)
                self.model_thresholds = self.merge_ensemble_threshold()
                log.write_log('Load merge ensemble completed...', log.logging.DEBUG)
```

（8）编写方法 load_theshold_model(self, nmodel) 加载特定集成模型的阈值值，它根据模型索引 nmodel 从配置设置中获取阈值值，并将其添加到 ensemble_model_thresholds 字典中。

代码如下：

```
    def load_theshold_model(self, nmodel):

        threshold = hlpread.read_yaml_key(CONFIGURATION_PATH, 'image-based-
ensemble-models', 'ensemble-thresholds')
        self.ensemble_model_thresholds[nmodel] = threshold[nmodel]
```

（9）编写方法 merge_ensemble_threshold(self) 从配置设置中获取合并集成模型的阈值值，并返回该阈值值。

代码如下：

```
    def merge_ensemble_threshold(self):

        return hlpread.read_yaml_key(CONFIGURATION_PATH, 'image-based-ensemble-
models', 'merge-ensemble-threshold')['threshold']
```

另外，文件 resnet_image_based_model.py 调用了如下的自定义文件模块的功能：

- src.models.loss.WeightLossBinaryCrossentropy：用于自定义的加权二分类交叉熵损失函数。
- src.models.pipeline.transform_customer_mapping：用于转换客户映射的自定义管道。
- src.models.pipeline.transform_article_mapping：用于转换文章映射的自定义管道。
- src.models.eval_metric.evaluate_metric：用于评估指标的自定义方法。
- utils.images_utils：用于处理图像的自定义工具方法。
- utils.read_utils：用于读取文件的自定义工具方法。
- utils.write_utils：用于写入文件的自定义工具方法。
- logs.logger：用于记录日志的自定义模块。

12.6.4　训练排名模型

文件 train_ranking_models.py 的主要功能是训练排名模型，并对测试数据进行预测并打印预测结果。具体实现流程如下：

（1）使用 argparse 解析命令行参数，其中参数“--config”指定配置文件路径，默认为“config/config.yaml”。在日志中记录了读取配置文件的路径。

（2）根据配置文件中的路径设置，读取训练数据集的路径，并使用函数 read_from_parquet() 读取数据集为 *X*。

（3）提取最后四周的数据作为训练数据集，计算切分日期，并根据切分日期将 *X* 中的数据进行筛选，保留符合条件的数据。

（4）根据配置文件中的路径设置，设置保存模型和管道的路径，并创建 ranking_model 对象 model_obj，传入保存的模型、管道和配置文件路径。

（5）使用 model_obj 中的方法 train_model() 对数据集 *X* 进行模型训练。

（6）设置测试数据集的路径，并使用函数 read_from_parquet() 读取测试数据集为 X_test。

（7）使用 model_obj 中的方法 predict() 对测试数据集 X_test 进行预测，并将结果保存到 rank 变量中。

（8）打印输出 rank 变量的值。

代码如下：

```
if __name__ == '__main__':

    args = argparse.ArgumentParser()
```

```
        args.add_argument("--config", default = "config/config.yaml")
        parsed_args = args.parse_args()

        log.write_log(f'Read configuration from path: {parsed_args.config}', log.logging.
INFO)
        config_path = parsed_args.config
        #config_path = "config/config.yaml"

        TRAIN_DATA = os.path.join(
                                read_yaml_key(config_path,'data_source','data_folders'),
                                read_yaml_key(config_path,'data_source','processed_data_
folder'),
                                read_yaml_key(config_path,'data_source','training_
data'),
                                )

        X = read_from_parquet(TRAIN_DATA)

        #Use last 4Week of data
        last_tran_date_record = X.t_dat.max()
        split_t_dat = (last_tran_date_record - timedelta(weeks = 4))
        X = X[(X.t_dat >= split_t_dat)]

        saved_model =
os.path.join(read_yaml_key(config_path,'model','output_folder'),read_yaml_key(config_path,
'lightgbm-param','ranking-model-output-folder'),read_yaml_key(config_path,'lightgbm-param',
'saved_model'))
        saved_pipeline =
os.path.join(read_yaml_key(config_path,'model','output_folder'),read_yaml_key
(config_path,'lightgbm-param','ranking-model-output-folder'),read_yaml_key(config_path,
'lightgbm-param','saved_engg_pipeline'))
        model_obj = ranking_model(saved_model, saved_pipeline, config_path)

        model_obj.train_model(X)

        TEST_DATASET = os.path.join(read_yaml_key(config_path,'data_source','data_folders'),
read_yaml_key(config_path,'data_source','processed_data_folder'),read_yaml_key(config_
path,'data_source','testing_data'))
        X_test = read_from_parquet(TEST_DATASET)
        #is_training = True #Change this to False when go live
        #X_test = model_obj.get_features(X_test, is_training)
        rank = model_obj.predict(X_test)

        print(rank)
```

12.6.5 数据处理和特征工程

“pipeline”目录是用于存放数据处理和特征工程的代码的目录，在此目录中包含了一系列的数据处理步骤和特征工程方法，用于将原始数据转换为可用于模型训练和推荐系统的特征。这些代码文件可能包括数据清洗、数据转换、特征选择、特征提取等功能，以及用于构建训练集和测试集的步骤。通过使用 pipeline 目录中的代码，可以实现数据的预处理和特征工程的自动化流程。

（1）文件 bin_feature.py 的功能是对给定的特征进行分箱处理，将连续型特征转换为二进制特征，以便后续在推荐系统等应用中使用。

代码如下：

```
class bin_feature(BaseEstimator, TransformerMixin):
    def __init__(self, quartile_feature_dict) -> None:
        super().__init__()
        self.quartile_feature_dict = quartile_feature_dict
        self.feature_quartile_output = {}

    def fit(self, X, Y = None):
```

```
        try:
            log.write_log(f'Fit bin features started...', log.logging.INFO)
            for key in self.quartile_feature_dict.keys():
                bin_col = key
                log.write_log(f'Calculating quartile for feature "{bin_col}"...',
log.logging.DEBUG)
                self.calculate_quartile(bin_col, X)
        except Exception as e:
            raise RecommendationException(e, sys) from e
        return self

    def transform(self, X = None):
        try:
            log.write_log(f'Transform features...', log.logging.INFO)
            binned_feature = pd.DataFrame()  #Code when use pandas dataframe
            for i, key in enumerate(self.quartile_feature_dict.keys()):

                bin_col = key
                log.write_log(f'Map quartile to bin for calculated for feature
"{bin_col}"...', log.logging.DEBUG)

                if i == 0:
                    binned_feature = self.map_quartile_to_bin(bin_col, X)
                else:
                    binned_feature = pd.concat([binned_feature, self.map_quartile_
to_bin(bin_col, X)], axis = 1)  #Code when use pandas dataframe
            return X #binned_feature
        except Exception as e:
            raise RecommendationException(e, sys) from e

    def calculate_quartile(self, bin_col, X):
        try:
            quartile_list = self.quartile_feature_dict[bin_col]
            quartile = X[bin_col].quantile(quartile_list)
            quartile = quartile.reset_index()

            log.write_log(f'Stored the calculated quartile for "{bin_col}" to
dict...', log.logging.DEBUG)
            self.feature_quartile_output[bin_col] = quartile
        except Exception as e:
            raise RecommendationException(e, sys) from e
        return

    def map_quartile_to_bin(self, bin_col, X):
        try:
            X[bin_col + '_bin'] = -1
            log.write_log(f'Get list of quartile bin features for dictonary...',
log.logging.DEBUG)
            quartile_list = self.quartile_feature_dict[bin_col]
            quartile_value = self.feature_quartile_output[bin_col]
            quartile_value = quartile_value.set_index('index')
            for i, q_value in enumerate(quartile_list):
                log.write_log(f'Bin for quartile {q_value} ...', log.logging.DEBUG)
                q_cur = quartile_value.loc[q_value, bin_col]

                if i == 0:
                    X.loc[X[bin_col] <= q_cur, bin_col + '_bin'] = i
                else:

                    q_prev = quartile_value.loc[quartile_list[i-1],bin_col]
                    X.loc[(X[bin_col] > q_prev) &
                              (X[bin_col] <= q_cur), bin_col + '_bin'] = i
            X.loc[X[bin_col] > q_cur, bin_col + '_bin'] = i + 1
        except Exception as e:
```

```
                raise RecommendationException(e, sys) from e

            return X[bin_col + '_bin']
```

在上述代码中，bin_feature 是一个自定义的转换器类，用于对特征进行分箱（binning）处理。具体而言，它实现了 scikit-learn 中的 BaseEstimator 和 TransformerMixin 类，并包含以下方法：

- fit(X, Y=None)：计算给定特征的四分位数，并将结果存储在 self.feature_quartile_output 字典中。
- transform(X=None)：将原始特征根据四分位数转换为分箱后的二进制特征。生成的分箱特征存储在一个 DataFrame 中，并与原始数据拼接后返回。
- calculate_quartile(bin_col, X)：计算指定特征的四分位数，并将结果存储在 self.feature_quartile_output 字典中。
- map_quartile_to_bin(bin_col, X)：将指定特征根据计算的四分位数映射到分箱后的二进制特征。

（2）文件 bin_feature_based_on_feature.py 的功能是根据其他特征进行特征分箱处理，根据指定的分位数计算特定特征的分位数，并将分箱后的二进制特征添加到原始数据中。这有助于在推荐系统等应用中使用特定特征的分箱信息。

代码如下：

```
    class bin_feature_based_on_feature(BaseEstimator, TransformerMixin):
        def __init__(self, quartile_feature_dict) -> None:
            super().__init__()
            self.quartile_feature_dict = quartile_feature_dict
            self.feature_quartile_output = {}

        def fit(self, X, Y = None):
            try:
                log.write_log(f'Fit bin features started...', log.logging.INFO)

                for key in self.quartile_feature_dict.keys():
                    bin_col = key
                    log.write_log(f'Calculating quartile for feature "{bin_col}"...',
log.logging.DEBUG)
                    self.calculate_quartile(bin_col, X)
            except Exception as e:
                raise RecommendationException(e, sys) from e
            return self

        def transform(self, X = None):
            try:
                log.write_log(f'Transform features...', log.logging.INFO)
                binned_feature = pd.DataFrame()  #Code when use pandas dataframe
                for i, key in enumerate(self.quartile_feature_dict.keys()):
                    bin_col = key
                    log.write_log(f'Get the calculated quartile feature for "{bin_
col}"...', log.logging.DEBUG)

                    groupby_col = self.quartile_feature_dict[bin_col]['groupby_col']
                    quartile = self.feature_quartile_output[bin_col]

                    log.write_log(f'Merge quartile bin to main dataframe "{bin_
col}"...', log.logging.DEBUG)
                    X = X.merge(quartile, how ='left', on = groupby_col)

                    log.write_log(f'Map quartile to bin for calculated for feature
"{bin_col}"...', log.logging.DEBUG)
                    if i == 0:
                        binned_feature = self.map_quartile_to_bin(bin_col, X)
                    else:
```

```
                    binned_feature = pd.concat([binned_feature, self.map_quartile_
to_bin(bin_col, X)], axis = 1) #Code when use pandas dataframe

                log.write_log(f'Drop quartile bin features...', log.logging.DEBUG)
                X = self.drop_feature_quartile(X)
            except Exception as e:
                raise RecommendationException(e, sys) from e
            return X #binned_feature

        def calculate_quartile(self, bin_col, X):
            try:

                groupby_col = self.quartile_feature_dict[bin_col]['groupby_col']
                quartile_list = self.quartile_feature_dict[bin_col]['quartile_list']

                #quartile = cudf.DataFrame() #Code when use cudf dataframe
                quartile = pd.DataFrame() #Code when use pandas dataframe

                for i, q_value in enumerate(quartile_list):

                    log.write_log(f'Calculate quartile: {q_value} for "{bin_col}"
grouped by col: "{groupby_col}"...', log.logging.DEBUG)

                    q = X[[groupby_col, bin_col]].groupby([groupby_col]).quantile(q_
value)
                    q = q.reset_index()
                    q.columns = [groupby_col, bin_col + str(q_value)]

                    log.write_log(f'Merge calculated quartile to main dataset...', log.
logging.DEBUG)
                    if i == 0:
                        quartile = q
                    else:
                        #quartile = cudf.merge(quartile, q, how ='left', on = groupby_
col) #Code when use cudf dataframe
                        quartile = pd.merge(quartile, q, how ='left', on = groupby_col)
#Code when use pandas dataframe

                log.write_log(f'Stored the calculated quartile for "{bin_col}" to
dict...', log.logging.DEBUG)
                self.feature_quartile_output[bin_col] = quartile

            except Exception as e:
                raise RecommendationException(e, sys) from e

            return


        def map_quartile_to_bin(self, bin_col, X):

            try:

                X[bin_col + '_bin'] = -1

                log.write_log(f'Get list of quartile bin features for dictonary...',
log.logging.DEBUG)
                quartile_list = self.quartile_feature_dict[bin_col]['quartile_list']

                for i, q_value in enumerate(quartile_list):

                    log.write_log(f'Bin for quartile {q_value} ...', log.logging.DEBUG)

                    if i == 0:
                        X.loc[X[bin_col] <= X[bin_col + str(q_value)], bin_col + '_
```

```
bin'] = i
                    else:
                        X.loc[(X[bin_col] > X[bin_col + str(quartile_list[i-1])]) &
                               (X[bin_col] <= X[bin_col + str(q_value)]), bin_col
+ '_bin'] = i

                X.loc[X[bin_col] > X[bin_col + str(q_value)], bin_col + '_bin'] = i + 1

            except Exception as e:
                raise RecommendationException(e, sys) from e

            return X[bin_col + '_bin']

        def drop_feature_quartile(self, X):

            try:

                for key in self.quartile_feature_dict.keys():

                    bin_col = key
                    log.write_log(f'Drop quartile bin features for "{bin_col}"...',
log.logging.DEBUG)

                    quartile_list = self.quartile_feature_dict[key]['quartile_list']
                    X = X.drop(columns = [bin_col + str(x) for x in quartile_list])

            except Exception as e:
                raise RecommendationException(e, sys) from e

            return X
```

在上述代码中，bin_feature_based_on_feature 是一个自定义的转换器类，用于根据其他特征进行特征分箱处理。具体而言，它实现了 scikit-learn 中的 BaseEstimator 和 TransformerMixin 类，并包含以下方法：

- fit(X, Y=None)：根据给定的特征和目标变量，计算每个特征的分位数，并将结果存储在 self.feature_quartile_output 字典中。
- transform(X=None)：根据计算的分位数，将原始特征转换为分箱后的二进制特征。该方法首先将计算的分位数合并到原始数据中，然后将每个特征根据分位数映射到分箱后的二进制特征。生成的分箱特征存储在一个 DataFrame 中，并与原始数据拼接后返回。
- calculate_quartile(bin_col, X)：对给定特征进行分位数计算。根据指定的分位数列表，对每个分位数值在特定的分组列上进行计算，并将结果存储在 self.feature_quartile_output 字典中。
- map_quartile_to_bin(bin_col, X)：将指定特征根据计算的分位数映射到分箱后的二进制特征。
- drop_feature_quartile(X)：删除计算过程中生成的分位数特征。

（3）文件 catagory_leave_one_out_encoder.py 的功能是对分类特征进行目标编码（target encoding），该文件实现了一个用于分类特征目标编码的转换器类，可以在机器学习流水线中使用。代码如下：

```
class catagory_leave_one_out_encoder(BaseEstimator, TransformerMixin):
    def __init__(self, label_column_name, columns_list, seed) -> None:
        super().__init__()

        self.columns_list = columns_list
        self.label_column_name = label_column_name
        self.seed = seed
        self.target_ce = ce.leave_one_out.LeaveOneOutEncoder(verbose = 1, return_df
```

```
= True, random_state = self.seed)


        def fit(self, X, Y = None):
            try:
                log.write_log(f'Fit catagory leave one out encoder features
started...', log.logging.DEBUG)
                log.write_log(f'Features to fit {self.columns_list}...', log.logging.
DEBUG)
                self.target_ce.fit(X[self.columns_list], X[self.label_column_name])
#Code when use pandas dataframe
            except Exception as e:
                raise RecommendationException(e, sys) from e
            return self

        def transform(self, X, Y = None):

            try:


                log.write_log(f'Transform catagory leave one out encoder features
started...', log.logging.DEBUG)
                log.write_log(f'Features to transform {self.columns_list}...', log.
logging.DEBUG)
                target_catagory_output = self.target_ce.transform(X[self.columns_list])
#Code when use pandas dataframe. , X[self.label_column_name]

                target_catagory_output[self.columns_list] = target_catagory_
output[self.columns_list].astype('float16')
                log.write_log(f'Merge transformed feature to main dataset...', log.
logging.DEBUG)
                target_catagory_output.columns = [x + '_tce' for x in self.columns_
list]

                X = pd.concat([X, target_catagory_output], axis = 1)
            except Exception as e:
                raise RecommendationException(e, sys) from e

            return X
```

- 在方法 fit() 中，通过调用 ce.leave_one_out.LeaveOneOutEncoder 类的 fit 方法，对指定的分类特征进行目标编码的拟合操作。
- 在方法 transform() 中，通过调用 ce.leave_one_out.LeaveOneOutEncoder 类的 transform 方法，将拟合好的目标编码应用于输入数据，生成目标编码的结果。然后，将目标编码的结果与原始数据进行合并，形成最终的输出。

12.6.6　损失处理

"loss"目录用于存储和模型损失处理相关的程序文件，在本项目中，存储了实现不同损失函数的程序文件 WeightLossBinaryCrossentropy.py，此文件定义了损失函数类 WeightLossBinaryCrossentropy，目的是解决类别不平衡问题，通过引入权重因子来平衡不同类别样本的重要性。该类还提供了配置信息的保存和加载方法，以便在模型保存和加载时能够正确地重新创建损失函数实例。

代码如下：

```
class WeightLossBinaryCrossentropy(Loss):
    def __init__(self, param):
        super(WeightLossBinaryCrossentropy, self).__init__()
        self.params = param

    def get_config(self):
        config = super(WeightLossBinaryCrossentropy, self).get_config()
```

```
            config.update({
                            "params": self.params,
                            })
            return config

        @classmethod
        def from_config(cls, config):
            cls.params = config['params']
            return

        def call(self, y_true, y_pred):
            y_true = tf.squeeze(y_true, axis = 1)
            y_true = tf.cast(y_true, dtype = tf.float32)
            loss = Binary_Crossentropy(y_true, y_pred, from_logits = self.params['from_
logits'])
            alpha_factor = 1.0
            if 'alpha' in self.params:
                alpha = tf.cast(self.params['alpha'], dtype = y_true.dtype)
                alpha_factor = y_true * alpha + (1 - y_true) * (1 - alpha)
            loss = tf.math.reduce_sum(alpha_factor * loss, axis = -1)
            return loss
```

上述代码的具体实现流程如下：

（1）定义类 WeightLossBinaryCrossentropy，该类继承自 Loss 类，并重写了 call 方法。

（2）构造方法 __init__() 接受一个参数 param，用于设置损失函数的参数。

（3）方法 get_config() 返回当前损失函数的配置信息。

（4）方法 from_config() 根据配置信息重新创建损失函数实例。

（5）方法 call() 接受真实标签 y_true 和模型预测值 y_pred 作为输入，并计算损失。首先，对真实标签进行处理，将其转换为浮点类型，并在必要时调整维度。然后，使用函数 Binary_Crossentropy() 计算基础的二分类交叉熵损失。接下来，根据参数 alpha 计算权重因子 alpha_factor，用于处理样本类别不平衡的情况。最后，将权重因子乘以损失，在指定的轴上求和，得到最终的损失值。

12.6.7 评估处理

编写文件 evaluate_metric.py 定义一些常用的评估指标和绘图函数，用于评估和可视化分类模型的性能。

代码如下：

```
    def precision_recall(y_true, y_pred):
        pr, rc, thresholds = precision_recall_curve(y_true, y_pred)
        pr_auc_score = average_precision_score(y_true, y_pred)

        #Retrun dataframe so that we can refer the value to find the ideal threshold.
'AUC' columne store value for the training model
        pr_rc_curve_df = pd.DataFrame()
        pr_rc_curve_df['precision'] = pr
        pr_rc_curve_df['recall'] = rc
        pr_rc_curve_df['thresholds'] = np.insert(thresholds, len(thresholds), np.nan)
        pr_rc_curve_df['auc'] = pr_auc_score

        #disp = PrecisionRecallDisplay(precision = pr, recall = rc)
        #disp.plot()
        #plt.show()

        #return pr, rc, thresholds, pr_auc_score
        return pr_rc_curve_df

    def roc(y_true, y_pred):
```

```
        fpr, tpr, thresholds = roc_curve(y_true, y_pred)
        auc_score = roc_auc_score(y_true, y_pred)

        roc_auc_curve_df = pd.DataFrame()

        roc_auc_curve_df['false_positive_rates'] = fpr
        roc_auc_curve_df['true_positive_rates'] = tpr
        roc_auc_curve_df['thresholds'] = thresholds
        roc_auc_curve_df['auc'] = auc_score

        #return fpr, tpr, thresholds, ideal_threshold
        return roc_auc_curve_df

    def plot_curve(**kwargs):
        num_cols = len(kwargs.items())
        fig, axes = plt.subplots(nrows = 1, ncols = num_cols , figsize = (10,6))
        if num_cols == 1:
            axes = [axes]
        i = -1
        for key, value in kwargs.items():
            label = key
            df = value
            i += 1
            if label.upper() == 'roc'.upper():
                axes[i].plot(df['false_positive_rates'], df['true_positive_rates'],
color = 'green', label = 'ROC Curve') #, marker = 'o'
                axes[i].tick_params(axis = 'both', labelcolor = 'green')
                axes[i].set_xlabel('False positive rate')
                axes[i].set_ylabel('True positive rate')
                if 'auc' in df.columns:
                    label_str = str.format('ROC-AUC: {0}',  round(df.loc[0,'auc'], 3))
                    axes[i].text(0.5, 0, label_str, fontsize = 6)

            elif label.upper() == 'pr_rc'.upper():
                axes[i].plot(df['recall'], df['precision'], color = 'red', label =
'Precision - Recall Curve') #, marker = '-'
                axes[i].tick_params(axis = 'both', labelcolor = 'red')
                axes[i].set_xlabel('Recall')
                axes[i].set_ylabel('Precision')
                if 'auc' in df.columns:
                    label_str = str.format('PR-RC-AUC: {0}',  round(df.loc[0,'auc'], 3))
                    axes[i].text(0.5, 1, label_str, fontsize = 6)
        plt.show()

    def transform_logist_label(y, threshold):
        return y >= threshold

    def accuracy_score(y_true, y_pred, threshold):
        y_pred = transform_logist_label(y_pred, threshold)
        print(f'Balance accuracy score: {balanced_accuracy_score(y_true, y_pred)} when
threshold {threshold}')

    def report_classification(y_true, y_pred, threshold):
        y_pred = transform_logist_label(y_pred, threshold)
        print(f"Classification report with threshold {threshold}")
        print(classification_report(y_true, y_pred))

    def plot_confusion_matric(y_true, y_pred, threshold):
        y_pred = transform_logist_label(y_pred, threshold)
        conf_matrix = confusion_matrix(y_true, y_pred)
        fig, ax = plt.subplots(figsize=(7.5, 7.5))
        ax.matshow(conf_matrix, cmap = plt.cm.Blues, alpha=0.3)
        for i in range(conf_matrix.shape[0]):
            for j in range(conf_matrix.shape[1]):
```

```
            ax.text(x = j, y = i,s = conf_matrix[i, j], va = 'center', ha =
'center', size = 'xx-large')
    plt.ylabel('Actuals', fontsize=18)
    plt.xlabel('Predictions', fontsize=18)
    plt.title(f'Confusion Matrix (threshold: {threshold})', fontsize = 18)
    plt.show()
```

- precision_recall(y_true, y_pred)：计算 Precision-Recall 曲线，并返回一个包含 Precision、Recall、阈值和 AUC 值的 DataFrame。
- roc(y_true, y_pred)：计算 ROC 曲线，并返回一个包含 False Positive Rate、True Positive Rate、阈值和 AUC 值的 DataFrame。
- plot_curve(**kwargs)：绘制 Precision-Recall 曲线和 ROC 曲线的函数。接受一个关键字参数字典，其中关键字是曲线的标签，值是包含曲线数据的 DataFrame。
- transform_logist_label(y, threshold)：将逻辑回归的输出转换为二分类标签，根据指定的阈值将大于等于阈值的值设为 1，小于阈值的值设为 0。
- accuracy_score(y_true, y_pred, threshold)：计算平衡准确率（balanced accuracy）得分，根据阈值将逻辑回归的输出转换为二分类标签，并输出得分。
- report_classification(y_true, y_pred, threshold)：输出基于指定阈值的分类报告，根据阈值将逻辑回归的输出转换为二分类标签，并输出报告。
- plot_confusion_matrix(y_true, y_pred, threshold)：绘制混淆矩阵，根据阈值将逻辑回归的输出转换为二分类标签，并绘制混淆矩阵图。

上述函数提供了一种方便的方式来评估分类模型的性能，并进行可视化展示，以帮助我们更好地理解模型的分类结果。

12.7 系统主文件

本项目的系统主文件是 main.py，功能是实现了一个基于推荐模型的推荐系统的用户解码，具体实现流程如下：

（1）定义了一个名为 Recommendation 的推荐模型对象。

（2）定义了一个装饰器函数 load_customer_id()，用于加载客户数据并返回客户列表。根据配置文件中指定的路径读取客户数据，并进行一系列的数据处理操作，最终返回客户列表。

（3）定义了一个函数 recommend(customer_id)，用于根据给定的客户 id 进行推荐，并返回推荐的物品列表。在 recommend(customer_id) 函数中，调用推荐模型对象的 predict() 方法进行推荐，然后将推荐的物品与对应的图片路径进行关联。

（4）定义了一个主函数 main()，用于构建推荐系统的用户界面。使用库 Streamlit 中的函数和方法构建用户界面，包括显示标题和图像，创建下拉菜单，并根据用户选择的客户调用 recommend() 函数进行推荐并展示推荐结果。

（5）在主函数中，使用 Streamlit 库创建了一个 Web 应用界面，包括标题、图像和下拉菜单等元素。

（6）在下拉菜单中选择一个客户，单击“Recommend”按钮后，调用 recommend() 函数进行推荐，并将推荐的物品和对应的图片显示在界面上。

文件 main.py 的具体实现代码如下：

```
model_obj = Recommendation()
@st.cache
def load_customer_id():
    PATH = os.path.join(
                            read_yaml_key(CONFIGURATION_PATH, 'data_source','data_
folders'),
                            'customer_lists.parquet'
```

```
                        )

        unique_customer_id = read_from_parquet(PATH)
        customer_lists = (unique_customer_id[['customer_id','article_id']]
                          .groupby('customer_id')['article_id']
                          .apply(list)
                          .reset_index()
                        )
        customer_lists = customer_lists.merge(unique_customer_id[['customer_id','org_
customer_id']], on = ['customer_id'], how = 'inner')
        customer_lists = customer_lists.drop_duplicates(['customer_id','org_customer_
id'], keep ='last')
        del [unique_customer_id]
        gc.collect()

        return customer_lists

    def recommend(customer_id):
        recommend_items = model_obj.predict(customer_id)
        recommend_items['image_path'] = list(map(get_relative_image_path, recommend_
items['article_id']))
        return recommend_items

    def main():

        st.markdown("<h1 style='text-align: center; font-size: 65px; color:
#4682B4;'>{}</h1>".format('Recommender System'),
        unsafe_allow_html=True)
        st.image("./references/banner.png")

        customer_lists = load_customer_id()

        selected_customer = st.selectbox(
            "Type or select a customer from the dropdown",
            customer_lists.org_customer_id.values
        )
        if st.button('Recommend'):

            output = recommend(selected_customer)
            items = output.article_id.values
            image_path = output.image_path.values
            st.header("Recommendation")
            cnt = 0
            cols = st.columns(5)
            for i in range(5):
                #cols[i].header(items[cnt])
                cols[i].image(image_path[cnt])
                cnt += 1
            cols = st.columns(5)
            for i in range(5):
                #[i].header(items[cnt])
                cols[i].image(image_path[cnt])
                cnt += 1
            cols = st.columns(5)
            for i in range(5):
                #cols[i].header(items[cnt])
                cols[i].image(image_path[cnt])
                cnt += 1

    if __name__ == "__main__":
        main()
```

执行上述代码后将启动一个基于推荐模型的推荐系统的用户界面，如图 12-10 所示。整个用户界面包含以下主要元素和交互功能：

- 标题和横幅图像：界面顶部显示标题和横幅图像，用于呈现推荐系统的整体主题和品牌形象。
- 下拉菜单：界面中显示一个下拉菜单，用于选择或手动输入一个客户。
- 推荐按钮：界面上有一个“Recommend”按钮，用于触发推荐操作。
- 推荐结果：在单击“Recommend”按钮后，界面将显示推荐的物品列表。推荐结果以图像的形式呈现，每行显示 5 个物品的图像。

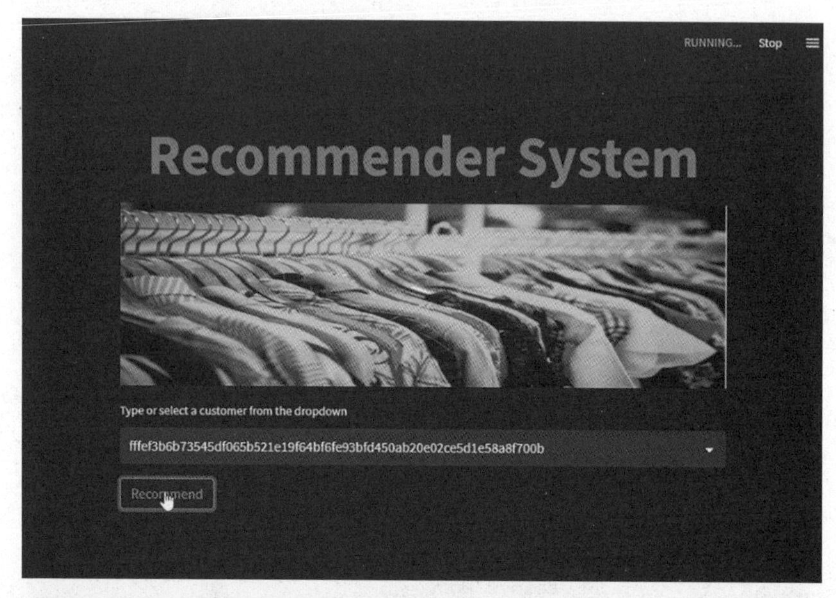

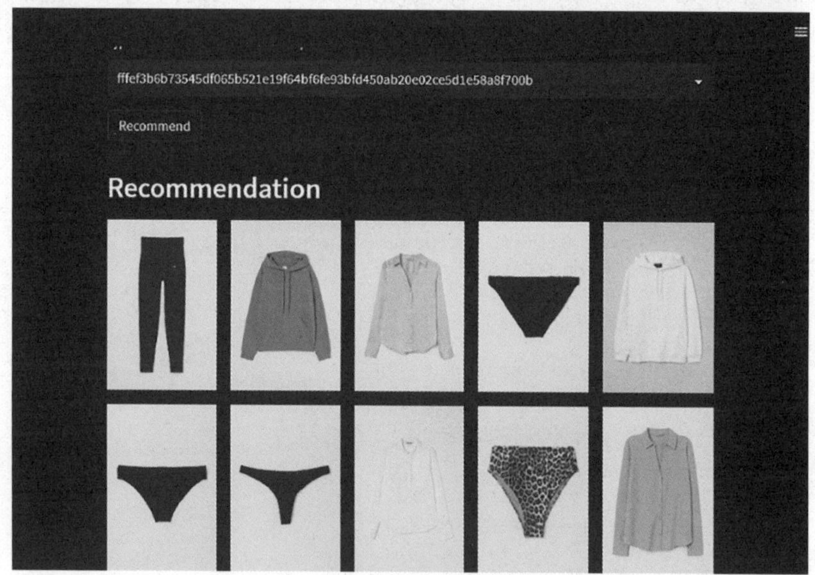

图 12-10　执行效果